JN045903

不耕起でよみがえる

■

日本不耕起栽培普及会
Iwasawa Nobuo
岩澤信夫

創森社

大いなる不耕起の実り～序に代えて～

みなさん、たまには自然豊かな郊外や田舎に行って、草原でもいいし、川べりの土手の上でもいい、大地の草の上に寝転んで手足をいっぱいに伸ばしてみてください。そして、周りの雑木林や森の木々を眺めてみてください。そこには、誰も耕していないのに一抱えもある木が育っていたり、たくさんの種類の木や草が花や実をつけたりしているでしょう。

それだけではありません。みなさんが寝転んでいる下の草はどうでしょうか。少しも耕していないのに、根を思い切り伸ばし、力強く生きています。みなさんが手足を伸ばしているように、下敷きになっている草もまた、硬い土の中で、虫にも負けず、病気にもかからないで元気に根を伸ばし、葉を広げています。

＊

みなさんの知っている田んぼや畑はどうでしょうか。「農は耕すことなり」というのは多くのみなさんの常識です。英語でも農業のことを「agriculture」といい、「耕す」という意味を含んでいます。なぜ田んぼや畑を耕すのでしょうか。どうして耕さない農業はあまりないのでしょうか。耕さない農業は原始的な農業なのでしょうか。

これから始まる農業のお話は、みなさんの常識とは全く逆のことばかりです。読み始める前に、みなさんの頭のコンピューターにある「農は耕すことなり」という古い基本ソフトを「不耕起の実り」と入れ替えてもらわなければなりません。

どこの農業書にもどんな栽培手引きにもない、それどころか、大学の偉い先生方や農業

研究センターの方々が、長年研究して書かれた本とは逆さまのことばかりがこの本には書いてあるのです。しかも、それは近代農業のお話なのです。

私は長年、野菜やイネの栽培方法を研究してきました。研究といっても、研究室や実験をする田んぼや畑があったわけではありません。実際に農業を営んでいる全国の農家の人たちと協力し、生産現場で試行を繰り返し、いろいろな実験をしてもらって、その結果を農家のみなさんにお知らせするということを続けてきました。いきなり農家の田んぼや畑全部で作り方を変えることはできません。失敗した場合、その農家の経営や生活への影響が大きいからです。そこで、田んぼや畑の一区画だけで通常とは違った育て方を実験してもらいました。

多くの作物は一年に一作です。一つの実験を一〇回すると一〇年かかってしまいます。このために全国各地の条件の異なる場所の農家の協力をいただき、二〇年以上もかけて多くの実験を重ねて開発したのが、耕さない田んぼでイネを育てる「不耕起移植栽培」という技術です。

＊

普通の田んぼでは田起こしや代かきといって、田んぼの土を耕してイネを栽培するのがごく当たり前の方法です。しかし、不耕起移植栽培では田起こしも代かきもしません。

稲刈りが終わると田んぼにはイネの切り株が残ります。それを秋にトラクターで耕して、土の中に混ぜ込んでしまいます。こうしておくと切り株の根やわらは土の中で腐り、早く分解するからです。しかし普通の栽培では、たとえ春まで田起こしをさぼっていても、たいがい自然に根は腐ってきます。

ところが耕さない田んぼは違います。稲刈り後の切り株は生きていて、寒さがすぐに来なければ、秋なのに葉が伸び、「ひこばえ」と呼ばれる二番目の穂がつきます。寒さが早く訪れ切り株が枯れても、春が来るまで土に埋まった根と切り株は生きています。春先に切り株を掘り起こしてみると根は真っ白です。寒さの中でもしっかりと生き延びていて、腐ってはいないのです。

耕さない田んぼでは、イネは野生化し強くたくましく育ちます。みなさんが寝転んでいる下に生えている草と同じです。病気にもかかりにくく、虫に食べられても強いのです。まず初めにみなさんの常識とは逆さまの「耕さないほうがよい」という理屈が、この農業の常識となります。それは、耕さなければ自然の循環を断ち切らないからです。

＊

もう一つ、とても大きな考え方の違いがあります。みなさんは農家が田んぼでおコメを作っているものだとばかり思っていませんか。ところが私は「農家におコメは作れない」と思っています。「おコメを作っているのはイネ」なのです。

だから、農家に丈夫で健康なイネつくりをしてもらうのです。そのためには丈夫な苗を育ててもらう必要があります。丈夫な苗とは、葉が五枚の成苗（大人の苗）です。普通の田植えでは稚苗（子どもの苗）から中苗を使っています。苗にも大人や子どもの区別がちゃんとあるわけです。

耕さない田んぼでイネを鍛えながら野生化させ、本来持っている力をよみがえらせるイネつくりをしてもらいます。耕さない硬い土に根を張れば、頑丈で太くたくましい姿になり、たくさんのおコメを実らせるイネに育つのです。もちろん、おいしいおコメになりま

す。

それだけではありません。このイネつくりは、田んぼを耕さないことで、たくさんの田んぼの生きものたちが生きられる環境を整えることができるのです。つまり、このイネつくりをすることで、生きものたちのすみかが復元されて、多くの田んぼの生きものがよみがえるのです。こういう田んぼを見つけてやってくる生きものもいます。

＊

生きものがたくさん棲む田んぼほど安全な田んぼはありません。生きものたちが、毎年田んぼに帰ってくるのを見ていると嬉しくてわくわくします。今までの農業のやり方が生きものたちを追い詰めたのです。私たちの孫の世代に、メダカやトンボのいる豊かな環境を残してやりたいものです。

そのほかにも、田んぼの水がきれいになっていたり、生きものたちが田んぼの土を耕してくれたり、自然に堆肥や肥料を作ってくれていたりと、二〇年以上、毎年、不耕起の田んぼではわくわくする大発見があるのです。

さて、耕さない田んぼの物語の幕が開く前に、みなさんのコンピューターソフトの入れ替えは完了したでしょうか。

二〇〇三年一一月

岩澤信夫

不耕起でよみがえる

目次

第1章 近代化稲作がもたらしたもの

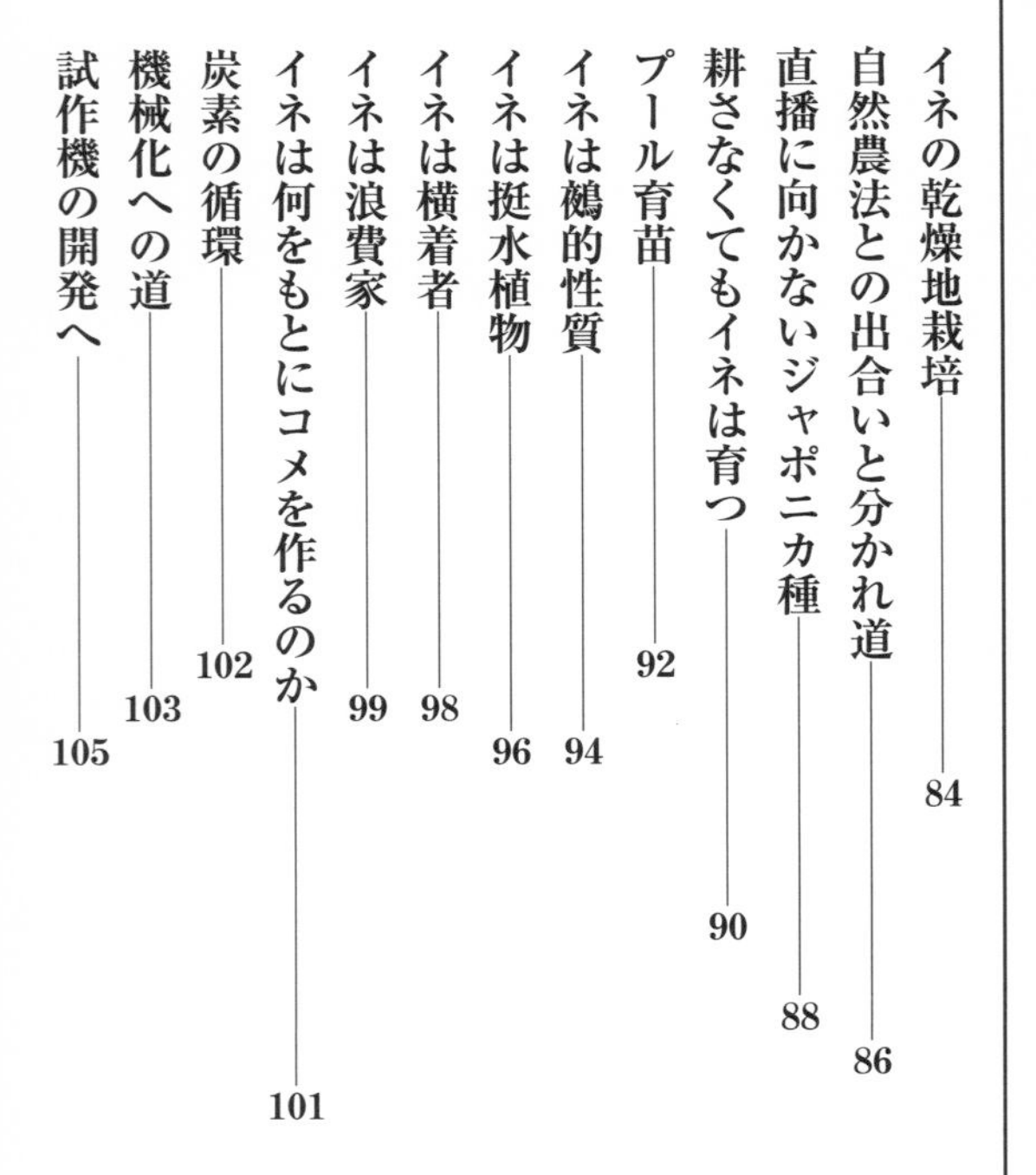

第2章 不耕起栽培への模索と試練

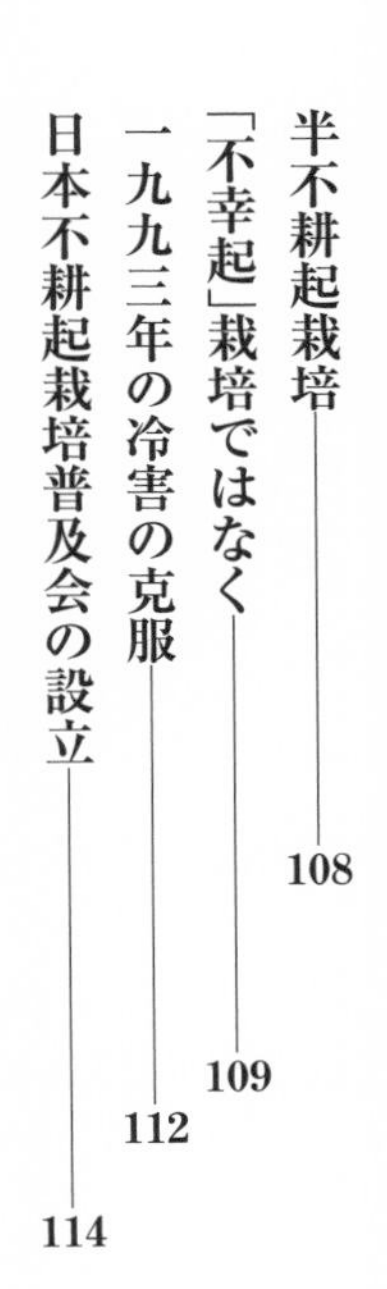

第3章 生きものいっぱいの不耕起の田んぼ

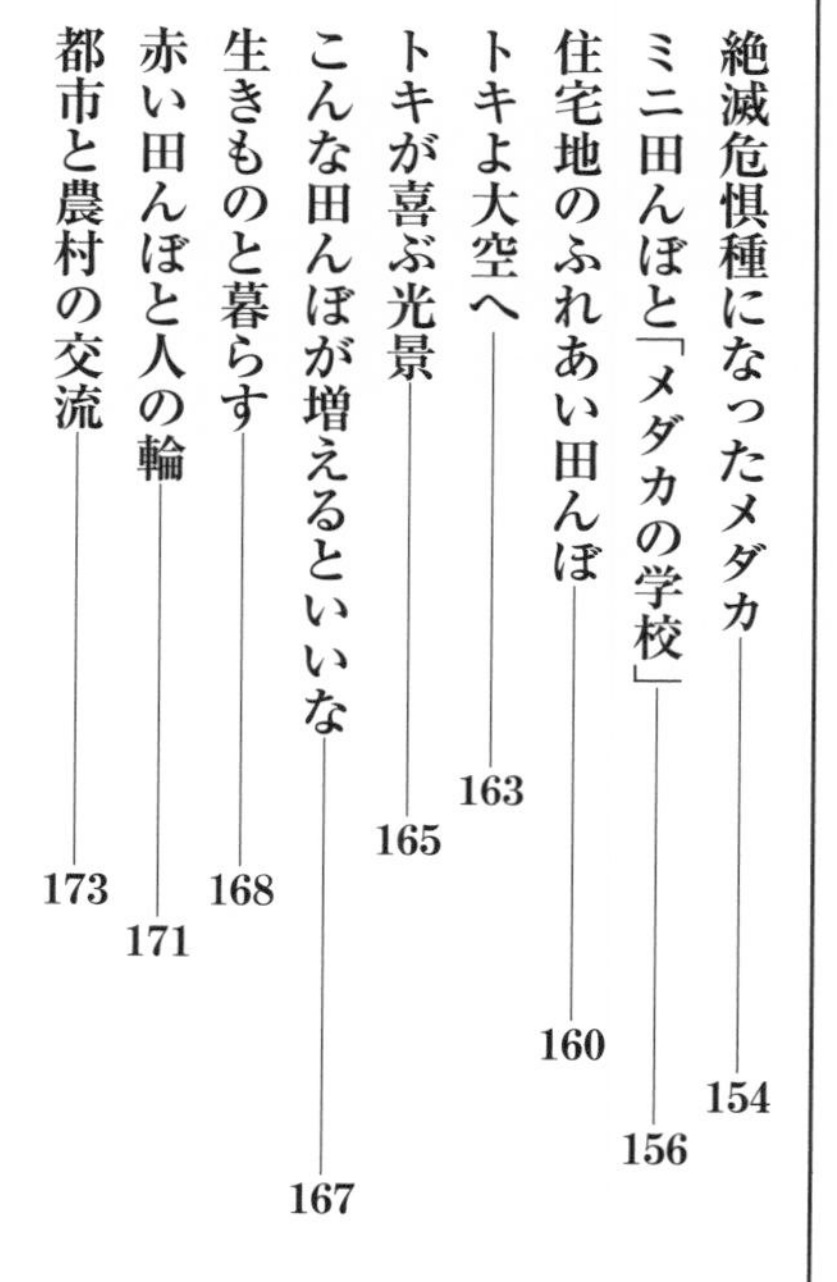

第4章 メダカとトキと子どもたち

第5章 ゆっくりと水資源を育む

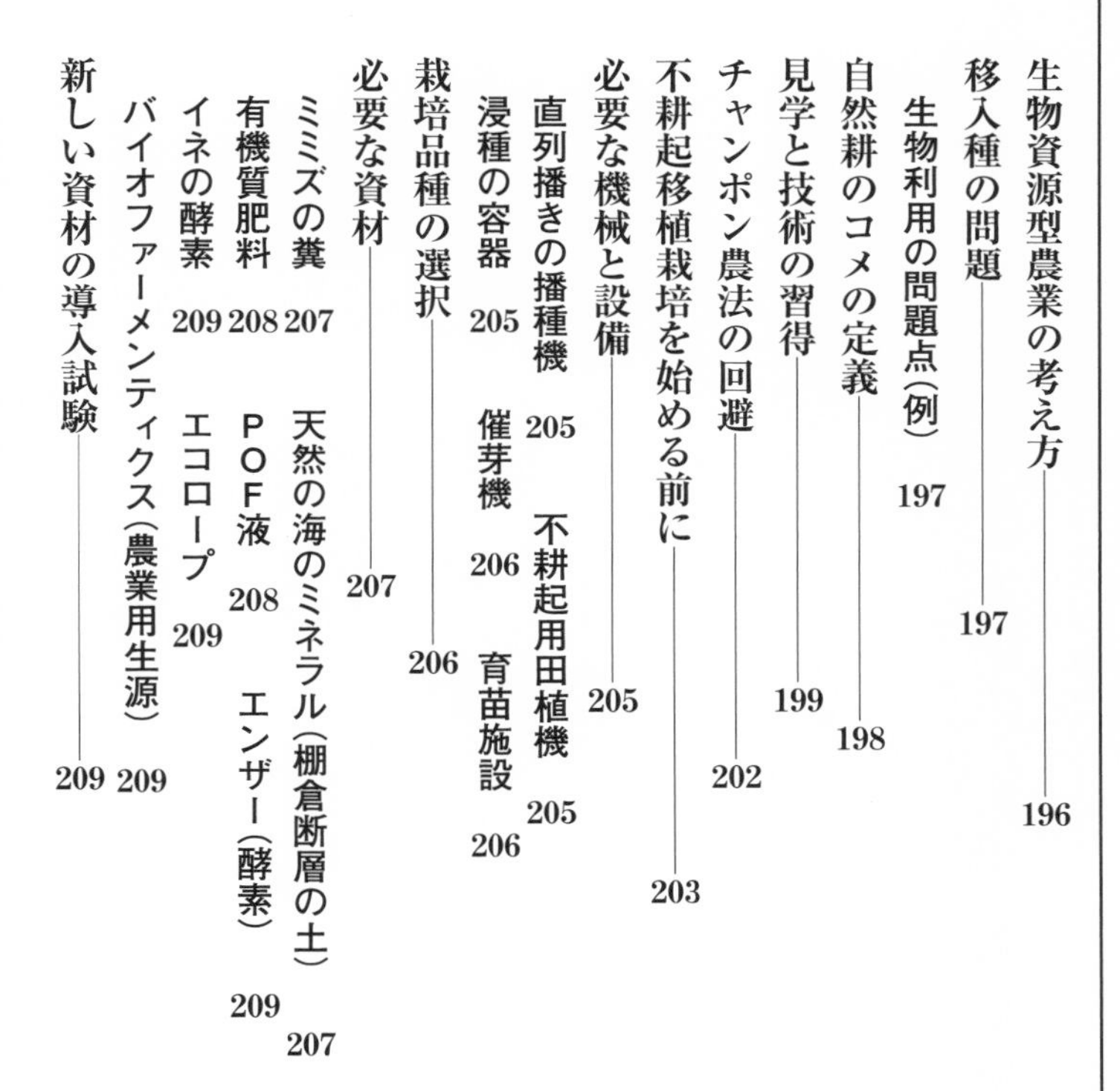

第6章 不耕起・冬期湛水の心得と準備 195

第7章 不耕起・冬期湛水の主な作業

213

結章　生物資源型農業をめざして

子どもたちが作った案山子は友達のよう

●

＊本書は小社刊『不耕起でよみがえる』（2003年）を復刊したものです

デザイン ―― ビレッジ・ハウス
寺田有恒
写真協力 ―― 佐藤春雄　倉持正実
花井有美子　鳥井報恩
ほか
校正 ―― 青木明子

GRAFFITI

本来の生態系を呼び戻す 不耕起・冬期湛水の世界

蕪栗沼には多い時で５万羽のマガンが飛来し、冬もグリーンツーリズムが盛ん（宮城県田尻町）

早春に冬期湛水水田で産卵するニホンアカガエル。乾田化で数が激減している（千葉県佐原市）

粘土質の田んぼでは１㎡にタニシが100匹もいるような場所が出現した（千葉県栄町）

不耕起栽培では丈夫な５葉の苗を寒さにあてて育て耕さない田んぼに植える

野生のトキは冬の田んぼでエサを取り、水浴びをしていた（新潟県佐渡島）

写真提供・佐藤春雄

2003年の秋、冷夏・日照不足にも負けず不耕起のイネは立派な穂をつけた

絶滅危惧種になったメダカ。不耕起の田んぼではどんどん増える（千葉県佐原市）写真提供・倉持正実

農薬を撒かない田んぼでは、たくさんのクモたちがイネの周りで暮らす（岩手県平泉町）

福島県逢瀬町の田んぼで冬期湛水をしたらハクチョウがやってきた

不耕起の田んぼのイネの根は白く、慣行田のイネの根は赤い

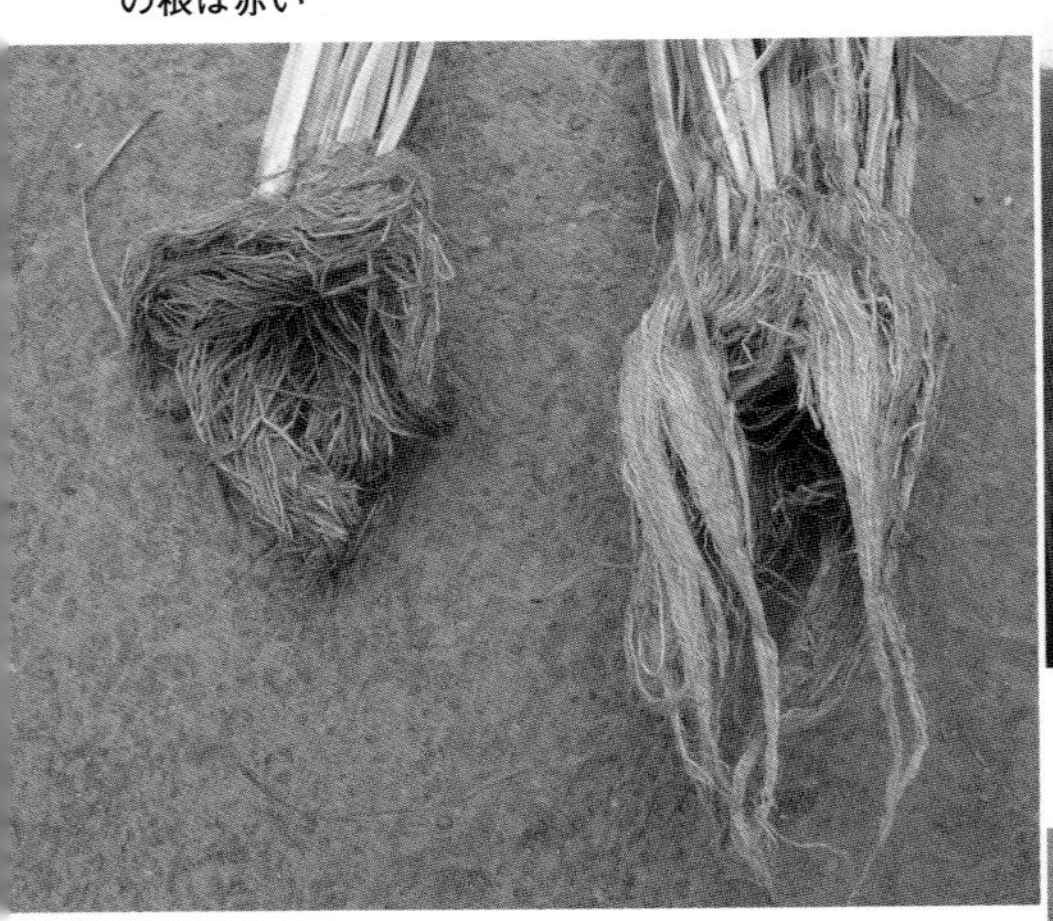

真冬でも土中のイネの根は白く、生き続けている。根や茎の周辺では生きものが越冬する

田んぼを耕し、糞を吐き出すイトミミズ。糞はトロトロ層となり、イネの肥料となる

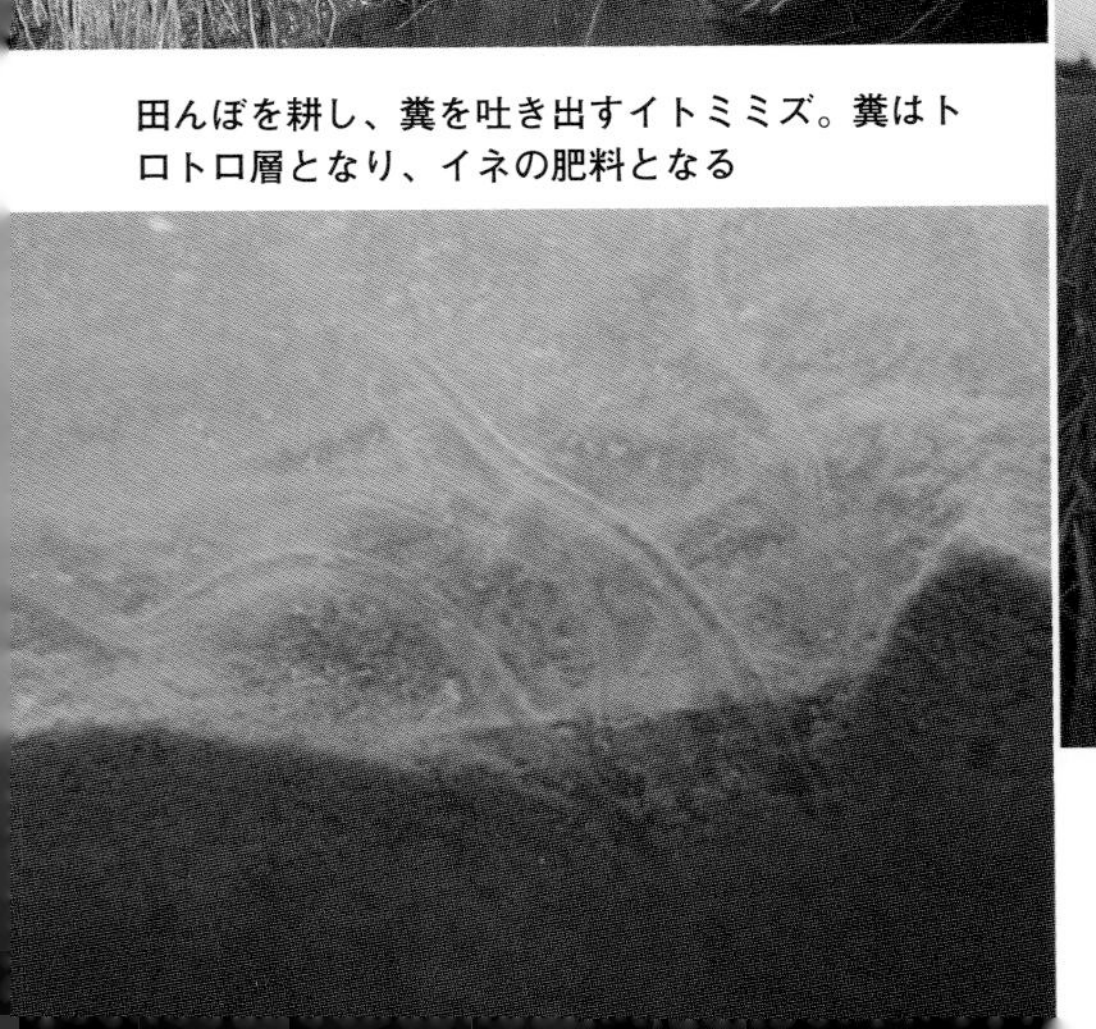

不耕起の田んぼに現れる藻類サヤミドロ。絨毯のように田面を覆う（千葉県佐原市）

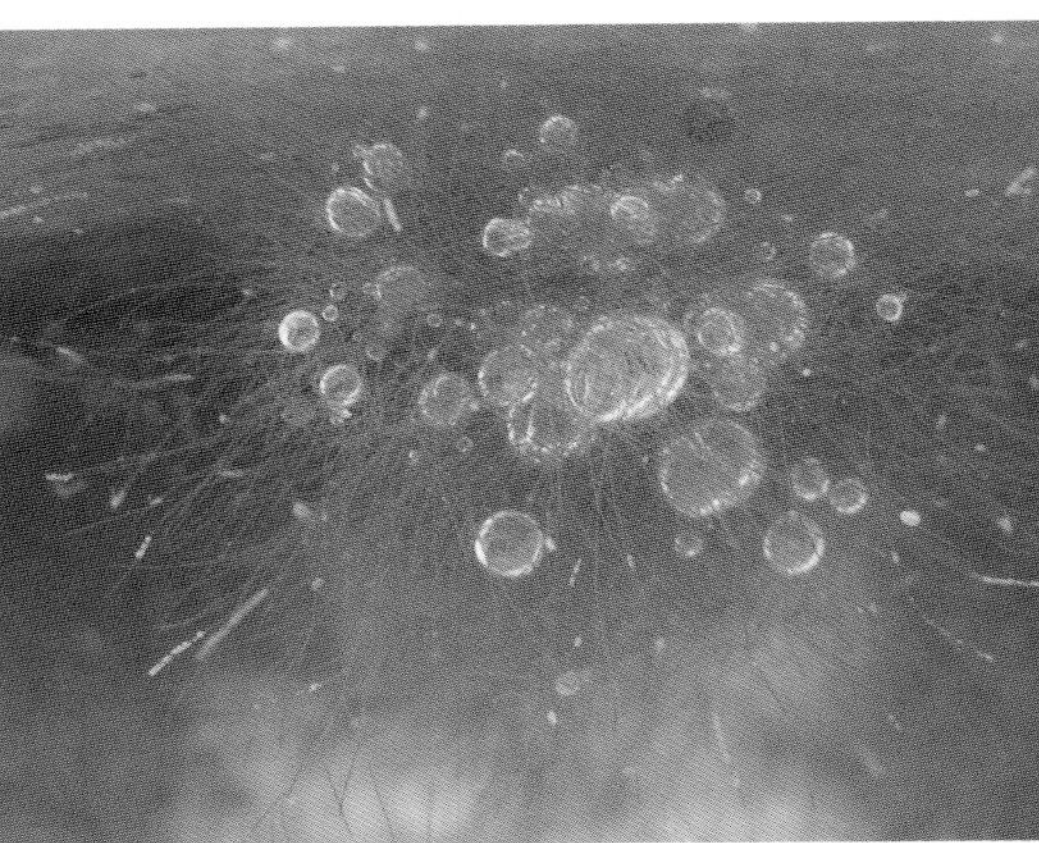

サヤミドロは、盛んに光合成をして酸素を吐き出し、水を浄化している

不耕起の田んぼではアカトンボがたくさん発生する。1991年の大発生の様子（千葉県佐原市）

序　章

不耕起移植栽培が底力を発揮する理由

1993年の冷害の時にも茎を増やし、穂をつけた
不耕起のイネ（１株が23分げつ、千葉県佐原市）

へそ曲がり農業の七徳

私が研究を続けているイネつくりの方法は「不耕起移植栽培」といいます。種モミから苗を作って、田んぼに移植するからです。手植えもできますが、専用の田植機（移植機）を使うことを前提に面積を拡大することができる、農家のための農業技術です。

普通の農家は一生懸命耕します。よく耕し働く農家は精農家と呼ばれます。ていねいな農家は、秋起こし、寒起こし、春起こし、荒代かき、本代かきと五回も耕します。ですから耕さないのは惰農です。

この農業技術は、前年の古株がぼうぼうの田んぼに苗を植えていきますが、周りの農家から見れば理解のできない、へそ曲がりな農業なのです。

しかし、このように普通と違うことをするには、一般の農法と比べ利点があるからです。昔のイネつくりの良いところを取り入れて、近代化と機械化を果たしています。どんな点が優れているのか七つ挙げてみましょう。

その一　イネが野生化して丈夫になり、病気や虫、冷害にも強くなる。

いわば昔の水苗代の苗づくりの手法を取り入れ、自家採種の種モミから丈夫な成苗を育てます。そして、耕さない硬い土に植えることでイネが野生化します。野生化することで、イネが病虫害や冷害に強くなります。

その二　分げつ（イネの茎が根元から枝分かれすること）が多く、太くて倒伏しない。しかも粒の大きな穂を実らせる。

成苗を少ない本数で疎植（イネの株と株の間を広くとって植えること）すると茎の太い分げつの多いイネになります。

普通のイネつくりでは、苗をたくさんまとめ植えをして全体で分げつ数をとって、密植（イネの株と株の間を狭くしてたくさんの株数を植えること）にして、一枚の田んぼからたくさん収穫しようとするのとは全く逆の発想です。

大きく立派な株に育ったイネは良いおコメをたくさん実らせます。

その三　土壌構造が物理的、生物的に変わって、おコメがおいしくなる。

田んぼの根穴構造やトロトロ層がおコメの味を変えます。根穴構造は、毎年のイネの根が張っていた腐植痕が空洞となって、スポンジ状に形成されるのです。トロトロ層はイトミミズの糞が積もってできる究極の肥料です。土壌の物理的・生物的な構造が変化するのに三年以上かかります。

その四　耕さないので省労働、省エネルギー、省コスト。人にも環境にもやさしい。

耕すためのトラクターが要りませんから、その分のエネルギー資源も要りません。田起こしの作業がなくなり、労働が減ります。代かきで濁った水や農薬や化学肥料が混ざった水を流さないので、下流の河川や湖沼を汚さずに済みます。

その五　冬期湛水（冬の田んぼに水を張ること）との組み合わせで、抑草や肥料効率が向上する。

冬期湛水をすると、イトミミズの糞がトロトロ層を作り草の種を埋めてしまいます。また、耕さず酸素を土に入れなければ、雑草の種は発芽しにくくなります。イトミミズの糞は、施用する米ぬかやくず大豆の肥料効率を上げてくれます。

その六　藻類が増え、酸素を吐き出し、水をきれいにし、最後には自然堆肥になる。

田んぼに撒かれたわらが起点となって、サヤミドロを代表とする藻類や原生生物が非常に増え、光合成を繰り返し酸素いっぱいのきれいな水にしてくれます。

増えた藻類が世代交代する過程で腐植質として大量に蓄積し、自然堆肥となります。

その七　生きものが増え、田んぼ本来の環境が復元し、水を浄化する。

藻類や酸素がたくさんあれば、数多くの田んぼの生きものたちが育まれます。耕せば土に埋められてしまう生きものやその卵も、耕さなければ死なずに冬を越します。

冬期湛水との組み合わせにより、生物層がさらに豊かになります。生物ろ過の仕組みにより、水がゆっくりとろ過されてきれいになります。

耕す農業と耕さない農業

普通、作物を栽培する場合には、田んぼや畑を耕します。農作物の栽培の方法を耕すか耕さないかで分類すると、耕して栽培する方法は「耕起栽培」です。この方法はごく普通の栽培方法です（農は耕すことなりで常識）。稲作でも畑作でも一般に行われているこうした農業の方法を「慣行栽培」と呼んでいます。主に化学肥料や農薬を使うことを前提として、農協や農業改良普及センターなどで指導している栽培方法です。

これに対し田んぼや畑を耕さない栽培方法を「不耕起栽培」といいます。このほかに、田んぼで秋起こしや春起こしをせず、田植えの前に田んぼの表面の土を浅く掻き回し、表面だけ耕す「半不耕起栽培」という方法もあります。

もともと、「不耕起栽培」は愛媛県伊予市の福岡正信さんが考えた言葉です。福岡さんは、粘土団子に植物の種を包んで播く方法で、植物が育たなくなった世界中の砂漠に緑をよみがえらせる取り組みをしています。

播かれた植物は自分が芽を出せる条件を感じると発芽し、根を地中深く伸ばし、繁茂した緑は雲を呼び、雨を導くようになるそうです。

耕す場合でも不耕起の場合でも、種を直接田んぼや畑に播く「直播栽培」と、苗を栽培してから田んぼや畑に移植する「移植栽培」とがあります。大根やホウレンソウの種を直接畑に播くのは直播栽培ですし、トマトやキュウリの苗を作り、畑に植えるのは移植栽培です。

イネは多くの場合、苗床と呼ばれる箱の中に種を播き、一五～二〇cmの苗に育ててから田んぼに植える移植栽培ですが、種モミを田んぼに直接播く直播栽培もあります。

私の栽培方法では、苗を育ててから耕さない田んぼに田植えをするので「不耕起移植栽培」というのです。

これらの言葉は、後からできたものですが、不耕起直播栽培も、不耕起移植栽培もはるか遠い昔から行われてきた方法です。私たちが機械化の不耕起移植栽培をめざしていたころにも、日本各地で個人的に続けていた人たちがいました。また、中国をはじめアジア各地で、一部の地域や少数民族が続けていたようです。

不耕起栽培と有機栽培

よく、不耕起栽培と有機栽培はどう違うのですかという質問を受けます。不耕起栽培でも、有機栽培や無農薬栽培ができます。化学肥料や農薬を使った栽培もできます。そこで、有機栽培や無農薬栽培について、少し説明をしておきましょう。

まず、有機栽培の「有機」という言葉ですが、JAS法という法律で使用が厳しく制限されていて、むやみやたらに使えないのです。

「有機農産物」を生産するときは、国や県が認定した「認証機関」から、有機認証を受けます。認証が受けられる田んぼや畑は、農薬や化学肥料、JAS法に触れる農業資材を三年以上使ったことがないということが条件です。

そして有機認証登録された圃場（田んぼや畑）で、農薬や化学肥料およびJAS法で制限された資材を一切使わないで作った作物に限り「有機」の文字を使ってよく、こうして認証された有機農産物は、有機認証マーク（有機JASマーク）をつけて流通、販売することができるのです。

三年を過ぎてから一度でも農薬や化学肥料を使用すると有機栽培として認めてもらえなくなります。もちろん農薬で消毒した種も使えません。

無農薬・無化学肥料栽培については、作物を育てる間に農薬や化学肥料を使わないで栽培することをいいます。例えば、ある畑で夏にトマトを作ったときは農薬や化学肥料を使っても、同じ畑で冬に小松菜を作るときには農薬も化学肥料も使わなかったとすると、この小松菜は無農薬・無化学肥料栽培ということになります。

また、去年は農薬や化学肥料を使ったけれども、今年は農薬も化学肥料も使わなくても作物ができたという場合も、無農薬・無化学肥料栽培になります。つまり、栽培している間に農薬などを使ったかどうかだけを基準にして区別しているのです。

では、田んぼにイネがない時に除草剤を使った場合は、どうなるでしょうか。その表示の仕方は、農家の良心にかかっているのです。

無農薬・無化学肥料栽培については、農林水産省のホームページなどで特別栽培農産物のガイドラインに詳しく説明されていますので、調べてみてください。

農薬や化学肥料を使わない栽培では、たいてい代わりになる農業資材を使います。どんなものを使うかは、農家によって違います。有機栽培では、使ってよい資材が法律で決まっていますので、化学肥料の代わりに堆肥やぼかし肥を使います。

私たちの不耕起移植栽培でも、米ぬかやくず大豆などの有機質を使いますが、ＪＡＳ法で使用が認められている畜糞堆肥については、飼料添加物の問題があると思うので使用しないことを原則としています。また、他地域から農業資材として微生物や動植物などの生きものを移入して栽培に使うこともしないようにしています。

実はこのこだわりが、田んぼの環境復元と生きものたちの未来に大きな関係があるのです。

二〇〇四年四月一日より農林水産省の特別栽培農産物にかかる食品表示の方法は、「無農薬・無化学肥料栽培」を使わず、前作栽培終了後から種子、育苗も含め「栽培期間中に農薬や化学肥料を使用せず」というような表現を使うことに変わりました。

第１章

近代化稲作がもたらしたもの

保温折衷苗代。長野県の高冷地で開発され全国へ普及。
写真提供・長野県農事試験場

スイカの苗づくり

私は若いころからスイカなどの商品作物の栽培方法について研究を続けていました。一九七〇年代前半、私は夢中になってスイカの作り方を教えるために、全国を飛び歩いていました。そのころ私が教えていたスイカづくりは、形・味・大きさの三拍子揃った、おいしくて大きなスイカを、四本の枝から最終的に二個だけとるという栽培方法でした。

まず、低温でスイカの苗の生育を抑えます。植物は伸長を抑えられると横に広がります。横に広がるということは、枝を出し自分も太くなるということです。スイカは一〇日に一枚の葉を展開します。その葉の付け根に脇芽が出て側枝になります。スイカの生理・生態上どうしても一枚の葉が出るのに一〇日、四本の枝を出すには四〇日かかり、そこに実がつくのを待っていると、実がなる日がみんな違ってきてしまいます。そこで寒さで側枝の生長を抑え、同時期に育つようにするわけです。

スイカの苗の根元には電熱線のヒーターが入っています。上半身は寒くてぶるぶると凍えるほどになっていて、枝を伸ばすことができないのですが、寒さに当たっても足元がぽかぽかと暖かいので枯れることはありません。そして四本の枝が出揃ったところで暖かいところに入れてやり、一挙に蔓(つる)を伸ばし、同じ位置の雌花を同時に開花させるという技術でした。

スイカは自然に花芽がついて受精してしまうと、後から咲いた雌花は実にならずに落ちてしまいます。実がついたとしても、株元に近い方は形がよいが肉質が硬くて味が悪く、先へ行くと大きくなるけれども形が悪い。そこで味も形もいい三番目の雌花を四本の枝で一斉に咲かせるのがコツです。

私たちは、九州の名高いスイカ産地に千葉県から大喧嘩を挑んだことがありました。つまり、スイカの早出しを千葉でやろうという戦略です。私の考えは、大型のパイプトンネルを使い一二月に種を播き、五月に出荷するというものです。そして、九州の産地に負けないスイカの新産地を誕生させたのです。

まだ、スイカ栽培に鉄のパイプトンネルを使うなどと誰も考えたことがないころに、イチゴハウスに使われ始めたパイプハウスを見て、「これだ、これをスイカに使おう」と始めました。思えば画期的な技術でした。

簡単なようですが、この技術も完成するまでにはずいぶん苦労したものです。しかし、この技術が誕生すると、まだスイカが高値のときに、味も形もよいスイカが作れ、しかも出荷時期が揃うようになりました。農家は、毎日スイカを一つずつ叩いてみて、その日に出荷できるかどうか、畑中を歩いて調べなくてもよくなりました。農家に喜ばれ、あちこち教えて歩きました。

ある年、青森県の農家を訪ねるために飛行機に乗って移動中、私にとっての転機が訪れました。

約一万m上空から窓の外を見ると、窓から下一面に見えるのは緑の山々と実りの秋を迎えた黄金色の田んぼでした。平地の真ん中に道路が見えて、山を越すと道路の先はまた黄金色、次の山を越すとまた黄金色、私が教えようと思ったスイカ畑など一つもありません。私はこの光景を見て、日本で農業をするということは、スイカづくりではないのではないか、日本の農業の真髄はイネつくりにあるのではないかというショックにも似た思いに駆られたのです。

こうしたことがきっかけになって、今度は私のほうが、東北の農家にイネつくりについて教えてもらい始めたのです。

終戦後の稲作はいかに一粒でも多くコメをとるかの追求でした。私自身も改めて多収穫の稲作技術に引きつけられ、東北に足を踏み入れたのです。東北各地を「ここにこの人あり」という有名なコメづくり名人を何人も訪ね歩き、多収穫の方法を学んでいきました。なんとしてもたくさんの収穫を得られるイネつくりを習得しようと思ったのです。

今でもこの夢は忘れることができないでいます。数百冊の稲作の書籍も読破しましたが、いずれも一貫していかに多くの収穫を得るかに焦点が絞られている書物ばかりでした。農学書の大半は多収穫の方法を説く内容です。

環境保全型農業という言葉もないころで、ごく普通に農薬や化学肥料を使った機械化農業を行う農家がほとんどでした。ですから、私の不耕起移植栽培の出発点は、自然農法のような無農薬農法の出発点とは全く異なります。機械化農業の中で農家が重労働に苦しむことなく、いかに効率よく肥料を効かせ収量を上げるか、どのようなタイミングで農薬を使うと、収量を落とさずに済み、病虫害の被害を軽減できるかということを夢中になって調べました。

農家は、隣が一〇俵で自分が八俵の収穫なら下を向いて歩くし、これが逆なら上を向いて歩くような心境になるのです。これは農家の性(さが)なのかもしれません。田植えをはじめあらゆる農作業をいかに簡単に早く終了し、できるだけ手間を省こうとしていても、収穫時にはこのような心境になるのです。これはなにも終戦後に培われた習性ではなく、古代よりの習性ではあるまいかと思うのです。最近のように、収量ではなく安全性が優先だと思っている農家でも、収穫期を迎えればやはり隣の収量が気になり、複雑な心境になるようです。

実はこの心の隙間に多くの高価な農機具や化学資材が入り込んできたのです。

病気や冷害のたびに健苗づくりを謳っていたはずの指導機関も、盛んに労働生産性を強調し、農家の方もいつの間にやら、作物にどう手をかけるかではなく、資材や機械のコストを気にすることのほうが身についてしまったのではないかと思います。

深刻な冷害体験

ちょうど、農家にイネつくりのことを習いながら歩いていた一九八〇年(昭和五五年)、長雨と冷夏により全国的に冷害となり、特に東北地方は大変深刻な冷害に見舞われました。

東北各地の農村では、日照不足でイネが開花しても受粉できず、典型的な青立ち(穂の中に米粒ができないため穂が垂れずにまっすぐ立った状態)となりました。コメが全くとれず、自分で食べるコメも得られず、翌年の種モミすら確保できないほどの大被害だったのです。各市町村は冷害対策本部を設置し、農家の所得がないため緊急措置をとらなければならない状況でした。

冷害にあった農家の状況は、それは大変悲惨なものでした。私はなぜ冷害が回避できないのか、どうすれば冷害に強いイネが作れるのかを研究しなければならないと強く感じました。やりようによっては冷害を回避できるのではないかと思ったのです。

実はそのきっかけになったことがあったのです。冷害の大被害にあった村々を歩いて、被害状況を見て回った時に、村中が収穫皆無のなかで、一軒か二軒の農家でコメが収穫できている事実を目撃したことでした。その農家に共通していたことは、イネを作っていたのがお年寄りだったということでした。さらにお年寄りたちにイネの作り方を聞いてみると、意外なことがわかりました。

東北地方が米どころに

戦後の日本では、敗戦や冷害による悲惨な食料不足から脱却し、三度の食事に白いごはんが食べられるようになることを国民誰もが望んでいました。戦後復興のため、食糧増産が国の方針でしたから、新田開発（新しい田んぼを開拓すること）を行い、耕地面積を拡大し、コメの反収（一〇ａ当たりの収量）の増大を図ることが緊急の課題とされていたのです。

一九四八年（昭和二三年）に連合軍総司令部の命令により、遅れた農業、農村を近代化するということで農業改良普及制度が取り入れられることになると、全国の都道府県はこの制度のための組織づくりを行い、多くの農業改良普及事務所と普及所（現在の普及センター）が設置されました。

数多くの近代稲作技術発祥の地である長野県では、農業改良普及員は考える農民をつくるということで農家の御用聞きと相談相手を肝に銘じ「緑の自転車」に乗って家々を訪ね、集落の座談会にも出席するなど農家とともに昼も夜も活動したといいます。新しい技術や資材の導入も、成功も失敗も、農家とともに体験したのです。

保温折衷苗代（油紙で苗代の表面を直接被覆して

保温する畑苗代と水苗代の中間型の苗代）は高冷稲作地帯（標高九〇〇m以上の水田地帯）の長野県で技術的に確立されたイネの早期栽培技術でした。この普及員制度を通し農業研究会が津々浦々につくられて日本全国にこの技術が普及しました。このような栽培方法や品種改良によって、低収地帯（コメがあまりとれない地帯）とされていた東北地方が一躍日本の穀倉地帯に変身しました。

イネは本来暖かい地方の植物ですが、作期を早めることで北半球の高緯度に位置する日本でのイネつくりが可能になったのです。しかも、早く栽培に取りかかり、早く収穫する時期を迎えられるようになったため、収穫時期の台風による風水害や塩害、そして東北の早霜などの被害を免れることができるようになりました。

また、戦前から開発が続いていた品種改良の成果として、化学肥料に適応した増収型の品種や東北地方に適した耐寒性品種などが次々と生み出されました。

こうして東北地方での増収に加え、全国的にコメの収量が上がるようになると、次第にコメに余剰が生じはじめたのです。

一九八〇年（昭和五五年）ごろと言えば、コメの生産調整が始まって一〇年ほどで、低コスト稲作が提唱され、化学肥料や海外から導入された新しい農薬などを使い、機械化による労働時間の短縮や重労働からの解放を含め、効率的な高生産性稲作農業が最もよいとして、国も地域も農協もメーカーも、大変力を入れて稲作の近代化を進めていました。

保温折衷苗代と前進栽培

保温折衷苗代は長野県軽井沢町の荻原豊次さんによって、一九四二年（昭和一七年）に考案されました。標高一〇〇〇m近い高冷地で稲作に従事していて、一九三一年（昭和六年）の冷害の時、被害が軽い農家があることを知り、その農家からイネつくりを教わったのをきっかけに研究が始まりました。研究の中心は一日でも二日でも早く田植えができるようにするための早い苗づくりでした。

ある年、春野菜づくりのために、堆肥などの自然の熱やわら囲い、油紙を貼った障子による被覆を利用して、種を普通より早く発芽させて野菜の苗を作っていた時に、たまたま、わら囲いについていたモミが発芽したのです。荻原さんがこの苗を田んぼに植えてみたところ、その年の冷害でも、その苗だけ冷害の被害が軽かったことを発見したのです。

後に長野県農事試験場の岡村勝政さんがさまざまな工夫をしながら、苗代（苗を育てる田土の床）の上にモミガラ燻炭を載せ、油紙を被せて、寒い時に保温し発芽を促す前進栽培（人工的に栽培時期を早めること）の技術を確立しました。機械利用以前の育苗方法としては、発芽と幼苗時期を温床紙（おんしょうし）で覆って保温し、発芽や稚苗の育成を促進したのです。前半は畑苗代のようによく湿った畑の状態にして根の発達を促し、後半は湛水（水を張ること）して雑草を抑制し苗が取りやすい水苗代の長所を活かしたのでした。前半では種モミの薄播きが可能になり、スズメの害を免れ、後半は立枯病やムレ苗を防ぎ、田植え後の活着がよいイモチ病に強い健康な苗が育ち

播種後、土と焼いたモミガラをかけ、油紙で覆った。写真提供・長野県農事試験場

油紙を縄で押さえ溝に水を張った。1.5葉で油紙を除く。写真提供・長野県農事試験場

苗取り。一握りずつわらで縛った。1948年原村試験地。写真提供・長野県農事試験場

ました。一九四八年（昭和二三年）には長野県内で一〇〇〇ha、翌年には全国で三〇〇〇haに普及しました。農林省が補助金をつけて奨励したこともあり、一九六九年（昭和四四年）には全国の水田の三四％がこの方式を取り入れて苗づくりをするまでになりました。

岡村さんが確立したこの技術では、葉が六枚程度になるまでに田植えをする成苗育苗が基本でした。当時の記録によると、こうして薄播きで正しく作った苗は健康で、田植え後の活着がよく有効分げつが多く、茎が太く、出穂成熟が早く穂揃いがよく、大穂で着粒数が多く、コメの品質も向上すると記されています。

日本の稲作は、もともと梅雨時の雨水を利用して六月に田植えをしていましたが、五月に田植えができるように一カ月も前進したのです。こうしてイネの三早栽培（早播き・早植え・早刈り）が可能になったのです。

イネは早植えすることにより、主稈（親茎）の葉の数を増やす性質があります。葉数が増えれば、分げつ茎も一斉に増え、地下部の節の数も増やします。これを「同伸葉同伸分げつ理論」といいます。地下部の節数の増加は穂数の増加につながります。偶然にも、成苗の前進栽培は増収技術となっていたのです。

しかしそれよりも、この前進栽培は東北の寒冷地農業に大きな転機を与え、穀倉地帯へと脱皮させる大きな力となりました。

機械化稲作の原点はお蚕さん

一九五四年（昭和二九年）、長野県でも豪雪地帯の飯山雪害試験地で、長野県農事試験場の技師松田順次さんは、養蚕家が蚕室を火鉢で暖めて春と晩秋の稚蚕を育てていることにヒントを得て、蚕を育てる蚕座（一尺×二尺×一寸の箱、一尺は約三〇cm、一寸は約三cm）にイネの種モミを播いたといわれています。

かつての日本の養蚕は、花形輸出産業でしたから、養蚕家が春早い時期から秋遅くまで、一年のうちできるだけ長い期間にわたって蚕を育てるための工夫が各地にありました。蚕室用の火鉢で炭を焚いた部屋の中で稚蚕を孵し、蚕座の中で集団で飼育すると蚕がよく育つことを養蚕家は昔から知っていたのでしょう。この箱を利用して二・五葉の稚苗を育て、雪解け後の苗代に仮植えして成苗を作り、それを田んぼに移植したというのです。

保温折衷苗代が普及した後も、豪雪地帯では雪が消えなければ種播きができませんから、なんとか早い時期に苗を育てて、雪解け後すぐに田植えをする方法が考えられていたのです。

一九五二年（昭和二七年）ごろ、雪深い冬のさなかに、松田さんは室内の長火鉢の上に行灯を置き、箱の中に播いた種モミをこの室内で育てる試みをしていました。こうして一九五七〜五八年（昭和三二〜三三年）には、飯山式育苗室と名づけられたビニールハウスの中で炭を焚き、蚕の箱と同じ寸法の箱に種モミを播き稚苗を育て、畑苗代に仮移植する技術が完全マニュアル化されたのでした。箱に播いた一合の種モミはほぼ一〇〇％、短い日数で発芽させることができるまでになり、育苗が短く楽になった

松田さんが考案した木製の育苗箱（右）と現在の育苗箱（左）。写真提供・長野県農事試験場

下の扉から炭火を入れて暖める試験用の加温式発芽箱。写真提供・長野県農事試験場

発芽した苗を箱ごと移して育苗するビニールハウス。写真提供・長野県農事試験場

上、保温折衷苗代による育苗より一カ月も早く田植えが可能になったのです。

ここまでは基本的に成苗稲作だったのですが、この箱で育てた稚苗の仮植え技術から、仮植えができるなら、田んぼに直接植えればさらに合理的だと考えたのです。後に農機具メーカーを交えた技術者会議を経て、現在一般化されている田植機の開発へとつながり、機械化育苗の第一歩となりました。幸か不幸か、蚕座に種モミを播く苗の箱育苗法が、稚苗で田植えをする機械化稲作技術の始まりとなりました。

一九六五年(昭和四〇年)ごろには、紐の上に種を播き、苗を作って田植えをする紐苗(ひもなえ)方式や苗づくりをしない直播(種モミをじかに田んぼに播く)式の田植機など、さまざまなアイデアのもとに田植えの機械化が考え出されていましたが、どれも全国的な普及性を持ったものではありませんでした。なぜなら、田植えは機械化できたけれども苗づくりや機械にセットするための苗取りに恐ろしく手間がかかる方法であったり、植え付けの深さを統一できなかったり、直播で苗の不揃いや秋の倒伏を防げなかったりと、機械化のメリットがさほどなかったからです。

直播の研究は、古くから全国の試験場で試験が行われていましたが、当時からすでに倒伏や収量が不安定になる問題点がわかっていました。コンバインや耕耘機などの機械は、それまでに海外製品の輸入や技術の導入もあって、すでに国産の機械が実用化されつつありましたが、田植機はなかなか技術的に開発が進みませんでした。

育苗箱で育てた揃った苗を田植えできる画期的な機械も、そんな時代に農機具メーカーで開発が進められていたものでした。イネを育てる苗箱の形が、今日、全国で統一されているのは、長野県で盛んであった養蚕の蚕座がもとになって苗づくりを研究したからだったのです。したがって、蚕の蚕座の一尺×二尺×一寸(三〇㎝×六〇㎝×三㎝)が、現在の育苗箱の基準になりました。当時は木箱を使うのが主流でしたが、現在ではみなプラスチックの育苗箱に変わってしまいました。

農家にとって大変な重労働だった田植えの機械化

昔はどこでも見られた手刈り風景。1960年佐久市。写真提供・長野県農業総合試験場

1966年に開発された、カンリウの稚苗手押１条田植機。写真提供・長野県農業総合試験場

３条刈バインダーでクボタが先陣を切った。1966年長野市。写真提供・長野県農業総合試験場

田植機は全国で爆発的に売れ、日本の稲作を変えた。写真提供・長野県農業総合試験場

コンバイン時代の基を築いた井セキの量産機。1966年豊科町。写真提供・長野県農業総合試験場

稚苗箱苗をロール状にして苗を掻き取る井セキの田植機。写真提供・長野県農業総合試験場

は、以前は技術的に不可能だといわれていましたが、このころには夢の話ではなくなっていました。一九六六年（昭和四一年）に開発された箱育苗した稚苗を一条植えできるという稚苗手押一条田植機は、爆発的な売れ行きとなったのです。さらに数年後には動力式の田植機が登場しました。

当時はまだ三〇ａ区画などの水田の基盤整備は進んでいなかったので、小さな不揃いの区画の田んぼに適した一条植えや二条植えの小型の機械が主流でした。大型の乗用田植機の全国的な普及は、農業構造改善事業がスタートした一九六二年(昭和三七年)からずっと後のことです。

機械化の普及は稚苗稲作の普及でもありました。農機メーカー主導の田植機などの開発は、工業的な合理性の追求を優先していたため、イネの生理・生態上、まだ乳離れをしていない二・五葉の稚苗を二〇日間で育てて田植えをするという、非常識を常識とすることになってしまったのです。

全国の農業試験場は農業改良普及所とともに田植機の試験に乗り出しました。しかし、その内容は育苗の省力化や播種量の関係、田植機による省力化の貢献度、稚苗の病害対策に重点が置かれていました。

残念なことに、田植えの機械化という革新的な技法に伴うべき優れた栽培技術の開発や進歩はなく、環境や自然への配慮も更々なかったのです。機械化に合わせて、農薬や化学肥料をたくさん使う稲作農業「新」時代の幕開けでした。この時代に自然や田んぼの生態系の仕組みに十分目が向けられていれば、その後に起こる高生産性稲作を求める機械化と大規模土地改良の方向は、今のような不自然な水田環境の構築にはならなかったろうと思うと残念でなりません。

アメリカで一九六二年(昭和三七年)に出版されたレイチェル・カーソンの『SILENT SPRING』(沈黙の春)が、邦題『生と死の妙薬』として新潮社より出版されたのは一九六四年（昭和三九年）のことでした。

取り残されていたお年寄りの苗

一九八〇年（昭和五五年）、この年の冷害は体験した人にしかわからない、言葉に表せない悲惨なものでした。その光景が私の脳裏に焼きついています。収穫皆無地帯のイネの穂には、完全粒が一穂に一粒か二粒しかない状態でした。真っ青な穂と止め葉は直立し、収穫期のイネの姿とは思えない異様な姿をしていました。このイネの姿の悲しさは、体験した者にしかわからないことでしょう。すべての田んぼで一年をかけ丹精した成果が、たった数日の低温で、砂上の楼閣のように崩れ去るのです。

なんとか冷害に強いイネつくりができないものかと私は思いました。

そのようなほとんど収穫皆無の冷害の村で、一軒か二軒の農家が冷害にあったにもかかわらず、なぜか反収三〇〇kgから四〇〇kgのコメを収穫していたのです。なんとも不思議な光景でした。

コメを収穫できていたのはいずれもお年寄りの農家でした。私はその家を訪ねてイネつくりについて聞いてみました。といっても、私がお年寄りに質問したのは「面積はどのくらいあるの」「どれくらいとれたの」「幾日に播いて、幾日に田植えをしたの」というたった三つのことだけでした。

これらの家では、子どもたちが農業を継ぐこともなく都会に出て行ってしまっており、もう高齢にもかかわらず、細々と農業を続けて暮らしているという共通点がありました。栽培面積は小規模で、たいして機械化もしていませんでした。ですから、お年寄りたちは、いずれも田植機を持たず、昔ながらの水苗代や畑苗代で苗を育てて、田んぼに手植えをしていました。そして、田植えをする時の苗は、いずれの農家でも葉が五枚以上に育った成苗であったことがわかったのです。それで、どうやら冷害に強いイネつくりの基本は、成苗を作ることにあると気がついたのです。成苗との出合いはここからでした。

しかし、冷害に強いからといって、まさか機械化に頼らない昔の稲作に戻すわけにもいきません。時代の流れは、農業でもより合理的な増産増収技術を求めていたからです。それで、私は箱育苗で機械化に対応した成苗づくりの研究に熱中していったのです。

食糧安定時代へ

近年、冷害などという言葉には縁遠くなってきていると思います。もう、戦後の食料不足で、国中の人たち誰もがおなかをすかせて痩せ細っていたころのことや、一九九三年（平成五年）の冷害でタイや中国のおコメしか売っていなかった時のことなど、忘れてしまっている人も多いでしょう。天下泰平ですが二〇〇三年（平成一五年）も全国各地で冷害の被害が出ています。

しかし、原産地に比べれば高緯度の北半球でおコメを作ってきた日本は、昔から何度も冷害による飢饉を体験してきた国だったのです。日本の歴史の教科書にも昔の飢饉の話や絵がいくつも出てきます。飢饉とは、他人の家の食べものや家畜まで強奪し、生きものはもちろん草の根や枯れ草、木の皮など口にできるものはすべて食べ、食べ尽くせば餓死していくことを意味していました。

ですから昭和になってからも、食糧増産のために、東北や北海道の気候に適したイネの品種を開発したり、冷害に強い体質のイネを交配して研究したり、国や各地の農業試験場は品種改良による冷害対策に熱心に取り組んできました。北海道でもおいしくてたくさん収量があるコメの品種ができた当時は、大きなニュースになったものです。

そのような品種改良と三早栽培のような技術と、機械化とが日本の稲作を近代化させてきました。稲作農業の近代化は主食の安定供給をもたらし、農家の労働生産性を高め、農村に余剰労働力を生じさせました。

一九五五～六五年（昭和三〇～四〇年）の手作業による稲作では、一〇aの作業時間は三〇〇時間近い重労働でした。現在の機械化稲作は、労働力をほぼ七分の一に圧縮し、約四〇時間で当時の手作業と同じ仕事ができるという、夢のような技術革新が行われたのです。農家は重労働から解放されました。生産効率が上がって、労働力もコメも余る時代に入りました。農村の人々は都市に働きに出て、この余剰労働力は主として第二次産業に流出することによって、一九六〇年代の高度経済成長を支える大きな一因となったのです。

湿地と湿田農業

昔からの日本の田んぼは、特定の土地を除くと、低地に拓かれ、用水も大なり小なり天水（雨水）を利用していました。

雨が降ればいつでも水が溜まり、乾いても一部分か周辺のどこかに水溜まりができているような、こうした至るところにある湿地を巧みに利用したのが、日本のイネつくりだったのです。

年間降水量一八〇〇㎜のアジア・モンスーン地帯の北側に位置する日本は、この水を国土保全に十分に活かすために決定的な条件となるような地形を有しているのです。

雨量一㎜は一㎡の土地に一ℓの雨が降ったことを意味しています。一八〇〇㎜は一ｍ八〇㎝ですから、一㎡に一八〇〇ℓ、実にドラム缶九本分の雨が降ったことになるのです。

これが月々平均して同じならよいのですが、夏には梅雨や台風などでまとめて降り、冬には大陸性の高気圧に覆われ、太平洋側は乾燥の季節となるのが日本の気候の特徴です。細長い日本の地形は、日本海側と太平洋側、北と南で四季折々、地域によってさまざまな気候を有しています。自分のところは今年は雨が多いと思っていても、所変われば干ばつで、田んぼに引く水に苦労していることは、各地の農家と話しているとよくあることです。

田んぼの始まりは泥深い低湿地でした。そして、水のコントロール技術の発達、つまり溜め池や堰（せき）の築造と、それらと田んぼへ水を引くために水路と水路をつなぐ水の制御技術を考え出すとともに、田んぼは河川の中流域へ広がっていったと思われます。

奈良時代に、たたら製法による鉄の増産ができるようになると、これが農具や土木作業の道具の開発を促し、元来の湿地稲作から半湿地へも田んぼの面積を広げたといわれています。

昔の収穫作業は手作業で、水の中でも行っていました。小さな舟を引きながら腰まで水につかってイネの穂首を刈るような光景は、昔は各地であったことです。胸まで水につかって稲作をする地域もありました。

現在、不耕起移植栽培を一七年続けている藤崎芳秀さんの田んぼがある千葉県佐原市は、かつては三年に一回は洪水に見舞われるような利根川水系の下流地帯でした。徳川家康に始まる江戸幕府が、江戸の洪水を回避するために、江戸川を鬼怒川まで掘りつなぎ、利根川の本流を移し替えたのが今の利根川の下流域です。以来、江戸川は支流となり、鬼怒川の下流域は洪水の常襲地となりました。

昔、藤崎さんの田んぼの周りは、道路ではなく水路が巡り、どこの家にも舟がありました。今日では首都圏の水瓶として利根川水系の上流には多くのダムが建設されたため、洪水の心配はなくなりましたが、洪水常襲地の汚名を返上してから、まだ数十年にしかならないのです。

湿田での稲作農業はもちろん大変な重労働であったに違いありませんが、肥料の少ない時代は洪水がもたらす上流の肥沃な土が田んぼに残されることで、自然の恩恵を受けてコメが収穫できていたのです。

現在のように農業機械がなかった時代には、稲作にとって乾田（水はけのよい田んぼ）は絶対に必要な条件ではなかったのです。このような話は日本全国に無数にあり、昔話の後退とともに湿地・湿田も後退していったのでした。

世界遺産に匹敵する構造物

昔は田んぼというのは等高線に沿った不定形をしたものがほとんどでした。専門的には斜度二〇分の一（二〇m移動した時に一mの段差）以上の土地を有する田んぼの状態を棚田としているようですが、棚田に限らず、土地の落差を利用してこの不定形の田んぼに水を引くことで、上の田んぼに水が満杯になれば、そのおこぼれがわが田んぼを潤し、わが田んぼからは下の田んぼへと水が流れるように工夫してありました。この方法を「掛け流し灌漑（かんがい）」といいます。

現在の田んぼでも、パイプラインや用水路のないところ、あるいは一軒の農家が連続して何区画も耕作しているところでは、田んぼから田んぼへ田越しの水と称して掛け流し灌漑が行われています。

地球上には水平の土地はあまりなく、たいていは傾斜地になっていて自然に雨水が流れていきます。自然のままに平らな土地は池や沼地になっていて、田んぼは人間がイネつくりのために平らにした人工的な構造物なのです。傾斜角が不定形の平らな田んぼをたくさん作ったことは、広義に解釈すれば当時としては環境破壊だったかもしれません。日本の田んぼの開発の歴史は、そのまま治山治水と灌漑の歴史でもありました。

日本の治山治水は世界一といわれています。国土の地形から、山間の狭い谷地でも水源があれば田んぼが存在します。山裾に縫うように張り巡らされた水路は約四万km、用水路は約三万km、排水路は約一万kmに達するのです。このきめ細かい治山治水の上に、戦後田んぼの面積は約三〇〇万haになりました。現在は減反(田んぼでコメを作ることを減らす政策)

土で築かれた大山千枚田。日本の棚田百選の一つ。写真提供・千葉県鴨川市

低い石組みの田んぼがゆったりと広がり、曲線が美しい。滋賀県高島町鵜川付近

縦積みの石組み技術は継承されておらず、新たに造れない。岐阜県恵那市笠置町付近

のため約二四〇万haの田んぼが維持されていますが、田んぼの面積は、実に国土の六％以上に及びます。

田んぼは二〇〇〇年以上の途方もない長い歴史のなかで、先人たちが汗の結晶として構築した、万里の長城に匹敵するほどの構造物なのです。

万里の長城は現存する主要な部分が約三〇〇〇km、総延長距離一万二〇〇〇km、広い場所では幅一〇mもあるそうで、昔は民族の存続を守っていました。今は世界遺産となり、観光資源の一つとなっています。

日本の田んぼも、先人たちが構築した、民族の存続を支える遺産なのです。資源の少ない日本の生命の維持装置なのです。水を保ち、日本固有の生きものたちの命を守り、文化を継承し、観光資源にも教育の場にもなる上、私たちの食を支えているのです。

私たちの代で収奪したり放棄したり、壊してしまったりしてはならないのです。これは日本に限らず、稲作農業の盛んなモンスーン地帯のアジアの各国においても同様でしょう。

しかし、近代農業の発展とともに日本の田んぼと稲作農業の歩んできた道は、永続可能な方向性を持っていたとはいえませんでした。

水田地帯の変貌

一九四九年（昭和二四年）に生産効率の向上のために土地改良法が制定されました。区画整理や新田開発などで、田んぼの形や農村の風景が大きく変わり始めました。しかし、当時は土を素掘りにした灌漑用排水路（田畑に水を引いたり排出したりするための用排水兼用の水路）でしたから、田んぼの生態系へのダメージは少なく、絶滅危惧種を大幅に増やすほどの影響は少なかったようです。

一九六一年（昭和三六年）、農業基本法が制定されました。この法律の最たる目的は、「自立農家」の育成にありました。すなわち、高度経済成長に伴って、他産業に取り残された農家の収入と生活水準の格差を是正することにあり、農業の近代化や生産の選択的拡大などが謳われました。次男、三男が教育を受けて他産業につけるようにしよう、農地所有者の分散や小農地化を防いで農業後継者の家族経営面積を大規模化しよう、大型機械化に対応する農地の基盤整備や大型農業施設整備への助成を大幅に増やし、農村における農業という産業構造を改善しようというものでした。輸入農産物に対抗するための価格安定政策も示されていました。

この構造改革の中で農業基盤整備事業という名のもとに、一枚の田んぼを三〇a（約三反＝三〇m×一〇〇m）の区画に整える、大型機械対応の大区画化が平野部を中心に進められました。稚苗の育苗技術の完成とそれにタイアップした田植機の開発とが時を同じくして、基盤整備の方針が一八〇度方向転換の時を迎えていたころのことでした。それは小農技術の切り捨てでもありました。

手植えの田植え作業にとっては、幅三〇m・長さ一〇〇mの大きな田んぼは、どこで腰を伸ばしたらよいのか途方に暮れるほど広く感じたに違いありません。そして、多くの農家が重労働から解放されるために、農業の機械化が進められていったのです。

しかし、まだこのころの農村部では、田んぼが田んぼとしての形態を残し、田んぼと水路の落差は少なく、用水路も土水路（土を掘っただけの水路）でした。ですから、メダカなどの小魚が用水路を介して溜め池や田んぼとの間を自由に出入りでき、カエルや小さな生きものたちが潜めるヨシやマコモの茂みも、水路の傍に連なって残っていました。

たとえ用水路にコンクリート製のU字溝が埋め込まれても、平らな土地ではしばらくすると泥が溜まり、生きものたちはまた戻って適応していたのです。

しかし、このころから少しずつ田んぼの生態系は受難の時を迎え、年ごとに田んぼ周辺に棲む生きものたちの仲間に絶滅危惧種の数を増やしていくことになったのです。

一九六〇年代後半になるとコメが余るようになり政府在庫が増え続けました。一方、コメの生産量と反比例して、消費量の低下が始まるという社会現象が起きていたのです。これに押されて、一九六九年（昭和四四年）に自主流通米制度が採用され、翌年には初めてコメの生産調整が始まったのでした。いわゆる減反政策です。

生きものたちにとって、とても棲みやすかった土水路が、パイプライン用水路とコンクリート三面張りの排水路に変貌していったのは、一九七〇年（昭和四五年）ころからのことだったのです。

オイルショックがあった一九七三年（昭和四八年）ころからは、生産性の向上がさらに叫ばれて、重量のある大型機械化に耐えられる基盤整備として、田んぼの汎用化（田んぼの乾田化と、さらに畑としても使える畑地化との両方を兼ねた田畑輪換田と称する土地改良）が進められるようになったのです。

水田地帯では、田んぼも水路もブルドーザーで一気に平らにならされ、曲がりに曲がった農道はまっすぐになり舗装されました。大型農業機械を導入するため、田んぼは四角く整形され、さらに大面積（一ha以上）の大型の田んぼへと基盤整備され、乾田に変わっていったのです。用水路の代わりに、地中にパイプラインが埋め込まれました。

特に湿田では、重量のある大型機械が入れませんから、排水の悪い田んぼには地中に集水管（土管や

大型重機で土を掘って進められる基盤整備工事。滋賀県志賀町近江舞子付近

四角く基盤整備された棚田。コンクリートの造形物は数十年しか持たない。近江舞子付近

手前が基盤整備後、奥が400年の歴史を持つ棚田。棚田百選の一つ岐阜県坂折棚田

コルゲート管）を埋め、暗渠（田んぼの地下に埋め込まれた排水施設）が設置されました。暗渠の設置が奨励され補助金の対象になったのです。

深く掘り下げられ傾斜がついたコンクリートの三面張りの排水路は水が速く流れていきます。バルブをひねれば水が出て、暗渠の栓を抜けば田んぼは明日には畑になってしまうようにするため、巨大な造成工事が土地改良という国の政策として全国各地で行われていきました。都市の給排水の設備が、そのまま水田地帯へも応用されたのでした。

合理性と生産性向上の追求が先行し、もはや田んぼは、イネという植物を育てる「農地」ではなく、工業的な生産設備として考えられるようになっていたのです。

過剰米に悩む政府は膨大な補助金を計上し、休耕田や転作地に補助金を出すなどして田んぼの畑地化を奨励し、減反面積を拡大していきました。もちろん、深い湿田での辛い農作業に苦しんでいた人たちにとっては、どれだけありがたい工事だったか知れません。

また、この基盤整備と河川改修などが並行して進み、広域用水が完備されることで、水があふれて困っていた地域、田んぼや畑に入れる水が得がたくて困っていた地域がそれぞれの解決を得ていったのです。さらに、かつては農村特有の風土病だと考えられていたツツガムシ病や日本住血吸虫病、マラリアなどによる被害が各地で消滅していったことは、計り知れない利益だったのです。

こうして、国の政策と農家の利害の一致によって、短期間のうちに日本中で基盤整備面積が拡大されていったのです。

「我田引水」と水争い

今日でも変わらないところもありますが、昔は用水路から水を引く場合、上流の田んぼで水を引いている時は、用水路が上流で塞き止められているので、下流の田んぼの持ち主は上流の田んぼに水が溜まるまで、待っていなければなりませんでした。なかには人がいない時に堰を崩壊したり、こっそりと堰の板を動かしたりして、自分の田んぼに水を引くこともあったでしょう。農家は、自分の田んぼで、水不足でイネが枯死するようなことが起きてほしくないのです。しかし、そのような行為が発覚すれば、なんらかの制裁がつきものでした。

農家にとって、自分の田んぼに水を引くのには苦労と我慢がつきもので、村社会の中では個人の勝手とはいかなかったのです。

近代に至っても、水田農業には水争いがつきものでした。戦後でさえ、渇水の川を挟んで両岸の農家の集団が鎌や鳶口（とびぐち）を手に一触即発のにらみ合いをし、警察ですら解散させられなかったこともあったようです。

ですから農家の「我田引水」の要求を満たし、水の苦労がなくなるパイプライン化は、農家にとても喜ばれました。

整備前の農村の用水路や排水路は、ヨシやマコモなどの水辺植物に覆われていました。ヨシ刈りや、流出する土砂で埋まった水路の機能を回復させる時には、村人が総出で改修しなければなりませんでした。用水路のパイプライン化やコンクリート三面張り排水路の設置は、このような水路維持管理の苦役から農家を解放するとともに、潰れ地（農地のうち耕作できない部分）を減らすための政策でもあったのです。今でも土水路のある地域では、水路の補修や草刈りは集落総出で行われていることが多いようです。

田植えや稲刈りなど人手のかかる農作業は「結（ゆい）（人手を貸し合う助け合い）」で行われ、農村社会はプライバシーのない結束社会で構成されていました。その名残は現在も冠婚葬祭や諸々の行事に残ってはいますが、基盤整備や農家個々の機械化の進展が、かつてのような結束社会の崩壊の引き金になっていったようです。

共同で農作業をし、設備や機械を村中で融通し合うより、個人個人が機械を持って、自分の都合で作業ができる便利で豊かな時代に入っていきました。高度成長期には生産も収入も生活も都市部に追いつこうと、農村も各家庭での近代化が進んでいったのです。

機械が普及する前の「結」で行われた田植え風景。写真提供・長野県農業総合試験場

用水路のパイプライン化が進められた時代に、用水路や田んぼの生きものたちのすみかを残し、小さな水辺を守ることまで考える人は、国にも地方にも大学にもほとんどいませんでした。

水利権と世界一高い水コスト

イネつくりにとって水は生命線です。安い農業用水を好きな時に必要なだけ使えたらどんなによいことかと思います。冬期湛水をしたい時など特に痛切に感じます。しかし、農業用水をめぐっては、いろいろな問題に直面してしまうのです。今、河川の水利権の許認可を握っているのは国土交通省（旧建設省）です。そこが、水の分配のおおもとです。

昔から「水を治めるものは国を治める」といわれたように、領主は領地を栄えさせるために、河川の堤防を築いて水害から田畑を守ったり、用水を引いて農業の振興を図ったりしていました。

その名残なのか、今でも「農業の水利権には手をつけられない。江戸時代が厳然と生きている」といわれます。

明治政府が、近代国家として欧米に負けない体制整備を図ろうとして、河川法を制定したとき、農業用水は「慣行水利権」として、そのまま江戸時代の権利が認められたからです。

それは、「世界遺産にも匹敵する」ほど気の遠くなるような日本の稲作農業と治山治水の歴史があったからです。

田植えをはじめとする農作業は、水が早く来る上流地域から順番に進んでくるという現実があるのです。上流の水は下流で「反復利用」されてきた仕組みがあったのです。ですから農村では、上流下流のトラブルが起きないように、水系ごと、地域ごとにたくさんの農家が共同して水路や堰の維持管理にあたってきたのです。

水源を確保し水路を管理するのは、個人の力ではなかなかできない重労働ですから、どんなに仲の悪い者同士でもこの作業は共同で行わなければなりません。どんなに都合が悪くても賦役（ふえき）（昔の税制で領民に強制した年貢と労役）と同じく集落の大事な作業であったのです。途中で放棄できない、強い強制力で水の管理は行われていましたし、今でもこの慣習は残っているのです。稲作は一ha当たり一万五〇〇〇tという膨大な水がなければ成立しないのですから、昔は命がけで水争いをしたのも当然です。

こうしてできあがった農業用水をめぐる地域の習慣はさまざまで、その土地の歴史や水の充足度、水利施設の水準などを色濃く映しているのです。

ですから、明治政府も現政府も水利権にはほとんど手をつけてはいない、というよりも県単位、市町村単位、集落単位で使い続けられてきた既得の権利には、むしろ手がつけられないのです。政府は明治以降、都市化や工業化、新たな農地開発で、地域で新規に水を利用したいという要求が出されると、慣行水利権にはほとんど手をつけず、河川の水の量に余裕のあるうちは取水堰（頭首工）を作って、さらにはダム建設などの水源施設を整備するかたちで、その要求に応えてきたのです。

しかし、次第に水源開発の条件が厳しくなり、大都市圏の「都市用水」の需要がひっ迫してくると、水源開発コストは高くなり、おおもとの水の値段をどんどん押し上げてしまったのです。

都市化・市街化によって、虫が葉っぱに穴をあけて食い進むように、田んぼや畑は無秩序に宅地化されていきました。家庭排水が、農業用の水路に流される問題も起こりました。田んぼや畑の面積が減り、農業に使う水も当然減ったのですから、慣行水利権で守られてきた「農業用水」を「都市用水」に転用できるかというと、そう単純ではないのです。

水利施設は、幹線から支線までの多数の水路が機能するように設計段階で計算され、十分な水の量が供給されないと、末端の田んぼまで水が行き渡らないのです。ですから、田んぼが減っても、お金をかけて水利施設を大改修しないと、余った水を「都市用水」に転用できないのです。上流の水問題は、下流にも影響します。これが慣行水利権をめぐる「江戸時代問題」の真相だといえるのかもしれません。

現在、基盤整備事業を行った農家では借入金をたくさん抱えていると聞いています。基盤整備事業は農林水産省を頂点に、県土改連（県土地改良事業団連合会）と各地域の土地改良区など、巨大な組織による管理のもとに、膨大な人件費と工事費を使って進められてきました。戦後制定された土地改良法では、農家が共同して土地改良区を結成して事業主体となり、事業を実施するのが建て前なのに、技術屋集団と建設業者などのための公共事業という性格を強めていって、農家に多額の借金を残したところに問題があったのではないでしょうか。どうやらこれが世界一高い水利費の要因のようです。

アメリカでは、数百kmの遠地から引いている水利費が一〇a当たり五〇〇円前後ですが、日本の場合、数kmの水利費が数千円という途方もない高いコストをかけて田んぼに水を引いています。

水の代金のみならず、農業に要する資材費についても同じことがいえます。こうした問題点を一つ一つ修正しない限り、世界一高い米価を何分の一かに下げて国際価格に近づけることはできないのです。

先進国の中でも世界一といわれている日本の治山治水の陰で、農家は多くの借金を抱え、数十年という制度的年賦払いに苦労して稲作を続けなければな

コンクリート三面張りの深い排水路。カエルも這い上がることができないで流される

バルブをひねれば自分の都合のよい時に田んぼに水を入れられるようになった

両総用水の第一揚水機場。千葉県佐原市から4市17町村約1万8000haの田んぼ等に水を送る

暗渠の栓を抜けば、あっという間に排水でき、田んぼを早く乾かすことが可能になった

23年かけた総事業費は60億4900万円。今後は老朽化対策の改修が必要となる

暗渠の栓を抜けば、田んぼの下のパイプを通って水が排水路に排出される

らないのです。

コンクリートで固めた構造物の耐久年数は、数十年ですから、数十年ごとに必ず大掛かりな補修や改修工事の新たな負担が巡ってくるのです。

しかも、このように管理されている水は、地域で指導機関が普及している慣行農法の作業暦に合わせて、秋から春までの間と夏の一時期は止められてしまうところが多いのです。大多数を占める慣行農法以外で農業をしたくても、費用負担の上での公平を保つために、水利用が自由にできないといった問題があります。

歴史的にみれば、その時々では合理性を持っていたことでも、時代の流れとともに支障をきたすことも出てきますし、それだけを取り上げれば大変不条理に思えます。問題点を一つ一つ修正し、冬期湛水や新しい農法にも適応できる新しい仕組みを、社会全体で模索していくほかないのです。

稚苗育苗の欠陥

長野県で開発された稚苗の箱育苗は、稲作の効率的な機械化を加速しました。箱の中で苗を作るのですから、当然さまざまな制約があります。畑苗代や水苗代なら、根が十分に土をつかめる深さがありますが、底を板で仕切られている箱の中では、たった三㎝の深さの土しかなく、空中で栽培していることと変わらないのです。

一九六〇年代に箱で育苗した苗を植える田植機が実用化されると、より高能率な機械移植を実現させるために、育苗法をどう効率化するかが、稲作技術の焦点となってきました。箱育苗に使う土を研究し人工的に調合した土を考えたり、加温により育苗期間を短くすることを考えたり、一枚の育苗箱に種をたくさん播いて育苗箱の数を少なくすることが考えられたりしました。水苗代や畑苗代より箱育苗のほうが、作業的には合理的でした。また、育苗箱の数を少なくすれば、農家の育苗作業の手間が少なくなります。そこで、一箱当たりの播種量を多くするようになってきたのです。

ところが、新たな問題がたくさん出てきました。

特に病害の多発です。水苗代ではほとんど発病しなかった種子伝染性の病害が出るようになりました。原因はモミが持っている病原菌と床土の菌が地上部に伝染するためです。水苗代なら水が菌の伝染を遮るのですが、箱育苗では好気性のフザリウム、トリコデルマ、リゾープスなどのカビ類による立枯病などの病気が発生しやすくなり、ピシウム菌によるムレ苗病が大問題となりました。

箱育苗では、合理的に苗の生育期間を短くするため、催芽と出芽時にはおおむね三二℃前後もの高温がかけられるようになりました。高温多湿条件で育苗が行われるようになって、カビ類にとってきわめて好適な環境がつくられたのです。

三二℃という温度には理由があります。温度が低いと、発芽を抑制して種モミを休眠状態に保っているアブシジン酸というホルモンがなかなか不活性化しないので発芽が揃わず、時間もかかります。さりとて温度が高いと、種モミが高温障害を起こしてしまいます。発芽を早め、障害をなんとか免れるという両方の条件を満足させる温度が三二℃なのです。

もちろん三二℃はカビ類にとっても、ありがたい温度です。そして、この温度はジベレリンを活性化するのにとても適した温度でもありました。ジベレリンはイネのばか苗病の研究から見つかった植物の伸長を促進する大切な植物ホルモンです。

育苗箱の数を減らして種モミを厚播き（たくさん播く）することで、育苗の効率は一段と高まりました。一箱に一八〇～二〇〇ｇの種モミを播き、高温でいっせいに発芽を揃えるわけですから、箱の中で込み合いながらひょろりと背ばかり伸びる「もやし苗」を作るようになったのです。込み合って風通しが悪くなり、苗に病気が発生すると苗箱内で二次感染が起こりやすくなりました。

これらの問題点にまず取られた措置が、育苗箱への病原菌の持ち込みを防ぐことでした。種モミを農薬で消毒することが推奨されました。それまでは種モミが保有する病気の予防策などに塩水選を取り入れ、さらに水苗代で防除していたはずでした。苗立枯病の予防には、消毒した床土使用や人工的な土壌の使用、ｐＨ調整、肥料の使い方や温度管理の徹底が指導されました。

箱育苗は病害の発生に好適条件だという理解があったので、農薬で病気を抑えることが育苗の基本に据えられました。

こうしてイネの生育によくない環境を改善して対処しようとする発想は、常識にはなりませんでした。さらに病害の発生を助長したのは、化学肥料の過剰施肥でした。いつの間にか、育苗とはコメをとるための健苗づくりではなく、機械で確実に植えるための工業的な苗づくりに変わっていました。

疲労する苗

水苗代であれ、畑苗代であれ、箱育苗であれ、自然な温度条件、肥料条件で育苗すると、稚苗はそう大きな苗にはなりません。ところが、機械で植えるのに適した長さの苗を育苗箱の中で作る必要がありました。しっかり肥料をやって温度を十分上げ、さらにジベレリンを活性化させて、ひょろりと伸びた苗を作るようになったのです。


本来、五㎝程度にしか育っていないはずの二・五葉の稚苗が、あえて機械植えに適した一五～二〇㎝に育てられるようになりました。このように葉齢に似合わずひょろりと伸びた苗を徒長苗と呼んでいます。

徒長苗は、老化を起こしやすくなります。また、病気にも弱く、根の張りが悪いひ弱な苗になります。

本来、種モミの中には三枚の葉のもととなる葉原基（葉のもとになる組織など）が備わっています。つまり、種モミの胚乳（デンプン質でできた栄養を蓄えている部分）を消化して伸ばすことのできる葉が三枚だということです。葉が三枚になるまで、イネはお母さんのおっぱいに頼る乳飲み子といえます。四枚目の葉が出て初めて、光合成を行い自分で作った栄養分（デンプン）でも体を作れるようになるのです。

植物は根っこで栄養分を吸収していると思うのが、みなさんの常識かもしれません。しかし、種モミから出てくる根は、まず水分を吸収するために働くもので、初めから栄養分を吸収する仕事はしないのです。

水をたくさん吸えば細胞が伸長します。そんな苗に温度を上げ、肥料を与え、水をたっぷりやって上に伸ばすのです。しかも、伸長が予定より早く進むと、今度は育苗箱の床土に混ぜてある肥料が足りなくなってしまいます。そうなると、この稚苗は老化現象を起こしてしまいます。

老化苗とは伸びすぎて背が高くなりすぎたり、葉が退色したり黄色くなったりしてしまった苗のことです。これではもう苗のうちに、イネの将来は決まったも同然です。

苗たちはおしくらまんじゅうの中で、病気には薬、丈を高くする目的だけの徒長を強いられて、赤ちゃんのうちに疲れてしまいます。こうなると、田植え後も化学肥料で大きく育て、農薬で守るしか方法はなくなってしまうのです。

化学肥料の弊害

明治維新から日本は欧米文化をどんどん吸収して学問も発展しました。農業にも分析技術を取り入れ数値に基づく農業の研究や指導が行われるようになりました。ドイツのリービッヒは、植物の生育に関し、窒素・リン酸・カリの三要素を提唱して「農業化学の父」といわれた学者です。リービッヒは植物を燃焼し灰を分析した結果、植物の生長は最も不足している無機成分の量に支配される「最少養分律」ということを提唱しました。その後の研究ではさらに、植物の生長に必須の成分や、水、温度、光といった因子のうち一つが少なかったり欠如したりしていると、そのほかのものがすべてあっても、その一つの足りないものに生長が支配されて収量などに影響が出るといっています。

この説明に出てくる「ドベネックの最少桶」はあまりにも有名です。生物の授業で習ったことを思い出しませんか。生育に関係のある諸因子を桶の側板の一枚一枚に見立て、存在する諸因子を側板の長さで示します。生産量はいちばん短い側板の因子で決まります。短い側板が一枚でもある桶はいくら水を入れても、水の量（収穫量）はその最も短い側板の

ドベネックの最少桶

高さまでしか入らないでしょう。これが最少養分律とか最少律とかいう近代農法理論の説明です。

分析技術が進み、植物の生育に必要な無機成分として、炭素・酸素・水素・窒素・硫黄・カリウム（カリ）・リン（リン酸）・カルシウム（石灰）・マグネシウム（苦土）・ケイ素（ケイ酸）が多量に必要なことがわかりました。これを植物の一〇元素と呼び、特に大量に必要な元素は窒素、リン酸、カリで、肥料の三要素と呼びます。

やがてこの肥料の三要素はドイツを中心に化学的に工業生産されるようになりました。これが化学肥料です。そして現在の肥料の主流をなすに至ったのです。成分の高さと即効性は有機質肥料の比ではなく、簡便で、植物の生育をコントロールするには大変便利な、近代農法にはなくてはならない資材だと考えられるようになったのです。

ことに稲作では、広大な面積に堆肥などの肥料を散布するための重労働を減らすことができ、コストを低く抑えることができるため、化学肥料の使用は稲作の必須条件のようになりました。初めの数年間は、化学肥料の力で増産の時代となりました。過去に河川の氾濫がもたらした腐植質が田んぼに残っていたからだともいわれています。しかし、負の面が次第に現れてきました。微生物の減少、地力の低下、作物のミネラルバランスの破壊、食味の低下、安全性への疑問などです。

必須多量要素（イネの生長に比較的多く必要とする栄養素）のリン酸は、田んぼの還元条件（空気と遮断され酸欠状態）のもとでは比較的肥効が安定しているものです。ところが耕起を繰り返した酸化条件の田んぼの土では、多くの金属類と結合し、水に溶けない不溶性のリン酸に変化します。一〇a当たり四tもあるといわれる鉄と反応すると、不溶性のリン酸鉄になってしまいますし、カルシウムやマグネシウム、アルミニウムなどとも結合します。そうなるとリン酸の肥効が抑制されてしまいます。

肥料の効き目が悪くなると、足りないのだと勘違いして、ついつい肥料を多く入れてしまいます。そうすると、もっと肥料が効かなくなる拮抗作用が強く出るようになってしまいます。腐植質も不足します。本当は、自然の土づくりだけではどうしても補えなかった場合に、化学肥料の力が最も活かせるものなのです。

乾田化も手伝って塩類集積（たくさんの肥料を投入したため土壌の中に残っている肥料が結合して土壌表面に塩となって出てくること。もともと地下に堆積している塩類が灌漑によって地表に出てくることもある）の問題まで起こるようになってきました。

何百年とイネつくりを続けている田んぼが連作障害（同じ作物を同じ場所で作り続けると病気が出たり収穫量が少なくなったりする現象）を起こさず、安定した収量を確保できたのは、水という媒体によって覆われているため、酸素の供給が遮断された還元状態であり、嫌気性微生物（主に酸素呼吸をしない微生物）が生息する安定した理想的な環境の持続があったからなのです。この環境の持続によって、多くの微生物や原生生物をはじめ、多様な生きものたちが生息する田んぼ特有の生態系が安定して維持されてきたのです。

田んぼが乾田化し土壌に酸素が入れば、畑の状態と同じになります。嫌気性微生物は後退し、畑の微生物である好気性微生物（主に酸素呼吸をする微生物）のすみかになります。好気性微生物は非常に分解力が強いので、田んぼの腐植質（有機物）のバランスはたちまち崩れてしまいます。

乾田化すると、一年目はよくとれるが、二年目になると減収し、三年目は採算が取れないといわれるようになってきたのです。これは好気性菌による活発な分解作用で、土壌中の腐植質が不足するようになり、減収をもたらしたものです。最近は、腐植質の不足を補うために国や県の指導者は堆肥の投入を勧めるようになりました。

畜糞堆肥の落とし穴

昔の農村では、どこでも牛や馬、豚や鶏を飼っていて、食べ残しや畑の草、くず米やくず麦、わらなどは家畜のエサとなり、畜糞は田畑の肥料となっていました。人糞ももちろん田畑へ返されました。農村から町へ野菜を運び、帰りの荷車に人糞を積んで帰ったといいます。人糞を農家が有料で分けてもらっていた時代があったのです。

戦後の農業は化学肥料を中心とした施肥管理で進歩してきましたが、数十年経つと、だんだん化学肥料だけでは野菜がとれなくなってきたのです。同じ作物を同じ土地で作り続けると連作障害といって病気や線虫の被害が出て、農家が大きな被害を受けるようになりました。対処方法として土壌消毒が盛んに奨励されるようになりました。国の方針で大規模農業が推進され、野菜の大型産地が形成されると、この問題は大変深刻になりました。一度、化学農法に切り替えた農家でも、この問題を解決するために、堆肥を作ったり購入したりして畑に入れるようになりました。

一方、畜産も国の補助金で大型かつ衛生的な施設が造られ、たくさんの牛や豚、鶏が狭い面積で大量に飼われるようになると、臭いや鳴き声、畜糞処理についても、公害問題が出てきました。畜糞の海や河川、山中への投棄が問題となり、堆肥化の設備が畜産施設と併設して造られるようになってきました。

公害問題から進みだした環境意識の高まりは、農業生産物に対しても消費者の意識を高め、安全性や有機的に育てた農産物への消費者ニーズが、時代とともに徐々に顕著になっていったのです。有吉佐和子著『複合汚染』は一九七四年（昭和四九年）に朝日新聞に連載されると大きな反響を呼びました。食の安全性を問う声がだんだんと聞こえてくるようになりました。畜糞堆肥や米ぬか、油粕、骨粉などの有機質肥料で、手をかけて育てられた野菜やコメに対するニーズも高まってきました。持続可能で環境を守る農業を進めようという動きが、農業関係者にも高まってきました。

一九八二年（昭和五七年）ごろ、農林水産省の篠原孝さんが環境保全型農業を提唱しました。次第に有機野菜、有機米といった言葉がむやみやたらに使われるようになり、栽培方法はともあれ、箱やパッケージに有機と書かれた農産物が市場に氾濫しました。消費者の不信が高まり農林水産省もこの言葉の使い方を規則化して、JAS法という法律で認められた農業資材だけを使って生産した農産物だけに、有機認証を与える制度を定めました。二〇〇〇年（平成一二年）のことです。

こうして社会のニーズと食の安全性から、無農薬・無化学肥料栽培の潮流は国の制度としても大きく動き出しました。

しかし私は、有機認証制度で認められた有機肥料としての畜糞堆肥には隠れた落とし穴があると考えるのです。なぜ、有機畜産の堆肥に限定して認めるとしないのでしょうか。

畜産の飼料の九八％は輸入に頼っています。飼料穀物にもポストハーベスト（収穫後農薬）の問題もあります。家畜に与えられる穀物を主体とした飼料は濃厚飼料といわれ、農林水産省では一二二種類の添加物を濃厚飼料に加えることを許可しています。

許可された飼料添加物は大きく分けて、

①品質を低下させないためのもの（防カビ剤、抗酸化剤、連結剤、乳化剤など一六種類）

②栄養成分を補うためのもの（ビタミン、ミネラル、アミノ酸など六九種類）

③栄養成分が家畜にとって有効に利用できるようにするためのもの（抗生物質、抗菌剤、着香料、旨味料、酵素など三七種類）があります。

この中には二〇種の抗生物質や七種の合成抗菌剤が含まれています。飼料工場では畜産農家のニーズに合わせてこれらを添加しています。限られた面積の飼育場の中で、短い期間で効率よく家畜を成長させたり肥育させたり、あるいはミルクや卵をとったり、病気にならないようにするためのものです。

本来ならば広い場所で移動しながらエサを食べ運動し、短期間では早く大きくなったり太ったりしない家畜を、ストレスの多い畜舎の中で密飼いするわけですから、濃厚な飼料と添加物が必要になるのでしょう。

ＢＳＥ（牛海綿状脳症、俗にいう狂牛病）の問題が起きて二〇〇一年（平成一三年）に牛用飼料の原料に反する動物由来のタンパク質を使わないよう省令が改正されました。

しかし、消費者にも生産者にも、ポストハーベストや動物薬、ホルモン剤、抗生物質などが本当に安全なのか、排泄される畜糞にはどの程度残留しているのか、全くわからない状態です。有機栽培には大賛成なのですが、畜糞堆肥のこの部分が不安なのです。

畜糞が自然環境の中で自然に土に返るには、土地の広さに対しての許容量があるはずです。自然に放置しては大量の畜糞が早く土に戻ることはないので、微生物を加え機械で撹拌して酸素を入れて、短期間で堆肥化するのですが、畜糞から作られた堆肥が安全であるという科学的な証明は何一つないのが

狭い畜舎で密飼いされる牛。濃厚飼料を与えられる。畜糞はまとめて取り出される

堆肥工場。まとめて発酵させた堆肥は、ますに小分けされ製品化される

現状です。

こうした理由から不耕起移植栽培では、畜糞堆肥を使わないことを前提にしています。昔のように、自分の土地で出た無農薬の草やわらで飼育することは、まさに有機畜産だったわけですから、このような堆肥ならば私たちも使ってもいいかもしれません。しかし、畜産複合経営の農家もいるのが現状ですから、最終的には各自の判断です。

堆肥を作ったことがある人にはわかると思いますが、材料の畜糞や有機物は完熟堆肥となった時には量が数分の一になり、分解して空気中に放出されなかった成分は堆肥の製造過程で濃縮されるのです。水田環境ではさらに、微生物から小動物、鳥類、植物、できたコメを食べる人間に至るまでの食物連鎖を経て、残っている成分が「生物濃縮」される危険性があるのです。

また、別の視点から見ると、外国で作った穀物を日本に運んで、それが畜糞となって田畑に大量に投入されることにも問題があります。外国の土地の栄養分を搾取し、日本の土に塩類集積を起こしている事実を知るべきです。硝酸塩の蓄積は深刻な問題となりつつあります。日本の田畑をごみ捨て場にしてはならないのです。

飢餓の世紀が始まっているにもかかわらず、一部の国の人々が効率よく肉を得るために、人間が食べることができる穀物を、大量に家畜のエサとしています。したがって、畜産廃棄物のリサイクル法も食品廃棄物のリサイクル法も、手放しで喜べる仕組みの法律とは考えられないと思うのです。

危険な農薬

戦前にもロテノン製剤や砒素剤などの若干の農薬は存在していました。しかし、戦後アメリカによってもたらされたＤＤＴやＢＨＣに代表される有機塩素系農薬、パラチオンに代表される有機リン系農薬、２・４-ＤやＰＣＰに代表される除草剤によって、日本の農業は農薬なしでは成立しない状態に変化してしまいました。品種改良も、栽培新技術もすべて農薬使用を前提にしたものです。こうして日本の農業は、湿潤な気候風土と絡んで農薬多用の今日を迎えているのです。

農薬を売る人や指導者は、国が許可した薬だから安全だといいます。今では生産中止や使用中止になった農薬も、かつて国が許可した農薬でした。田畑に残留している農薬もかつて国が許可したものです。国が許可したから安全なものだという確証は一つもありません。近年、国内で無登録農薬として大問題になったダイホルダンやプリクトランは、発がん性があるという理由で国が国内での登録を抹消した農薬でしたが、国が使用基準に従えば安全だと許可してから十数年も日本中で使われていました。DDTからBHC、PCPなど、今では悪の権化のようにいわれている農薬もかつては優等生の農薬だったのです。

戦後の食糧難の時期にはコメの増産のため、水銀剤と毒ガスに由来するパラチオンは、奨励金をつけてまで普及されたのです。日本人の頭髪には世界の人々より六倍の水銀が検出されるといわれていますが、当時の農薬によるコメや水の汚染、魚介類を食べる食習慣に大きく関係するのかもしれません。

農薬の多くはその原料に毒物や劇物に指定されている物質を含みますので、安全な農薬というものは本来存在しないのに、「安全性の高い農薬」を使うことを前提に農業が行われているのです。使用基準を守れば人間には害がないといいますが、過去に使用禁止となった農薬にも使用基準が厳然とありました。過去にも現在にも、化学的に合成された物質は、自然界には存在しなかったものなので、本当に農薬が安全かどうかの基準を設けること自体、数年間の試験で判断できるとは思えません。

今も日本の田んぼは、イネつくりのために過去大量に投与された有機塩素系農薬と、毎年使用した除草剤によるダイオキシン、有機水銀の残留など多くの負の遺産を背負っているといわれています。

時代の流れで、農家にも農薬を減らすべきだという認識はありますが、実際にはなかなか減らすことができないでいるのが現状です。

日本の機械化農業の仕組みは、イネの生理を無視し、中途半端に病害虫に弱い稚苗を作り、密植しなければ収量が確保できないと考え、その弱点を窒素肥料で補い、農薬で守るという図式になっているのです。

この基本的な理論を誰も農家に教えることをしてきませんでした。機械や資材の大量消費社会の仕組みや企業戦略に、まんまと乗せられたままなのです。

食の安全性や環境問題が台頭するまで、農薬の安全性や残留問題については、あまり農家の関心事ではありませんでした。イネつくりも農薬を使うことを前提とした栽培管理技術が標準技術体系として組み立てられていました。軟弱な稚苗は、育苗箱を出てからも病気にも虫にも弱く、稚苗のか細い葉は虫に食われればたちまち惨めな姿となり、農家は虫を害虫として目の敵にしました。

農薬をたくさん使わなければならない本当の理由は、機械化のための工業的な栽培手段により、病虫害にどれほど弱くても、いかに収量を上げるかということに関心が向いていたからです。本当は丈夫なイネを育てれば、農薬をたくさん使わなくても事足りていたはずでした。

穂首イモチ。穂に栄養が行かなくなり登熟せず、コメがとれなくなる

モン枯病。葉鞘が枯れて葉に栄養が行かず、光合成を妨げながら茎を上る

カメムシ。イネを食害し、コメに黒斑ができて商品価値がなくなる

農薬も現代科学文明の利器ですから、弊害は別として、確実な効果があるからこれほどまでに普及したのです。

どうでしょう、殺虫剤なら虫がいて初めて効果が確認でき、殺菌剤は病気が出たときに、対処的に使用するものだったはずです。農薬は、病害虫による被害を他の技術を駆使してもどうしても避けられそうもなくなった時の非常手段とすればいいのです。

しかし現実は指導機関が防除暦を作成し、病気が出ようが出まいが、「予防」と称して、決められた日に決められた量の農薬散布を徹底して奨励するようになりました。農薬の恐ろしさは農家自身がいちばんよく知っているのです。「農薬を撒いた日には酒を飲むな」など、農家は体験上、危険性を感じていました。知りながら敢えて農薬を使用するのは、一粒でも多くとりたいという農家の気持ちを駆り立てるからなのです。

流通の仕組みが激変し農産物の規格化が進んでいくと、見た目のよい野菜や果物、穀物の大量生産・大量流通を可能にする農薬は魔法のような薬として「産地化」と「周年栽培」には、なくてはならない存在となりました。量販店の進出によって小売店による「対面販売」が減り、低価格化と規格化が一層先行しました。低価格の農産物から収入歩合を上げるためには、農家は秀品率（良い品物の割合）を上げて流通や店頭でのロスを減らす必要があります。規定の形や大きさで規定の箱や袋に入れて、効率的な流通を促進して、しかも消費者には店頭でえり好みされない、工業製品のような画一の規格を生きものである農産物に求めていったのです。安全性や食味は二の次になり、「見た目のよさ」とその影に隠れた「流通の効率」を理由に、農産物の流通が発展しました。それに応えるため、農家も指導機関も農薬の大量散布に拍車がかかっていったのが実情です。

二〇〇二年度（平成一四年度）に全国で使われた農薬の量は殺虫剤九万五〇〇〇ｔ・一〇四三億円（うち稲作三万ｔ・一六〇億円）、殺菌剤五万八〇〇〇ｔ・八五六億円（稲作一万九〇〇〇ｔ・一九九億円）、混合剤三万二〇〇〇ｔ・三三三億円（稲作三

万一〇〇〇t・三一九億円）だそうです。農産物の輸入増加や減反政策の影響もあり、全国の使用量は年々減少しています。逆に、この農薬の使用量を突然減らしてしまったら、私たちの国産の食物の三〜四割ぐらいは減ってしまうのではないでしょうか。私たちはとても大きな矛盾を抱えているのです。

補助金と空中散布

ヘリコプターなどを使った農薬の空中散布「航空防除」は、一九六二年（昭和三七年）当時の農林省の事務次官通達で「農林水産航空促進要領」という指導通達と、後の一九六五年（昭和四〇年）「農林水産航空事業実施指導要領」によって開始され、現在も引き続き行われているものです。（社）農林水産航空協会という団体が設立され、それ以降、日本中の田んぼに飛行機やヘリコプターによる農薬散布が行われるようになりました。現在は無人ヘリ（ラジコンヘリ）による空中散布も行われています。今日でも、害虫が出たか出ないか、病気が発生しているかどうか、適切な散布タイミングかではなく、年当初に決めたヘリコプターを飛ばす日程の都合で農薬の空中散布をするという矛盾したことが行われているのです。この航空防除にも補助金が交付され、簡単に言えば農薬という毒物の散布と環境汚染に税金を使うようになったのでした。

広域に対し霧状に散布するための濃厚な農薬液の散布は、自然生態系の破壊そのもので、年ごとに多くなる数種類の混合液はさまざまな生きものを皆殺しにしていきました。広大な農地とそこで育てられる作物は好むと好まざるとにかかわらず、化学薬品の洗礼を受けています。以前使われていた生分解性の低い薬品はおそらく蓄積されたと考えられます。

農薬の魚毒性は、よく話題になります。農薬散布の飛行機が去った後の川で、たくさんの浮いた魚を見たことがある人もいることでしょう。農薬で弱った魚を食べた鳥にも、たぶん害があったはずです。ニッポン東京スローフード協会の金丸弘美さんは農薬のことを調べていて、渡り鳥の数が最も少なくなった一九七〇年代が、日本で最も多く農薬が使用されていたころだということに気がついたそうです。どうも偶然の一致だとは考えられません。

小さな生きものたちから、より大きな生きものたちへの食物連鎖の結果、生きものたちの体内に毒物がだんだん濃縮していきます。このように時間をかけて進む大型動物への汚染を生物濃縮といいます。

また、より小さな生きものには、農薬は大変強く効いていたはずです。近年、田んぼでミジンコがあまり見られなくなったという話を聞いたことがあります。ミジンコなどの甲殻類はエビに近い仲間で、特に有機リン系の殺虫剤の影響を受けるようです。航空防除の影響は広域に及びます。除草剤は植物プランクトンや藻類などをも枯らします。エサのない田んぼに、どれだけの生きものが暮らせるのでしょうか。

こうして虫一匹、魚一匹いない、雑草も生えていない田んぼの上空を、鳥も飛ばない異様な光景が、全国各地でつくり出されるようになっていったのです。

もちろん地域によっては、ウンカなど偏西風に乗って中国大陸から渡ってくる飛来虫の被害や、カメムシの被害が年によっては大発生していましたので、防除はとても大切でした。また、高齢化の進む農村部では、自分で散布しなくても地域ぐるみで実施することで、労働軽減ができるとして進められていったのです。

日本中で発生した松枯病の発生林では、相手が山林などですから地上から散布するより空中散布は合理的な手段でした。いずれも多くの場合、防除は数種類の農薬を混ぜた混合剤として散布されます。

有人ヘリコプターによる二〇〇三年（平成一五年）の田んぼの防除予定では、秋田県が全国でいちばん面積が多く、次いで新潟県、福島県で、私の住んでいる千葉県が四番目です。二〇〇三年（平成一五年）は冷害によるイモチ病の多発で、防除の累積面積は相当に増えると思われます。

航空防除（空中散布）は（社）農林水産航空協会がほぼ独占して行っている事業で、農林水産省からの補助金によって実施されています。つまり、私たちの税金によって実施されているわけです。田んぼの航空防除が、航空防除全体の八割以上を占めています。

航空防除の要請は、地域に回覧板が回ってきて申請されます。隣近所がハンコを押していると、自分だけ防除をしたくないからと、ハンコを押さないわけにはいかないのが農村の近所づきあいです。

有機認証制度ができた今日では、有機農産物の栽培を申請した生産者は、近隣の承諾を得られれば空中散布をやめてもらうことができます。しかし、隣の耕作地と接する自分の耕作地を、一定の幅で作物を作らずにおかなければなりません。このような情報は農家にも消費者の耳にもなかなか入らないのです。

農薬が飛ばない保証はない

二〇〇三年（平成一五年）も冷害のため、各地でイモチ病の被害が出ています。空中散布など何回も農薬の散布が行われました。冷害の年のコメは恐ろしいほど農薬の洗礼を受けています。

福島県天栄村の大野重宏さんは「今年の空散（航空防除、空中散布のこと）は断れなかった」と言います。地域で一人だけ空中散布を除外してもらうために白い旗を立てた人がいましたが、近隣の人たちからは、ただで空中散布をしてもらっているといわれているそうです。パイロットにそこだけ撒かないで飛ぶ技術があるわけでもなく、その人は農協の口座から空中散布の代金を引かれないからです。地方では、冠婚葬祭を近所抜きでできるわけもなく、子どもや孫のいじめの問題も発生します。同じ村の岡部政行さんも無農薬・冬期湛水に挑戦してみたいので、空中散布除外地区に耕作放棄田を借りました。ヨシの茂る田んぼを来年から少しずつ手入れしていくつもりです。都会の人はなかなか来ない田舎だけれども、仲間をつくってやってみたいといいます。

近年になってからのことですが、ある時、私は、空中散布への疑問を行政に問いただしたいと思って、佐原市役所の農政課に電話をしました。なぜ空中散布をするのかを尋ねてみようと思ったのです。電話をかけると、「空中散布は(社)千葉県植物防疫協会でやっています。この協会は農業共済組合の中にありますので、そちらで聞いてください」との答えでした。

農業共済組合に電話をして尋ねると、「農業共済は農家が病害の被害にあった場合に保障する制度だから防除を勧めている。法的な仕組みの中で農家から共済の掛け金を積み立ててもらっているから、防除にお金を使うのは当然です」という返答でした。

空中散布の農薬は全国農業協同組合連合会千葉県本部（末端は農協）が提供するため、農協の実行組合で各農家の合意書を取るというのです。これでは現場でやりたくない人がいても、農協からいわれたら断れないのです。同意書にハンコがなく空欄でも実行されてしまうのです。実際、私の地元でもハンコを押さなかったのに、空中散布が実施され、農協の通帳から知らないうちに代金が引き落とされていた人が何人もいます。

(社)千葉県植物防疫協会の立場からいえば「みんなの希望で合意書が出ているから実行している」、つまり、農家の希望だからということなのです。ところが、ハンコを押さなかった人の田んぼは、無視されてしまうようです。空中散布実施前に、ハンコを押さなかった人の田んぼの確認がなされていないのです。

そしてその計画に対し、県の農林水産政策課が空中散布の手配や日程を組む手続きをしているというのです。そこで県の農林水産政策課に電話をすると、「県は空散を奨励していません」と言うのです。私は「確かに、自分で防除できない人もいるでしょうが、空散をやりたくない人も多い。それを推してやっているのが実態ですよ。危険な農薬をなぜ空散に使わせるのですか」と聞きました。すると「国が決めた使用基準に従って散布をすれば、できた農作物は安全です」と、ずれた答えが返ってきました。現状では県としてはこう答えることが精一杯かもしれません。しかし「国の農薬の安全性検査は全部単品で行われるのに、空中散布で使用される農薬は三種混合剤や四種の混合剤です」と私は言いました。毒性も足し算ではなく掛け算になるのです。個人防除なら農薬を撒く人と撒かない人がいるから、生きものだって撒かない場所で生き残ることができます。

広域で空中散布をやれば地域全体の生きものが皆殺しです。

安全性についての答えは「国が許可しているから大丈夫です」というものでした。「それなら、あんた農薬をなめられますか?」と私は問いました。実際なめられるはずもなく、答えは返ってきませんでした。

二〇〇一年(平成一三年)のデータでは、千葉県が水稲の航空防除の実施市町村数では日本で一番だったのです。

こうしたなかで唯一救われたのは、二〇〇三年(平成一五年)に入って、千葉県東部の九十九里、山武地域では試みながら航空防除の中止を決めていることです。

空中散布では田畑以外も農薬に汚染されるし、風があれば一〇〇m以上飛散します。これをドリフトといいますが、農薬散布の情報にはなぜか国内ではなくドイツのデータを持ち出して、空中散布が行われていても五〇m離れていれば大丈夫だとしているから不思議です。

負の遺産としての除草剤

農業の大変さは、草との闘いにある、という人もいるほど、除草は大変な労力を要する苦役でした。畑でも、水田でも、除草にかける苦労は計り知れません。

草取りは耕した田んぼでも大変な重労働でした。耕すということは、草を抜きやすくする効果も大きかったはずです。しかし、除草剤の出現は腰をかがめて何日も行わなければならない辛い農作業を大きく軽減しました。田植え直後の鍬を使った除草、その後の中耕除草機を使った除草など、たとえ道具を使っても人力頼みでやるしかなかった除草作業を一気に解消してしまったわけです。

一九四〇年代にアメリカで作られた2・4-D(2・4-ジクロロフェノキシ酢酸)は、イネ科を除く広葉雑草に選択的に効くホルモン系の除草剤で、戦後日本中で使われるようになりました。ベトナム戦争では枯葉剤として使用されたことが有名です。

ＭＣＰ（２－メチル－４－クロロフェノキシ酢酸エチル、ＭＣＰＡエチル）も戦後広く使われるようになりました。２・４－Ｄや２・４－ＰＡ（２・４－ジクロロフェノキシ酢酸ジメチルアミン塩、２・４－Ｄアミン塩）、ＭＣＰＡなどは現在も広く田んぼや芝生の除草剤として使用されていますが、どちらも内分泌かく乱物質としての心配が高い物質です。例えば、２・４－ＰＡを例にとると、動物に対しての吸収率も高く臓器や母乳に移行します。胎盤を通して胎児に至ります。発がん性や毒性もあります。

ＲＴＥＣＳ（Registry of Toxic Effects of Chemical Substances：National Institute for Occupational Safty and Helth Niosh＝アメリカの労働衛生研究所のデータベース）で公表されている変異原性試験結果では、ヒトの染色体異常試験と性染色体欠失不分離試験、イーストの突然変異試験、鮭のＤＮＡ損傷試験、マウスのＤＮＡ合成阻害試験で陽性です。陽性とは要するに影響があるということです。

こんな恐ろしい除草剤が、実は田んぼや畑だけでなく、高速道路や河川の土手、もしかしたら身近な公園、運動場の芝生や駐車場で、あるいは自宅の庭先で使用されているかもしれません。

このような内分泌かく乱物質の存在や実態を私たちが知るようになったのは、一九九六年（平成八年）にアメリカでシーア・コルボーン、ダイアン・ダマノフスキー、ジョン・ピーターソン・マイヤーズが『Our Stolen Future』（邦訳タイトルは『奪われし未来』）を出版してからのことでした。

田んぼで除草剤が使われるのは、スズメノテッポウやヒエ、ガマなどを枯らすためだけではありません。浮き草や水中の藻類もまた、除草の対象となりました。アオミドロやアミミドロは比較的低温条件で発生し、田植え直後の苗に絡みつくと苗を倒し、肥料分を奪って分げつや生育を阻害するという理由からです。浮き草やシャジクモは多発すると水温上昇や追肥の効果を妨げるという理由でした。

田んぼに生えるイネ以外の植物は、イネの生育の邪魔しかしないのだと決めつけられて、目の敵にされ徹底的に退治され、田んぼにはイネ以外の植物が生えていない不自然が、農家にとっての当たり前な田んぼの姿になってしまいました。農村では畦畔から農道に至る植物をすべて枯らして、「環境をきれいに整えている」という考え方になっていることも多いのです。畦畔には、虫を食べるカエルやクモなどが、多く潜んでいるのに実態はこうなのです。

二〇〇二年（平成一四年）の除草剤全体の使用量は六万三〇〇〇t（一〇〇三億円）で、このうち稲作で使用された量は三万五〇〇〇t（五三五億円）にも上ります。

不耕起移植栽培の普及を始めた当初は、まだ、環境保全型農業という概念のない時代でした。代かきをした田んぼに比べ、耕さない田んぼに草が生えると、数年間は除草が大変厄介だったのです。

遺伝子組み換え食品

今から二〇年前、農業の世界では、まだ安全や安心の言葉はあまり聞かれることもなく、化学肥料と農薬万能の時代といえました。稲刈り後の田んぼの雑草は、除草剤で処理をしてしまえば、実に簡単な作業で済みました。

しかし、私は除草剤が農家に被害を与えたり残留農薬として土壌を汚染したりしてはならないと選択に迷い、多くの農薬の性質や合成する原材料に気を配った結果、最終的に使用を決定したのがアメリカのモンサント社のラウンドアップという除草剤でした。これはグリシン（アミノ酸）とリン酸が原料で、共に土壌中で生分解されて肥料となり、土に毒性成分が残留しないので安全だといわれていたからです。モンサント社と試験をしたのです。そして、不耕起栽培を始めたばかりの農家に対しては、使用を前提にしていた時期が一時ありました。ところがこの選択が時代の変遷とともに重大なことになろうとは、その当時は知る由もありませんでした。まだ、遺伝子組み換え作物の問題が、今のように知られていなかった時代です。

モンサント社は、このラウンドアップを何度散布しても、抵抗性を示す微生物シュードモナス菌を発見し、その抵抗性遺伝子を作物に組み入れて、種子産業に進出したのです。大豆やトウモロコシと小麦、コメ、テンサイ、ナタネ、そしてワタなどラウンドアップ耐性の遺伝子組み換え品種が作られ、特許がとられました。世界中の人々の主食となっている穀物類と世界中の衣料品に欠かせないワタが対象になったということは、除草剤とのセット販売によって、これから先の人口増加・食料危機に先行して、世界の食料を手中に入れつつあるのです。これは水面下で進んでいる戦争かもしれません。日本の化学メーカーや研究所もさまざまな遺伝子組み換え作物を開発しているのです。その開発状況などの情報は農林水産省のホームページでいつでも見ることができます。

ここから先は想像に難くないと思いますが、私たちの農業技術はモンサント社に加担する農業技術だと決めつける人が現れました。当時の常識からは一大事でした。ラウンドアップは全世界で、大変な売り上げをあげています。アメリカで作られている大豆の半分以上は、ラウンドアップ耐性の遺伝子組み換え品種『ラウンドアップ・レディー』だともいわれています。カナダでも『キャノーラ』というナタネの品種は、半分以上がラウンドアップ耐性の遺伝子組み換え品種だそうです。

除草剤とセットで進む食料戦略の問題のほかにも、毒性や発がん性、ラウンドアップ耐性を有する雑草の出現と増加、作物自体の収量の減少などさまざまな問題が浮上していて、私たちの農業技術も一緒に槍玉に上がりました。やはり安全な農薬はなかったのだと、その後の結果から改めて思います。

日本に輸入されている大豆やトウモロコシ、小麦などの穀物は、私たちの生活には欠かせない食品の原料ばかりです。みそ、しょうゆ、豆腐、油、マーガリン、パン、スナック菓子など、どのくらいの遺伝子組み換え作物が、私たちの食卓に上っているのかはわかりません。みなさんが選んで自宅で使っているしょうゆやみそのラベルには「大豆（遺伝子組み換えでない）」と書いてありますか。家庭でどれを買うかは主に主婦のみなさんの選択、子どもたちにどう教えるかは家庭や学校の社会科、家庭科教育の問題です。

そして、サラダ油やパンなどの現在表示のない食品にまで表示義務を広げるのは、みなさん一人一人が事あるごとに署名などに参加して、国や議員に要求していくことによって実現するのです。このような子孫に影響を及ぼす問題を自ら取り上げてくれない議員は、日本の農業はおろか、私たちや子ども、孫たちの将来の食料を守ってはくれません。

ではラウンドアップ以外の除草剤ならよいのかというと、やはり今の時代はどんな除草剤でも容認できるものはないと思っています。これが時代の流れであり、アンチ除草剤の潮流は、除草剤という単語がなくなるまで続くと思っています。

田んぼの環境における除草剤の問題は、生きものの食物連鎖を底辺の部分で断ち切って、自然循環の環を壊してしまうことにあります。

「生産者」である植物がいて、私たちを含めた動物の生存があるのです。その息の根を絶つ行為を、これからなくしていくためにも、田んぼの「冬期湛水の農業技術」をより効果的なものに磨いていかなければならないと思っています。イトミミズの働きを知って、この命を支える環境を整え、除草剤を使わないで済む田んぼが増えることに期待をしているのです。

冷害に強い苗づくり

一九八〇年（昭和五五年）、そして翌八一年（昭和五六年）の冷害体験を契機に、冷害を回避するイネつくりを考え始めました。それ以前からのスイカづくりの技術から、冷害の回避と増収にはミネラルが有効であることがわかっていました。そこで、化学製品ではありましたが、水溶性のミネラルをイネつくりに応用して使うことを考えました。

この水溶性のミネラルは、日照不足の場合などに光合成の促進を促すもので、田んぼの水への流し込み肥料（Pour Fertilizer）として使い始めました。この頭文字を取ってＰＯＦ研究会として、全国各地で流し込み肥料による多収穫技術の勉強会を始めたのでした。

それと同時に、苗づくりが重要だと考えて研究を始めたわけですが、初めはポット育苗で成苗づくりをやってみようと思ったのです。ところが、ポット育苗をするには、播種機から育苗箱から田植機まで、すべてを専用のものに替えなければなりませんでした。その当時でさえ何百万もの費用がかかるとわかったのです。ポット育苗がとてもいいことはわかっていましたが、これでは農家みんなにやってもらうのは無理だと思いました。

私の考え方の原点は、どうやって多くの農家に普及するかということでしたから、まず値段が安くて、面倒くさくない、誰にでもできるというのが基本でした。この基本的な部分で、あまりにもお金がかかるということが第一のネックになりました。次の問題点はかなりの技術力がいることでした。普通の育苗箱は一箱当たり四kgの土を使います。ところが、ポット育苗用の苗箱では土は一・六kgしか入りません。普通の半分以下の土の中で五葉の成苗まで育てていくのには、追肥を何度も行って育苗しないと老化苗になってしまいます。この場合の老化苗は栄養失調の苗なのです。

慣行稲作をポット育苗で行った場合、一方の農家は八俵しかとれない、片や一二俵もとれるというように、人による差が大きく出ていました。要するに、相当高い育苗の技術が求められるために、農家が技術を身につけるまでに大変な努力と時間を要するのです。

そこでまず、普通の育苗箱の中で三・五葉の中苗づくりを考えました。当時、稚苗を育てる場合、種モミを二〇〇g播いていましたが、半分の一〇〇gまで減らしてみました。そうすると、苗箱への種モミのばら播きでは均一に播けないので、田植えの植え付け精度が落ちて欠株だらけになってしまいます。

ところが、そうやって中苗づくりに試行錯誤している時に、ある機械メーカーが筋播き（種モミを縦に並べて条播きをする）の播種機を開発したことを知りました。この機械を農家に勧め、みんなで二〇〇台ほど購入し中苗づくりを研究しました。これは、比較的楽に成功し、多くの農家が中苗づくりをマスターしていきました。当時を境にして、東北各地で中苗の苗づくりが進んでいたようで、私たちがこの技術をマスターしたころには、東北各地で中苗稲作の話が聞かれるようになり、一般的になっていきました。研究に没頭している最中は気づいていないかったのですが、どうやら私たちは、みんなで中苗づくりのハシリをやっていたようです。

県などの普及機関もこのころから中苗の良さを認め、今日に至るまで、東北や北海道などでは、苗づくりは中苗が中心となっています。

水苗代の秘密

中苗づくりはマスターしたのですが、私自身は成苗づくりの夢は忘れられずにいました。中苗技術が東北で広がって冷害対策が進みましたが、八戸や十和田湖の周辺には常時冷害地のような地域があり、その青立ちの様子を見ると、やはり成苗でなければだめだと強く感じました。東北各地が今年は普通作になるといわれていても、その地域だけは冷害になってしまうのです。冷害をもたらす北東風（やませ）がちょうどぶつかるような地域では、中苗でも冷害に太刀打ちできないとわかったのでした。

ところが、ある時成苗づくりを成功させる重要なヒントを見つけました。

農家は田植えの後も欠株を補植するために、田んぼの畦畔の内側に苗のかたまりを少し残しておきます。補植が遅くなると一〇日以上は置いておくことになります。耕作面積の大きな農家では、一五日以上も補植用の苗が田んぼに放置されていることもあります。

私が田んぼへ行ってイネを見ていた時でした。その補植用の苗の様子が少しだけ変わっているのです。田植えをした日から一〇日も過ぎているのに、苗の草丈は田植えの時とほとんど変化していませんでした。ところが葉は一枚増えて、四・五葉になっていたのです。しかもよく見ると、植えた時の倍も茎が太くなっていたのです。

私は、その苗を抜いて苗のかたまりを静かにほぐし、田んぼの水で洗ってみました。なんと、補植用の苗は白くて太い根をしっかりと張っていたのです。田植えをした苗は、根が酸化鉄で赤くなり始めていました。

「この補植用の苗は、生き生きとした真っ白な根を出している」その時、私は、この現象とスイカの育苗の現象が脳裏で重なりました。「これは温度との関係ではないか」私は温度が低いからだとピンと来たのです。これをヒントにすれば老化させず元気な成苗が十分育苗できると直感しました。後々のことを思うと素晴らしい発見でした。

ビニールハウスで成苗を育苗する場合、育苗箱一箱当たりの播種量を四〇～四五g播きにしなければ、苗が徒長し老化してしまいます。四〇～四五gの必然性から逃げられないのです。

四〇g播きの苗づくりで、田んぼ一坪の植え付け株数を六〇～七〇株とすると、苗づくりに必要な育苗箱の数は一〇a当たり四〇～五〇枚となり、育苗ハウスに相当の面積を用意しなければならなくなります。土の量も多くなり大変なコスト高になりますし、育苗箱に土を詰めたり種モミを播いたりする作業の量も大変です。

私は、それまで育苗箱で成苗を作る実験を農家と何度も繰り返していましたから、どうしても四〇gの必然性と超薄播きに由来する大量の育苗箱、相当広い育苗ハウスの問題にぶつかっていたのです。

しかし、さり気ない田んぼのへりの補植用の苗を見たときに、しっかりとその解決方法が見えました。「これは難しいことではなかったのだ。低温でも田んぼへ出してしまえばいい」と気がついたのでした。

この現象を捉えてイネの育苗技術に持ち込めば、スイカと同じように低温育苗ができると確信したのです。

ここに気がつくまでにずいぶんと長い年数が過ぎていましたが、早速、農家と低温育苗の実験を始めました。

ところがこの実験が、大変骨が折れる実験でした。大げさな表現ですが、なにしろ農家にとってはわが子より苗がかわいいのです。その愛しい苗を、小雪が舞い、大霜が降りるなかで、「苗を外の田んぼに出してみろ」と言ったら、とんでもないと猛反対にあってしまったのです。「そんなかわいそうなことはできない」と言うのです。そこで考えました。一枚でもいい、三枚でもいい、五枚でもいいから、少しの枚数で育苗箱を田んぼに出す実験をしてもらうことにしました。それなら、実験だからということで、なんとか農家もやってくれることになりました。

この成苗の実験以前に行ってきた中苗づくりでわかっていたことですが、三・五葉を過ぎた苗は〇・五葉ごとに病害の危険性が増すという重大な欠点のあることが判明していました。そこで三・五葉の苗を田んぼに出してみる実験を重ねてみたわけですが、なんと病気を抑制するには田んぼへ出すことが効果的なことがわかってきました。

それからもう一つの実験を進めました。播種量を五g単位で上げていって、育苗箱の中で五・五葉の成苗になるのには、何g播きが限界なのかを調べました。時間ばかりかかる実験でした。五g単位で播種量を増やした育苗箱を区別して栽培し、二・五葉になると田んぼへ出すのです。しかしこの実験は大変うまくいきました。

最終的には乾モミで六〇g、つまり浸種、催芽を

現在の水苗代風景

済ませた種モミで七〇gならば、成苗ができることがわかったのです。これならば、一般の稚苗育苗と比べても、育苗箱の数もハウスの面積も苗床づくりの作業量もほとんど増やさずに育苗できることがわかったのです。

最終的な大発見は、種モミ由来の病気以外は、水の中では発生しないし、たとえわずかに発生しても水が治してしまうことがわかったことでした。水が病気を抑制するのです。

ほとんどの苗の病気は畑由来の好気性の病原菌によるものだったのです。それが水の中に入れられると、酸素が中断されて病気が出にくくなり、たとえ出ていても治るのです。苗の病気の特効薬は水だったのです。「病気が治ってしまう、水が治療薬だったのだ」とわかりました。こんな簡単で良いことはありません。

大昔の人たちが、稲作を田んぼで行うように変えてきた知恵と、昔の人たちが考えた水苗代の意味がわかってきました。一三〇〇年も営々と水苗代をつくってきたことに大いなる意味があったのです。

播種機の開発

しかし、七〇g播きにも問題が出てきました。単なる筋播きでは、田植えの精度がやはり狂うのです。種モミは楕円形なので、種モミの頭とお尻を重ねて播くとよいことがわかりました。早速、農機具会社の社長とこの播き方のできる機械を考えました。この時開発した機械が、現在の技術を実践するのに必須の播種機となっています。

二四～二五枚の育苗箱があれば一坪七〇株植えの場合、平均して一株二・五本の植え付け精度で田植えができるようになりました。一坪六〇株植えなら二二～二三枚、一坪五〇株なら一八枚程度の育苗箱の数でよいのです。

田んぼに放り出す実験で、なんとこの苗は二葉が展開したら苗箱の上一cm、つまり育苗箱の高さが三cmなので、約四cmの水深の田んぼへ出しておけば、たとえ雪が降ろうが、霜が降りようが大丈夫だとわかったのです。

当時は、苗が真っ赤になってしまったと大慌ての農家もなかにはありました。そんな時は「あんた、上からばっかり見ていないかい。横から見てみろよ」と言って、苗を横から見てもらいました。確かに苗の葉先が五㎜は赤く焼けているのですが、下の方は青々としていてなんともないわけです。霜や雪に当たると葉先が霜焼けして、黄色を通り越して赤く枯れ上がるのです。

東北各地の実験をしている農家から、電話がじゃんじゃんかかってきました。田んぼに立って上から見れば苗が真っ赤なのですから、大慌てに慌てても無理はありませんでした。

実は、田んぼへ出すときの水深もずいぶんと実験を重ねて研究したのです。どんなに寒くても、イネは深水(ふかみず)にすると徒長することがわかりました。育苗箱の上、三㎝、二㎝、一㎝、育苗箱のふちすれすれと、いろいろな水深で調べてみると、箱上一㎝が最適なことがわかりました。浅水にして苗の生長点を水の中で保護するのです。

種モミの生長点は、胚芽の中にあるのです。つま

渡部式成苗播種機の説明会風景。成苗づくりのための播種機として売り出された

渡部式成苗播種機の全体。土に溝を切り、種モミを縦列に播いて覆土し散水する

播種の様子。実際には覆土した後に、上から水がかかる

り、苗のうちは育苗箱の土の中にあるわけです。水の上に出ている茎や葉には存在しないのです。だから、浅水でも十分に生長点を保護できるということになるわけです。なぜ、冷たい水でも保護できるかというと、水というのは比熱が一で冷めにくく、温まりにくく、ある程度一定なのです。寒波が来て水の表面に数㎜の氷が張っても、氷の下は〇℃にはなっていないのです。ですから苗が枯れることはないのです。

イネも、赤ちゃんのうちは共生作物の仲間ではないかと思います。同じ種が集まってたくさんで育つと、お互いが保護し合い生長を助け合う作物のことを共生作物といい、身近なものではニンジンがよい例です。

ニンジンはセリの仲間です。セリとは葉と葉とをすり合わせながら競り上がってくるからセリ菜というのです。いっぱい芽が出てたくさん生えてこないとよく育ちません。ニンジンもたくさん種を播いて、葉と葉が触れ合うようにして間引きをしながら育てると、良いニンジンが育つのです。

イネも苗の時は葉を触れ合わせながらたくさんで育つと、私たちが考えているよりもはるかに強く、寒さにも負けないらしいのです。飯山雪害試験地で松田さんが蚕の飼育にヒントを得たとき、イネの苗も蚕も集団で育てるとよく育つという共通点に気づいていたかもしれません。

第２章

不耕起栽培への模索と試練

1993年8月の日本不耕起栽培普及会設立総会。冷夏の年だった

イネの乾燥地栽培

冷害に強い成苗づくりの実験を夢中になって続けながらも、私は、さまざまな農法への関心を広げていました。不耕起直播についても、さまざまな資料を読み、あるいは何度も現地を訪ね歩いて私の求める冷害に強くて収穫ができる技術の模索を続けました。どんな農法にしろ、やはり一年をかけて冬場から翌年の収穫まで見てみないと、その中身を知ることはできないからです。

まずヒントになったのは、オーストラリアの「ドライファーミング（乾燥地農業）」でした。本来、ドライファーミングというと、雨水だけに頼って行わざるを得ないような、灌漑施設のない乾燥地帯の農業のことをいうようですが、ある時、私は今までに聞いたことがないようなイネ栽培の論文を見つけたのです。ダムを築いて水を引いて使う灌漑農業でした。

それは当時、ある日本人がオーストラリアに移住して始めた農業だということでした。オーストラリアでは年間二七〇㎜前後の雨しかなく、逆に温度と日照は十分すぎるほどあります。当然、砂地で地力はありません。そこで前年にマメ科植物のクローバーを栽培し、窒素固定をして地力をつけます。マメ科植物の根には根粒菌という共生菌がいて、この菌が空中の窒素を取り込みマメ科植物の栄養を提供しているのです。翌年、この畑に緬羊を放し徹底的にクローバーを食べさせるのです。そのあとに円盤状の歯がついたカッターで地面に条状の切れ込みをつけながら種を播き、草が出ないように一気に水深二〇～三〇㎝も水を張るというものでした。肥料を全く使わないで一〇a当たり八〇〇～一〇〇〇㎏もの収穫を得たというのです。この論文を読んで、私はイネという植物の持つものすごい能力の一端を垣間見た気がしたのです。

片や日本では、稲刈り後にわらを鋤き込む秋起こし、冬草退治のために寒起こし、春草退治のために春起こし、肥料を撒いて荒代かき、本代かきなど五回も耕して、たったの五〇〇㎏程度しか収穫できないのです。収穫を上げるための手段としての農作業のどこかに、大きな間違いがあるのではないかと感じました。

私を不耕起栽培に駆り立てた大きな要因の一つに、文献で読んだ、このオーストラリアの稲作があるのです。

またある時、私が教えていた農家が、オーストラリアの稲作視察旅行から帰ってこんな話をしてくれました。オーストラリアの稲作は世界一の多収穫だというのです。

特徴的だったのは一区画二四〇haの耕地を三等分し、八〇haに麦を播き、八〇haにクローバーを作り、八〇haにイネを作るという輪作を営んでいて、ヨーロッパの三圃式農業（表土が薄く地力のない土地での牧草と放牧と麦の三年サイクルの輪作）の体系がオーストラリア農業の中にも息づいていて、ヨーロッパとの違いは輪作の中に稲作を組み込んでいたことでした。

もう一つの特徴は工業が未発達のために、農機具から肥料・農薬に至る大半が輸入に頼っており、農産物の値段は国際価格であるために農家の収入が少なく、農業は決して安定した産業ではないということでした。どこの国でも農業は悩みを抱えているのかもしれないと思いました。

さらにオーストラリア稲作の致命的な弱点は水という極端な制約があるために、大規模稲作ができないことでした。その会員農家の話では、喉が渇きその農場で水を所望したそうなのですが、その時に出てきた奥さんは、みすぼらしい身なりで、庭にあった自動車は二〇年も乗り古したポンコツ車だったそうです。その会員農家は工業のない国の惨めさと工業の発達した日本の惨めさと、両極端の農業にしみじみと考えさせられたと語っていました。

今日でもオーストラリアでは緬羊の放牧と稲作の輪作が行われ、飛行機による直播で一〇a当たり八〇〇kg以上という世界でも有数の高収穫をあげているそうです。砂漠のような砂地のところでも、土地は平面ではなく、平面にしながら表面にV字のくぼみができるように耕起するのです。飛行機で種モミを播くと山を切ったようなV字のくぼ地に種が転がり、砂が自然に覆土します。日本は粘土質の土が多く、風や水によって土が種モミを自然に覆土するようにはなりませんから、なかなか飛行機で簡単に直播というわけにはいかないのです。栽培技術はやはり風土に根ざさないものはだめなようです。

しかし砂漠地帯での灌漑農業は、地下の水脈を切断し、表土を流出させ砂漠化を促進し、激しい蒸散作用と毛細管現象によって塩害を起こします。遠い昔にメソポタミア文明やエジプト文明が体験した塩害は、世界中で今もまちがいなく進行中で、近い将来、オーストラリアだけでなく、アメリカ、中国でも、深刻な問題となると心配しています。また、中国で巨大な三峡ダムが完成すれば、中国のみならずアジア地域全体の気候に大きな変動が起こるだろうと危惧しています。そうなるとアジア地域の稲作にも影響が出るのではないでしょうか。内陸の過放牧畜産は砂漠化の拡大や塩害を後押ししています。このような砂漠化の問題を解決するためには、乾燥地域での灌漑農業をやめることや福岡正信さんの粘土団子の技術が有効なのではないでしょうか。

自然農法との出合いと分かれ道

稲作の理論はすべて耕起が前提であり、耕さない理論は日本には存在しませんでした。参考書もなく、聞く人もないままに、耕さないイネつくりの研究を始めたのです。一九八二〜八三年（昭和五七〜五八年）でした。

研究を始めたころのことです。愛媛県伊予市の福岡正信さんが著した『自然農法　緑と哲学の理論と実践』（一九七六年、時事通信社刊）という本を読んでいて、頭から冷水を浴びたような感覚を覚えました。その本の中で、初めて「不耕起」という言葉と出合ったのです。

すぐさま福岡さんを訪ねました。多分五〇a程度だったと思いますが、福岡さんが当時、自然農法を行っていた農地を見せてもらいました。イネの話というよりも、どちらかというと哲学的なお話を聞かせていただきました。

福岡さんの農法は、粘土団子にクローバーの種と種モミを入れ、一一月に耕さない田んぼの株と株の間に落として足で踏みつけるという、冬に種播きをする乾田土中直播（乾かした田んぼの土の中へ種を直接播く方法）でした。低温でも発芽するクローバーがまず芽を出して、一面クローバー畑になると、ほかの雑草の発芽を抑制します。この抑草方法は技術として優れたものだと思いました。気温が上がるとクローバーの間から発芽したイネが伸び上がるのです。イネの背丈がクローバーより高くなり三〇cmほどになってから、そこへ水をたっぷりと入れてクローバーを水没させ、無肥料・無農薬のイネつくりをしたのが福岡さんの不耕起栽培の始まりです。福岡さんがこの自然農法を始めたのは、戦後に国を挙げて食糧増産をめざしていた真っ最中のころのことで、当時は時代の要求もなく、官・学・農のすべてから認められなかったといいます。

福岡さんの自然農法は瀬戸内地方という暖地での稲作でした。私にとっても大変参考になったのですが、私がイネつくりを教えている関東、東北などの寒地の稲作には向かない理論構成だと思いました。イネは地温が一〇℃以上にならなければ発芽しないので、東北ではイネが発芽するのが六月ごろになってしまうと思ったのです。残念ながら東北の冷害対策に応用できる理論ではありませんでした。さらに農家が農業という業を成立させるにはあまりにも労働時間が多く必要で、農家が楽に食べていけるようになる農業にするのには向いていないと思いました。

福岡さんは、減収を回避するために超密植で、坪（三・三㎡）当たり一〇〇株まで種モミを播き、病害対策としては分げつ期に水を与えず、強稈（きょうかん）品種（茎が太く倒伏しにくい品種）の早稲（わせ）種（早く穂が出る品種）で栽培を行っていました。害虫対策の話は特に出ませんでした。また、大量のクローバーを水で腐らす際には、田んぼの水が強還元状態となりガス湧きするので、間断灌水を繰り返し、酸素を入れます。いわば陸稲（おかぼ）づくりに水稲の手法を加えて交互に繰り返すわけです。

福岡さんの薫陶を受けて自然農法を実践していた農家は瀬戸内に何人もいました。私は香川県丸亀市の農家にも通って教えを請いました。その当時で、すでに二八年間全く耕さないでイネつくりを実践している方でした。

住宅地に隣接したその田んぼでは、クローバーは播かず、秋のうちに除草剤で雑草を抑えていました。前輪にポンチ（穴あけ）がついていて、直径数cmの穴をあけられる種播き機を使用していました。車輪の後ろに種モミの入ったドラムがついていて、ポンチであけた穴に種モミが四～五粒落ちて種播きをする仕組みになっていました。種播きが終わると桶に完熟堆肥を入れ、ひとつかみずつ穴の上に撒いて、ポンチの穴を足で踏みつけてふさぎます。イネが発芽して二・五葉くらいになると田んぼに水を張るという、合理的に改良された大変興味深い農法でした。

後に出会った岡山のある農家では、ご主人が亡くなって女手一つになってしまい、この直播の田植機がなかったら、とても一・五haの田んぼを耕してイネを作り続けることはできなかったという、涙ながらの話を聞いたこともありました。

どちらにしても自然の地温でイネを発芽させるという方法で、発芽するまでは水を入れないため初期の育成は陸稲であり、冷害の起こる地域には向かないものでした。

しかし、福岡さんという人はすごい人です。あの戦後の混乱期に、しかも農の哲学を説きながら不耕起栽培に挑戦したのです。福岡さんの偉いところは現代化学農法の矛盾点を喝破し、対立しながらも自ら「農民」として手法を確立し実証した点にあると思いました。「農民」とは単に作物を作るだけの人ではなく、哲学を持つべき人だと思いました。

私の栽培技術の方向は福岡さんの哲学から道は逸れて、不耕起移植栽培を志すようになったのです。私が福岡さんと違った点は、たとえ哲学がなくとも、日本の農地を支える農家なら誰にでもできる、業として成り立つ新しい稲作技術の確立へと向かっていったことでした。

直播に向かないジャポニカ種

日本で二〇〇〇年は続いたであろうと考えられて

いるイネの移植栽培と今日の直播栽培とは、根本的に発想が異なる技術です。

私が瀬戸内地方で見た直播では、芽が出てくるのが遅いため、関東や東北で行うには、まず品種上での無理がありました。寒さに強く直播でも発芽が揃う早稲系統の新しい品種ができれば、将来は可能性があるかもしれません。

私も直播を完全に否定しているわけではなく、いずれ、農業人口が少なくなり、労働力がかけられなくなれば、直播の新しい技術が必要になってくると思っています。

日本で直播技術がなかなか浸透しないのは、ジャポニカ種特有の根上がりという現象が原因になっています。種モミは土中に埋まっていないと、種子根を伸ばす際に発根の反発作用で種モミが地表から浮き上がってしまいます。すると、その後に出てくる根で稲株が土の表面から伸び上がってしまうのです。発根の際に土をつかんで、土の中に根が食い込んでいくインディカ種とはかなり性質が異なります。基本的に浅い水辺を好むジャポニカ種と熱帯モンスーンの大量の雨が降る気候に適応し、かなりの深水でも平気な性質を持つインディカ種との根本的な違いなのかもしれません。インディカ種の中には、一晩に一ｍも丈が伸びる種類もあるのです。でも、驚くことはありません。タケノコを思い出してください。竹もイネ科の植物です。

ジャポニカ種の根上がりの性質によって、田んぼの落生え（おちばえ）（前年の刈り取りの際に田んぼに落ちたモミが翌年に自然発芽した稲株）がたくさん生えると倒伏の原因になることも、以前からわかっていたことでした。田植えをした株の間に生えてしまった落生えは、除草剤が効かないために取り除くことができません。イネが穂をつけて頭が重くなるころになると、立ち上がった株がぐらつき、ほかの田植えをしたイネに寄りかかって倒伏させてしまうのです。

日本の場合には、土が粘土質のことが多く、耕して土の中に埋め込まれなければ、落ちモミが自然に土に埋まることはないのです。

超密植による倒伏抑制の方法なども考えられました。穂がついた時に、お互いに支え合って倒伏させないように栽培するわけですが、こうなると一株につく穂の数はほんのわずかになってしまいます。そうでなくても気候の変動に弱くなりますから、収量が安定しなくなり普及が難しい要因とされていました。

除草が大変なことも一因となっていました。日本では直播用の農薬の開発が遅れていて、直播栽培では慣行農法よりさらに除草剤が三倍も多く必要になるため、コスト高と安全性の問題が出てきます。

福岡さんの直播は、食味やガス湧きによる悪臭の

ヘリコプターによる湛水直播試験。1962年穂高町。写真提供・長野県農業総合試験場

問題に関して、私の考えとの相違を感じたものの、クローバーによる抑草は非常に効果的な手段であったわけです。

このようなことから、やはり長い年月続けられてきた移植栽培は意味があってのことであり、直播するよりは、しっかりとした健康な成苗を作り、移植栽培をしたほうがよりよいイネが作れると考えたのでした。昔から「苗半作」といわれるように、機械化の前の苗づくりには、北半球でのイネつくりを成功させてきた先人の経験と知恵が詰まっていると思いました。

耕さなくてもイネは育つ

補植用の苗はもう一つ重大なヒントを与えてくれていました。それはイネの根っこの違いでした。田んぼの隅に置かれていた補植用の苗は、土の中に埋め込まれていないのに、自分の力で土の中へ根を張っていました。しかも太くて真っ白な根をしていました。田んぼの隅といえば機械が入らないため、

土を耕していない場所です。もちろん土は硬く、根が張れないような場所なのです。一方、田植えを終えたイネの根は、酸化鉄がついて赤くなり始めていました。何度も田起こしや代かきで土を耕し、酸素を入れた場所でした。同じ田んぼの中で、同じ苗の根が、どうしてこんなに違うのだろうか。変だなと思いました。

そこで翌年、農家の人たちで田んぼのへりに棒で穴をあけて手植えをしてみることにしたのです。日本海側から太平洋側まで、関東から東北の農家に頼んで、全国約二〇〇カ所で一坪とか四坪とか、機械が入らない田んぼの四隅に、棒で穴をあけて、苗を手植えしてもらったのです。一九八三～八四年（昭和五八～五九年）のことでした。

すると、イネの体型が変わり、がっちりとしてくるのです。株が開帳して草丈が短く、みごとに大きな穂が出ました。株を調べてみると短稈で収量が多い上、登熟の度合いがとてもよかったのです。その結果を各地から報告し合って本当に驚きました。そこで農家に稲株を掘ってもらうと、真っ白でとても立派な根をしていたのです。しかも五枚の葉が稲刈りの時も枯れ上がることなく生きているのです。「なんだこりゃ？　なぜ根が白いのだろう」と不思議に思いました。

田植え直後の一般の稚苗の根は、通気系がないために半分死んでしまって赤茶色をしているのですが、その後、新しい根が出てきて活着するのです。耕やした田んぼで根に酸化鉄がついたイネは、穂が出る前にすでに下の葉が枯れ上がってくることはわかっていました。しかし、私たちのイネは枯れ上がっていなかったのです。

刈り取った後の株をみんなに片っ端から引き抜いてもらった結果、どこのどの株も根が真っ白なことを確認することができました。

稲作の定説では、根が真っ白な場合は硫化水素で根が腐って「秋落ち水田」となると説かれています。だから鉄剤を入れないと、鉄不足の田んぼになるというのです。硫化水素が多い場合には、鉄分を多く入れることによって硫化鉄にすれば、硫化水素による根腐れを防止できるため、イネの根に鉄のよろいを着せて保護するというわけです。

しかし、実験した場所は耕した田んぼのへりです。耕した場所のイネは根が赤いのですから、土の中に鉄分はあるのです。同じ田んぼの中で、耕していないところでは根が白いのです。耕さない場所では酸化分解が起こっていないため、根が赤くならないわけです。定説にはどうやら「耕した水田では」というただし書きが必要だと思いました。

耕さない田んぼでは施肥技術から効果から、全く異なってしまうのです。場合によっては理論が全く逆になってしまうことすらあるわけです。

一方、農家は現実的で、こんなすごいイネができるのなら、翌年は全面積で耕さないイネつくりをしてみたいと言い出しました。そこでみんなで知恵を絞って、早くから田んぼに水を張れば土の表面が軟らかくなるから、そこで田植えをしてみようということになりました。

翌年はこれを実行しました。田植えの三〇日ほど前に田んぼに水を張り、土の表面に水が浸透してトロトロしてきたところで、普通の田植機で植えてみました。案の定、これはうまく田植えができました。田起こしもいらないし、代かきもいらない。これは楽でいい方法だというわけで、その夜はみんなで乾杯しました。

ところが翌日、田んぼは一大事でした。苗がないのです。苗は浮き苗（うまく植わらず水面に浮いた苗）になってどこかへ遊びに行ってしまったようです。よく考えてみると、理屈は実に簡単でした。代かきには、土の粘性を高める意味があります。慣行農法では、代かきをした後静置して、表面の水を流し、土の粘性を高めるのです。これにより、粘りけのある土が包み込むように苗に絡むため、苗を植えても土にあいた穴が元に戻りふさがるのです。いずれにせよ、乾杯の喜びはどこへやらで、全国各地の農家が補植に追われることになったのでした。

プール育苗

苗は雪の下でも氷が張っても大霜が来ても、水苗代の中では大丈夫だということになったので、私は

ＰＯＦ研究会で、イネの低温育苗の勉強会を始めました。育苗中の出葉速度は、厳寒の中では葉が一枚出るのに一〇日以上かかります。二葉から外に出すと、五葉まであと三〇日は田んぼで育てなければなりません。指導機関の考え方では、育苗というのは朝、ハウスのビニールを開けて、灌水をして、夕方またビニールをかけて苗を育てるというものでしたから、私が五〇日かけて育苗すると話すと五〇日間も農家はそんな作業をやっていられないといわれました。

ところが、この方法では、いったん条件の整った苗を育てて、育苗途中から田んぼへ出せば、一日一回水深だけ見ていればいいのです。大雨が降らなければ、一回三分程度の水管理をすればいいのです。ハウスでの管理は約二週間程度しかないのです。

ところが人間は横着なもので、田んぼへいちいち運び出すのが面倒だという農家が出てきました。確かに、大面積の東北の農家にとっては、田んぼへの搬出は大仕事になります。それに、基盤整備が進んだ地域では、水利権の関係で、春早いうちには田んぼに水を引けない地域もありました。

そこで考えついたのがプール育苗です。始めから、ハウスの床へフィルムを貼って、後からハウスの四方のフィルムの下へ角材や板を入れ、水が溜まるようにして水を入れればいいようにしたわけです。

プール育苗の指導を進めていると困ったことが日本中で起きました。水がもたないという話が全国から寄せられたのです。「あんた、本当に新しいフィルムシートを買って使ったのかい」と聞きましたが、間違いなく新しいものだというのです。

おかしい、おかしいと思って、育苗箱とフィルムをどけて調べてもらうと、ほとんどの場合、犯人はつくしの坊やだったのです。あんなに弱そうなつくしん坊の頭が、真新しいフィルムを突き破っていたのです。地温が上がって頭の上がほかほか暖かくなると、早速出てきていたわけです。それで、古いフィルムをとっておいて、二重にするように指導を変えたのです。

それにしても、スギナやつくしん坊には参りました。なにしろ根っこが深くて、ハウスでは毎年、つくしん坊が出てきてしまうのです。除草剤を使っても、根が深いスギナだけが残って、繁栄してしまうようです。たかが、ハウス内にフィルムシートを敷いて水を張るだけのことなのですが、ハウス内のムレの防止やフィルムの種類の選定、プールを平らに作る方法など、誰もが失敗なくできるように組み立てるのには、四年もかかりました。

イネは鵺的性質

さて、その当時の育苗箱に入れていた床土ですが、ほとんど化学肥料が使われていました。今でも多くの稲作農家がそうであるように、農家は自分で床土を作るのではなく、すでに肥料成分やpHが調整された床土を購入して使用していました。ですから、追肥なども化学肥料で簡単にできました。

近年、化学肥料を使わない苗床づくりをする農家は、以前より手間がかかるようになってしまいました。下手に未完熟の有機質を使えば、病気が出てしまいます。自分で床土を調整して使うためにはミミズの糞やぼかし肥を混ぜ、酢酸などを播種機の水に混ぜて床土のpH調整をします。床土はpH四・五〜五・五に調整しています。一般の作物では、ジャガイモやお茶が酸性土壌を好むといわれていますす。それ以外は中性に近い土を好みます。

イネのルーツを探っていくとわかってくるのですが、イネは常に水のあるところに生えていた植物だったのです。水のあるところというのは、降雨量が多く、土の中のカルシウムなどのアルカリ成分が流亡したような場所なのです。遺伝子の中に酸性の土壌で生きられる性質が組み込まれているのでしょう。

イネ科植物のルーツは一億年以上前で、イネの原形は五〇〇〇万〜六〇〇〇万年前に生まれたと思われています。数千万年の間、酸性土壌で生きられる訓練をして、水辺の酸性土壌を好むようになったのでしょう。そのような湿地や湖沼の水辺も、誰も耕した場所はありません。

ところが、このような話をすると、イネが日本に入ってきた時には、陸稲（畑でも育つイネ）だった

イネの鵺的底力を試す１本植え試験。156本の分げつがあった。200本になったこともあった

と考えられているから、変ではないかといわれるのですが、実はイネには鵺（ぬえ）的性質というのがあるのです。鵺というのはあいまいで正体不明の得体の知れない妖獣をいいます。横溝正史原作の映画で、この妖獣の名前を聞いたことがある人もいるかと思います。イネは畑に作れば、陸稲になる、田んぼに作れば水稲になる、正体の知れないところがあるのです。そのために、苗の時に畑育苗をすれば陸稲なのに、田植えをしたら水稲に化けてしまうのです。この性質を初めに見抜いた人は農学博士の岡島秀夫先生でした。だから、イネは箱育苗をしても平気なのです。近代の稲作でも、イネの一生のうちで、箱育苗と田植えとが可能なのは鵺的性質があるからなのです。

もちろん、代かきをした土の中に直接種モミを播く水中直播でも育つわけです。水中で芽を出した苗は、一一・五葉で三㎝ぐらいの背丈にしかなりません。根っこは間違いなく水稲の根になるのです。これには、イネが挺水（ていすい）植物であることが大きな要因になっていました。

さらに、ジャポニカ種のイネは、北は北海道から南は沖縄まで、太平洋側でも日本海側でも数千㎞にまたがり日本全土で育ちます。低緯度から高緯度まで、標高も〇mから一〇〇〇m程度のところまで、どこで栽培しても、そこそこ収穫できるのです。

実際、イネはいろいろなところで育てられていました。日本という国を、山の中から平野からありとあらゆる場所を歩いてみた実感として、私はかねがね、イネというのは環境適応能力が高い植物だと感じていました。そして私は、ドライファーミングで知ったイネの底力も、低温や耕さない土に負けない力も、さらに秘められたイネの鵺的性質があるからこそ、引き出すことが可能なのだと思ったのです。

イネは挺水植物

イネは挺水植物の仲間です。広辞苑を開いて挺水植物を引いてみると、「浅水に生活し、根は水底に存在し、茎、葉を高く水上にのばす植物。ハス、ガマ、マコモ、アシ、イの類」とあります。イネの名前は載っていませんが、間違いなく挺水植物なのです。この名称の意味が本当にわかっている人は少ないと思いますが、田んぼを耕さなくてもイネが育つのは、挺水植物であるからなのです。空気がなくても、イネの根は平気で伸びるからなのです。浅水のある湿地の水底の土は、水が空気を遮断して、酸化分解が行われない還元土壌（酸素欠乏の土）となっています。挺水植物は、こんな酸素のないところに根を伸ばし、茎や葉を水上に伸ばすことができるのです。

一般的な植物では、土壌三相（土の構成要素の区分で、固相＝土粒子、液相＝水分、気相＝空気）の割合は土＝四〇％、水＝三〇％、空気＝三〇％が理想だといわれています。ふわふわして水分を含んだ土が作物づくりにはよいというわけで、農家は何回も耕し、一生懸命土に空気を入れて気相を高め、ふわふわの軟らかい土づくりに励むのです。この常識から言えば、耕すことに異論を唱える人はいないわけです。私たちのようにへそ曲がりは、これに異論を呈しているわけで、ここが大事なところなのです。

イネは酸素がいらないといっているのに、なぜ土に酸素を送り込まなければならないのかということなのです。耕すことは一〇〇〇年以上続けられた常識的な行為ですから、一般の人たちは、耕さないで田植えをする私たちの考え方がめちゃくちゃだと思っています。しかしイネの生理から言えば、挺水植物には独特の機構が備わっているから平気なのです。

イネは酸素のない土中に根を伸ばすのですから、そこでは養分やミネラルが分解していないのです。普通ならばイネは栄養失調になってしまいます。しかし、神様はこの挺水植物に特技を与えていたのです。

水から供給される酸素はほんのわずかな量で、温度が上がるとさらに少なくなります。その少ない酸素を土の表層の微生物が横取りしてイネには酸素が来ないのです。しかし、イネの根は酸素を要求します。イネは根の皮層から茎の根元までに破生間隙（はしょうかんげき）という細胞が壊れてできる隙間をつくり、葉で吸収した酸素を根に送る仕組みを持っているのです。茎にも根にもこの通気系があり、酸素をどんどん送り込んでいるのです。

破生間隙

破生間隙

皮層

水田状態のイネの根
（断面）

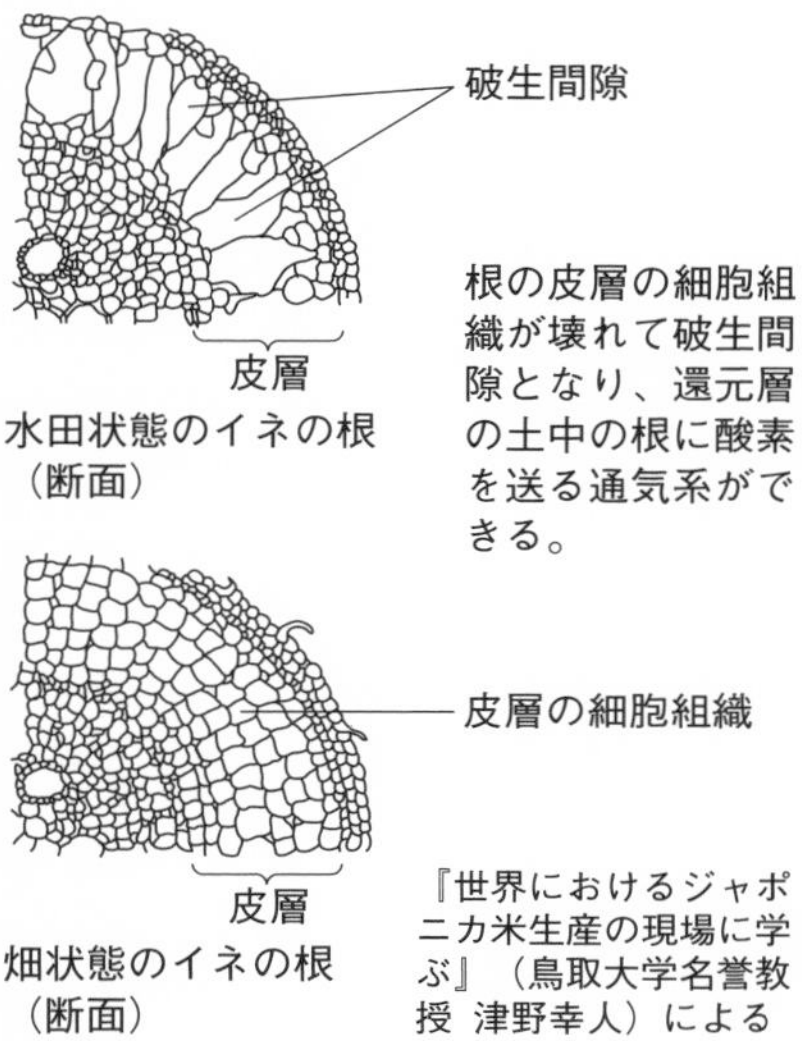

根の皮層の細胞組織が壊れて破生間隙となり、還元層の土中の根に酸素を送る通気系ができる。

皮層の細胞組織

皮層

畑状態のイネの根
（断面）

『世界におけるジャポニカ米生産の現場に学ぶ』（鳥取大学名誉教授 津野幸人）による

イネの根はこのようにして得た酸素を消費して呼吸し、ここで得られたエネルギーで活性化するわけです。そして養分や水の吸収を行うだけでなく、田んぼの中に生じた毒物を酸化して無毒化し、根の周りの養分やミネラルを酸化し分解して吸収するのです。ですからイネには土中の酸素は必要がなく、自前の酸素供給で十分に根の機能を保っていられるのです。

この挺水植物の特性は、イネの苗づくりに際して苗の素質を決める重要なポイントになります。今日の育苗法は九九・九％が機械植え用の稚苗での畑育苗方式です。箱育苗は、陸上で深さ三㎝の床土の中で行われています。床土の中には、畑と同じく酸素が充満しているため、そこで育苗された苗には破生間隙がなく、普通の植物の根と同じになってしまいます。陸稲の根になるのです。陸苗代とか畑苗代とか呼ばれる苗づくりの手法がありますが、畑に手播きして育苗を行うと水稲を育苗中に破生間隙のない陸稲に育てていることになるのです。さらに育苗箱の深さ三㎝の土の中でできる根の資質は、水苗代で育てた苗とは比べようがないわけです。

この破生間隙を持たない陸稲の根は、水中に植えられると酸欠でたちまち機能が低下して枯死してしまいます。陸稲の根は挺水植物の根ではないわけで、田植え直後は養分吸収も水の吸収もままならず、日ごとに葉が黄化して新しい根が出るまで青々とならないのです。新しい根が出て初めて活着（根づく）することができるのです。簡便さと合理性を求める工業的な稚苗育苗の手法では、このようなところでも苗の劣化を招き、対症療法に化学肥料と農薬を多く必要とする要因を作っているのです。

水苗代の根は通気系があり、環境が少しくらい変わってもその日から活動することができます。水苗代の苗は黄化せず葉が青いまま活着するのです。さらに、水苗代で育て、耕さない田んぼに移植したイネは、ほかとは比べものにならないほどたくましくなり、倒伏や冷害にも強いことがわかってきました。なんといっても、病害虫に強く農薬が要らないイネが作れることがわかり始めたのです。

イネは横着者

本来、地球はどこも干ばつ気味で、日本のように年間平均一八〇〇㎜もの雨が降っても、表土はたちまち乾燥するのです。そのため植物は芽を出したら、まず全力を尽くして根を下へ下へと伸ばすのです。さらに根を枝分かれさせて四方八方へと分枝根（枝根）を伸ばして、栄養吸収のみならず水の確保に最も力を注ぐのです。

一般の植物は干ばつに遭遇すると気孔（植物が呼吸する葉の穴）を閉めて水分の蒸散を防ぎます。ところがイネはどんなに暑くても太陽に照らされても気孔を閉じないのです。田んぼには水がいくらでもあるので、水の心配がないためなのです。慣行農法では根の長さも短く分枝根の量も少なくなります。人間が過剰なほど栄養を与えてくれるから、根を一生懸命に深く遠く伸ばすことをしないのです。例えば側条施肥（田植えの時に田植機から苗の横に化学肥料を撒いていく肥料のやり方）をすると、上だけ育ってイネの根がまるで発達しません。それでは丈夫なイネには育ちません。高温や低温に弱くなり、コメの品質が落ちる原因になります。イネという植物は非常に横着な植物なのです。長く人間と共存したせいか、あるいは品種改良のせいか、イネは他の植物よりずっと、人間をあてにして生育をするのです。

田畑以外では、植物は光の奪い合いをして、他の植物と凌ぎを削りながら光合成に必要な太陽の光をできるだけたくさん受け止めようとします。野生の植物をよく観察してみてください。空に向かって手を伸ばすように、葉を広げようと努力しているのがわかります。イネは太陽の光がさんさんと注ぐ開放系の田んぼで生育するので、光の心配もしないで済みます。葉があまり広がらないで、ストンと上を向いて直立しているのです。他の植物から見たら、えらく過保護に育てられているのです。

側条施肥した不耕起のイネ(右)と慣行イネの比較。根が肥料を探さず横着した結果。なお、不耕起のイネは一般に側条施肥しない

ですから、人間が手を抜けばたちまち結果が表れてしまいます。昔から「イネを見て人を知る」というのですが、誠に的を射た言葉なのです。みごとに開帳型をした堂々たるイネ姿もあれば、まっすぐにイネが突っ立っている田んぼもあり、ぼさぼさの田んぼもあるのは、育てる人の手のかけ方が、イネの姿に現れているわけです。

イネは浪費家

水や養分の吸収には浸透圧が必要です。浸透圧を高めるためには、葉で作ったデンプンを根に送り、細胞内液の濃度を高めなければならないのです。

イネが水を体に送り込むためには、ものすごいエネルギーが必要です。ところが大量のエネルギーを消費して吸収した水を、惜し気もなく空中に蒸散してしまうのです。イネが育つ田んぼの中では無限の水があり、イネが安心しきって無限の蒸散を続けるのです。これは栽培者にとっては技術的に栽培管理に苦労するところなのです。

本来なら子孫繁栄のために、モミという倉庫に満杯すべきデンプンを、蒸散のためにジャンジャンと浪費するのです。夜温の高い関東以西では夜もエアコンが手放せないわけで、日中稼いだデンプンのほとんどが蒸散のためにエネルギー消費に回されるので、これが収量差になって表れるのです。東北と関東以西ではコメの単位面積当たりの収量が違うのは、当然のことなのです。

溢泌現象。吸収した水を葉先から出すために夕方から翌朝、葉に水滴がつく

イネは光合成の逆の回路を使い、呼吸作用といって合成したデンプンをエネルギーに変換することができるのです。デンプン中の炭素を使い、生育や生理作用のためのエネルギーとして使います。植物は自前のエネルギーを作りそれを使いますが、他の植物はイネのように無駄遣いせず、子孫繁栄の基礎となる立派な体づくりに励みます。

イネの生理をコントロールするには、生育を手助けする農家の考え方や技術力が必要で、その結果が収穫量として大きな差となって表れるのです。イネつくりをする人がイネのことを知り尽くさなければ、良いイネは育たないのです。私たちのイネつくりは、この浪費家のどら息子を鍛え、野生化させて病害虫などはね飛ばし、倒状や冷害などにも耐えるように、赤ちゃんの時からイネの訓練をする方法なのです。

イネは何をもとにコメを作るのか

他の植物も同じなのですが、イネは体構成物質も自前で作ります。光合成とは太陽の光エネルギーを使って、二酸化炭素と水を原料として葉の葉緑素の中で栄養分を作り出すことです。

この時、酸素も作られ空気中に吐き出されます。葉緑素を持つ細菌から藻類、植物は、みんな光合成を行っています。光合成で作られるのはブドウ糖（グルコース＝glu-cose）で六個の炭素がついています。光合成は一般的には次の化学方程式で表されます。

$6H_2O$（6分子の水）+$6CO_2$（6分子の炭酸ガス）＝$C_6H_{12}O_6$（1分子のブドウ糖）+$6O_2$（6分子の酸素）

化学構造上、炭素原子にはたくさんの手があり、手と手をつないで大きな分子を簡単に作ります。イネはさらに有機合成を行い、デンプンやセルロースなどを作り、葉を伸ばし茎を伸ばし分げつを繰り返して株を作るわけです。杉や松は何十年という歳月をかけて太い幹となるのですが、その原料も葉で光合成して作られるのです。植物が水と空気でデンプンを作るという能力がなければ、それを利用する動物も生きてはいけないのです。さらに、光合成の時にできる酸素が放出されなければ、酸素呼吸をする動物は生命を維持することはできないわけです。幹の太さが三〇cmある樹木は五人家族の一年分の酸素を放出します。母なる地球には

光合成とデンプン

光エネルギー

$6H_2O$（6分子の水）＋$6CO_2$（6分子の炭酸ガス）→ $C_6H_{12}O_6$（1分子のブドウ糖）＋$6O_2$（6分子の酸素）

水（216g）＋炭酸ガス（528g）＋太陽光（1348kcal）＝ブドウ糖（350g）＋酸素（384g）

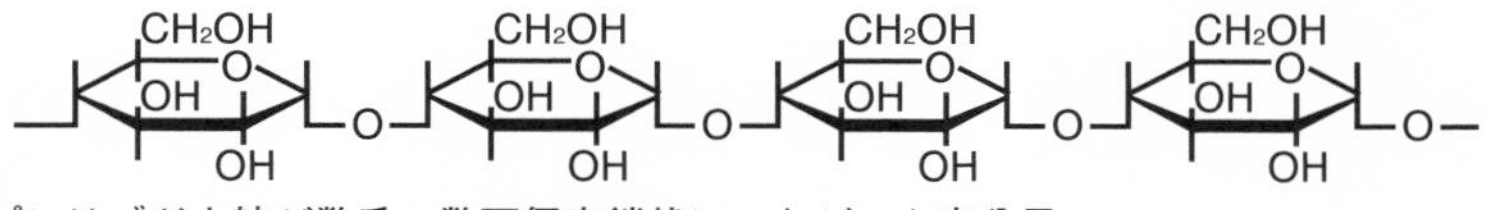

デンプンはブドウ糖が数千〜数万個直鎖状につながった高分子

水の循環があり、北緯三五度の日本には一分間に、一㎡当たり一・九カロリーの太陽光が降り注ぐといわれています。

私たちがおいしいとか、まずいとか言っているコメの原料は水と空気ということになります。みなさんは肥料でコメを作っていると勘違いしているのです。大地があり水と空気があれば、一定の条件下でイネはコメを作ることができるのです。

炭素の循環

前述の光合成の方程式をさらに分解すると次のようになります。

水（二一六ｇ）＋炭酸ガス（五二八ｇ）＋太陽光（一三四八kcal）＝ブドウ糖（三五〇ｇ）＋酸素（三八四ｇ）

この母なる地球には炭素の循環があるのです。炭素は無機の世界から有機の世界へ、有機の世界から無機の世界へと、年に二〇〇〇億ｔも行ったり来たりして循環しているのです。大部分は海中で行われているのですが、陸上では全体の約一割、二〇〇億ｔあります。世界中に埋蔵されている石炭の量が約二〇〇億ｔ、石油が数十億ｔに比べれば、この大きさがわかると思います。炭素という原子は、酸素と化合（燃焼）する時に膨大な熱（エネルギー）を出すのです。この熱は炭素が自分の体にしまい込んでいたものを吐き出したものなのです。炭素はエネルギーの貯蔵庫で、私たち人間はこのエネルギーが欲しくてコメを食べるのです。理屈っぽくなってしまいましたが、コメは地球の贈り物なのです。

今の日本人はこの贈り物のありがたさを忘れて、どのように認識しているのかわかりませんが、勘違いの食の選択が進んでいるようです。私たちの祖先が稲作を主とした農耕民族になったのは、水稲という植物に出合い、水を溜める田んぼという環境の維持基盤と、栽培という手伝いの方法を育み得た結果でした。水という基盤がなければ田んぼとしての機能は成立しないのです。

さて、この炭素の循環を無視し、数億年かけて蓄積した植物遺体の炭素を、数十年という瞬間的ともいえる短時間で浪費すれば、自然循環の許容量をオーバーし、炭素は刃を向けてこの地球に襲いかかるのです。地球温暖化は明らかに文明の落とし子なのです。

しかし、そうはいっても、機械化の進んでしまった農業をもとの手植えに戻すわけにはいきません。ただし、トラクターを使用すれば、トラクターを作るための鉄鉱石を掘り、日本へ運び農機として組み立て、それを稲作で使う総量に換算すると、一〇a当たり一七五ℓの石油が必要だといわれています。機械化を田植えと稲刈りだけに限定すれば、エネルギー使用量も大幅に少なくできると考えたのでした。

機械化への道

農家の人たちに不耕起栽培の実験を繰り返し行ってもらう一方で、やはり不耕起移植栽培専用の田植機を開発する必要性を強く感じました。そう思ったら早速行動を開始しました。

いちばん初めに井関農機へ行ってみました。ところが、とにかくすごいイネができるから専用の田植機を作ってみないかと話すと「これをやったら、わが社はつぶれてしまいます」というのです。ほかの農機メーカーにも行きました。朝から晩まで、口から泡を飛ばして、不耕起栽培のすごさを説明しました。やはり同じ答えでした。売れ筋の商品であるトラクターが売れなくなってしまうというのです。次次と、農機メーカーを訪ねて歩き、不耕起技術のすごさを話しましたが、どこもかしこも、とても上手に断ってきました。「素晴らしい話ですが、私は本部長ではなく、副本部長なので……」「田植機の担当ではないので、私の判断では決めかねまして……」日本中の名だたる農機メーカーを回って、田植機の開発を持ちかけて歩いたのですが、ことごとくだめで、もはや行くメーカーが尽きたかと思ったころに、やっと三菱農機とのコンタクトが取れました。私は、すぐさま島根県東出雲町へ飛びました。

その当時、三菱農機の本部長となっていた曽田清さんに案内されて工場を見学しました。以前本部長がいた工場に比べて、三倍も長い生産ラインがありました。そこで私はいいました。「やがて、この生産ラインはつぶれますよ」相手はびっくりしました。私は、「今三haくらいの経営規模の農家でも、一〇〇〇万円以上の機械を持っているので、このままずっと行くと、やがて農家がつぶれてしまうのです」と話しました。「三haで収量が二五〇俵、一俵二万円として、売り上げが五〇〇万円。純利益ははるかに低くなります。農家がもつわけがないのです。農家がつぶれれば、農機具も売れなくなるに決まっています。だからお宅もつぶれるのです」と、大変な話をしたのです。

相手の本部長は仰天しました。というより、私がそう勝手に思ってしまったのです。そして、「天下の三菱へ来て、お前の会社はつぶれるなんていった人間は、今までにあなたが初めてです」と言うのです。そして、その話はよくわかったので、そんなものならすぐに作ってみせましょうということになったのです。こちらも機械は素人なので、すぐに作れるというならば、ぜひお願いしたいと話しました。

すると、本部長は私をコンピューターの設計室へ案内したのです。設計室のコンピューターは三菱重工のホストコンピューターとつながっていて、見ている目の前で、設計図や並んだ数字があっという間に出力されてきたのです。こちらもびっくりしました。「こりゃあ本当だ。三分あればできてしまうんだ。いやあすごいな」と、そう思いました。

耕さない田んぼに田植えをするには、土に切り溝をつけて植えることが可能になればいいわけです。そこで、円盤に鋸のような歯をつけ、互い違いに角度を付ければ、簡単に土に溝を掘ることができるので、その幅を調節して、植え付け機構の前で回せばいいということになりました。それだったら、仕組みを考えておくので、明日、もう一度来てみてほしいということになりました。

実は、曽田さんは心の広い方で、私のめちゃくちゃな話を聞いて、その時「なんと面白いことを言う人だろう」と思ったそうです。私のほうは、コンピューター室で私たちの設計図が出てきたのだと、全くの勘違いしていたのです。

翌日再び訪問すると、なんと係長以上の社員が一堂に会して待っていました。私はそこへ、不耕起栽培の稲株を持っていって、低温育苗した苗で不耕起栽培をすれば、これほどに違うイネができることを説明しました。これにはみんな驚いたようでした。これほどのイネなら絶対倒伏しないと説明しました。「根の量にしてみれば慣行栽培の三倍はあり、これだけ大きな根をしていれば間違いなく冷害にも強いはずで、しかも実験結果では収量も大変上がります。ですから、この栽培技術に合致した田植機を作ってほしい」と熱弁を振るったのです。

みんな口をぽかんと開けて、稲株に見入っていました。選りすぐりの株を持参したわけですから、誰もが驚いたわけです。

実は、どこのメーカーにもすべて断られてしまった後だったので、私はやぶれかぶれで、三菱がつぶれる話までしたのでした。しかし、そのおかげで、三菱農機が本格的に不耕起栽培用田植機の製作に取り組んでくれることになりました。しかし、この機械化への取り組みによって、私は大変な大航海に出ることになったのです。

試作機の開発へ

こうして、一九八八年（昭和六三年）の末ごろから不耕起移植栽培用の田植機の開発が始まりました。やがて、待ちに待った第一号試作機ができあがったのは翌年の春でした。早速農家に運び込み、植え付けのフィールド試験を始めました。

ところが、せっかくできた田植機なのに、ちゃんと植わらないのです。歯の構造がいまひとつよくなくて、机上の設計どおりの幅に溝が掘れなかったのです。田植機の前の部分と後ろの植え付け部分は、トレーラーの運転席と荷台と同様に、前後が連結してあります。田んぼの凹凸のせいで前と後ろの動きが異なります。去年の古株やコンバインの轍（わだち）があると、田植機の前後の動きがずれて、前の削溝部（さっこうぶ）で切り溝をつけても、その部分に植え付け部の爪がうまく入らず、折れ苗になってしまうのです。たとえうまく埋め込めても、深さ五〇㎜の切り溝をつけただけでは、土に粘りがつかないため、浮き苗になってしまいました。幅一五㎜の切り溝に苗を植えるのには、大変高度な技術を要したのです。いくら機械化したところで、補植するほうが大変では、農家にとっては手植えをするのと苦労は変わりません。その後、改良を続けて切り溝の幅を広げました。

当時の試作機はプロペラシャフトが一本で、植え付け部と削溝部をチェーンでつなぐ仕組みになっていました。植え付け部の爪に石などが引っかかったりして、どちらかに大きな負荷がかかると、片方のトルクリミッター（自動車のクラッチにあたるもの）が外れて後ろの植え付け部が動かなくなり、欠株が多くなります。日本にはいろいろな田んぼがあり、どこも同じ条件ではないので、私たちも開発技術者の人たちも苦労しました。耕さない田んぼでは、わらや切り株が引っかかり、土が硬いところでは切れ苗になり、土が軟らかすぎれば折れ苗や浮き苗になるのです。さらに田んぼの土には砂地もあれば、火山灰もあり、粘土質もあります。全国の条件の違う場所で繰り返し植え付けの試験をしました。

三菱の第１号試作機。大勢の人が見守るなか初めての機械移植が行われた

改良された試作機。古株を感知して植え付けが浅くならないようにセンサーを替えた

1990年４月には、関東、東北の農家と全国５カ所の農業試験場で移植試験が計画された

切り株は冬を越すと乾燥して硬くなるため、真冬に田んぼの雪をどけて、半分凍った土にまで、植え付けの試験を行いました。冬の田んぼに田植機を持ち込むのですから、私たちのやっていることは尋常ではないと思われました。

最終的にはトルクリミッターに負荷のかからないところでは、七〇％以上の植え付け精度を保てるところまで進歩しました。

はっきり言って、田植機の開発がこんなにも大変だとは、考えてもいなかったのです。改良を加えるほどにエンジンの馬力は大きくなりました。そうなると値段も高くなります。せっかく機械化を考えても、専用機となると、農家がすべての田んぼを不耕起栽培にできない場合には、二台の田植機が必要になります。この問題も、技術の普及の前に大きく立ちはだかりました。それでも、試作機を使いたい農家が大勢いたため、共同購入してもらって、順番に田植えをしてもらいました。

井関農機は一九九三年（平成五年）の冷害を目のあたりにして、この田植機の開発に参入しました。こちらはプロペラシャフトが二本あり、開発は比較的順調なように思えました。しかし、初めてできてきた試作機は、幅五〇㎜、深さ一〇〇㎜以上の溝を掘ってしまう構造で、これでは不耕起栽培というにはあまりにも掘り過ぎでした。その後、試作機は削溝部などを改良し、二〇～二五台が作られて、全国で試験をしました。遠い工場から一台を東京まで運ぶだけでも当時でも経費が大変かかったと思います。こちらは一九九七年（平成九年）に完成したのでした。画期的だったのは、普通の田植えもできる汎用機となったことでした。

大変残念だったのは、長年ともに開発を進めてきてくれた三菱農機が、不耕起栽培用の田植機の製造から撤退してしまったことでした。やっと、冬期湛水技術との組み合わせで、三菱農機の田植機も活躍の場が広がると思っていた矢先でした。

今後は新たなメーカーが、乗用一～二条植えの軽量・低価格の不耕起栽培用田植機の開発に乗り出してくれることに期待しています。そうなれば棚田の保全や定年帰農、週末農業をめざす人たちにも不耕起移植栽培が手軽に行えるようになるでしょう。

半不耕起栽培

耕さない土に成苗を移植すると、冷害にも強く、病害にも強く、しかも収量まで上がることを発見したので、なんとしても多くの農家が取り組める方法を考える必要がありました。しかし、浮き苗に泣かされ、補植が大変では、とても広い面積を不耕起移植栽培で行うのは不可能です。なんとか、普通の田植機で植えることはできないものかと考え続けました。専用の田植機の開発をしてもらうといっても、すぐにできてくるわけではありませんでしたし、今、目前の浮き苗の田んぼにどう対処するかを考えると同時に、なんとか不耕起栽培に近い方法で、成苗を植える方法を考えました。

そこで浮き苗の失敗をした、数カ所の農家にだけ頼んで、ドライブハロー（代かきロータ一）で田んぼの表面を浅く耕してみることにしました。

ドライブハローというのはトラクターの後ろにつける代かきの専用の連結器具のことです。本来は田起こしや荒代かきを終えて、いちばん最後の本代かきの時に使う道具で、一〇cmほどの短い爪がたくさんついています。田植え直前に土の粘りをつけるために、田んぼの水を浅くしておいて使います。この機械で、不耕起の田んぼを浅く耕して、土や古株の表面を掻きまぜてもらったのです。いっぺんに多くの農家に実験を頼まなかったのは、あまりあちこちに頼んで失敗が重なると、農家の経営に影響が出るためでした。やってみると、そこそこうまく植えられることがわかりました。

そこで翌年も、数人に小さな面積から不耕起の田植えの実験を頼みました。手押しの田植機を使って無理に植えてみたり、田んぼの表面を浅く掻きまぜたり、さまざまなことをやってもらいました。このドライブハローで浅く耕す方法も、回転速度や深さの調節をして、田んぼ全体に田植えをしてみてもらいました。

最終的には、田起こしや代かきをしなくても、田植えの一五日前に田んぼに水を入れて表土を軟らかくし、ドライブハローで五㎝だけ掻きまぜる方法が、ガス湧きなども少なく、しかも五㎝より下は、不耕起栽培の効果がある程度得られることがわかりました。この半不耕起のイネも、株を引き抜くと真っ白な根が現れました。多少違うところは、不耕起の試作機で植えたものよりも、根の出方が少し劣ることでした。

この半不耕起の技術を組み立てるのには、各地の農家はもとより、千葉県佐原市の藤崎芳秀さんと「いなほ会」の女性たちが大いに活躍しました。家庭の中で、イネつくりの日常管理の農作業を一手に引き受けている元気のいい母ちゃんとばあちゃんが「いなほ会」メンバーの大半で、男性メンバーはその連れ合いたちでした。成苗の苗づくりから半不耕起の水管理まで、女性はやる気とパワーに満ちていて、どんどん技術をマスターしていきました。

こうして、組み立てられていった半不耕起は、田植え直前までの作業がなくて楽、田んぼが硬いので足をとられず肥料を撒くのも楽、ガス湧きせず根腐れもなく、稲刈り前の水落ちもよいという良いことずくめの上、女性でも年寄りでもできるというので、日本中でもてはやされました。大面積を持つ農家も喜びました。もちろん、半不耕起でも多少の増収になりました。

「不幸起」栽培ではなく

不耕起移植栽培を普及していくには大きな問題がいくつも立ちはだかっていました。しかし、技術とはもっと別のところにいちばんの問題を抱えていたのです。

耕すことは農家にとって当たり前の作業です。「精農家」という言葉がありますが、よく耕し、まじめに作物の手入れをして、農業に取り組む人のことをいうのです。イネつくりで言えば精農家は、秋起こし、寒起こし、春起こし、荒代かき、本代かきと五回も耕し、春先の肥料を施し、分げつ茎を増やすための肥料を施し、穂を大きくするための肥料を与えるのです。田んぼにも畦畔にも除草剤を撒いて草をきれいに除き、病気や害虫を防ぐための農薬による防除をして、徹底的にイネの世話をするのが精農家のイネつくりなのです。ところが私たちのイネつくりは、誰が見ても横着者の「惰農」のすることです。こちらは「耕す」という当たり前のことをしないのですから、この農業を始めると、親からも家族からも親戚からも、ご近所やお年寄りからもとがめられ、責められるのでした。

田起こしもしないのに加えて、春になり苗づくりを始めると、もう相当おかしくなってきたと思われます。寒さに当てて鍛えられて育った苗は、葉先が黄色くなり、枯れかけたように見えることもあります。苗づくりをまじめにやらず、手入れを怠ったようにしか見えません。

耕さない田んぼは、去年の古株が残り草ぼうぼうの状態です。秋から春まで耕すこともせず、代かきもしないのですから、近所中から惰農と思われても仕方がないのです。

その上、去年の古株の残るぼさぼさの田んぼに疎植された苗は、いったいどこに植えられたのかわからないほど目立ちません。一方、お隣の代かきをした田んぼは、除草剤できれいに雑草が除かれて、早苗が風にそよいで美しい姿をしています。不耕起の田んぼは、それとはかけ離れた見るからにみすぼらしい姿の田んぼになります。みっともない田んぼはご近所の注目を浴び、誰からも頭がおかしくなったと思われるのです。

田植えの後、お隣の代かきをした田んぼの苗は軟らかい土に新しい根を伸ばすと、ぐんぐん葉を伸ばし、茎を増やします。一方、耕さない田んぼのイネは古株の合間の硬い土に阻まれて根を伸ばせずにいるため、水面から上に出ている葉や茎はなかなか生長をしないのです。ああやっぱりあんなことをして失敗したと、近所中から思われます。「いったいお宅は何俵減収しようと思っているんだい?」などといやみをいわれるほどです。

農村の情報は、お隣さんからご近所さんへと伝わり、家長であるお年寄りの耳に入ります。お年寄りたちは、近所で茶飲み話をすることもできなくなり、自分の家の田んぼから目をそむけ、そばの道を避け、近くを通ることさえしなくなります。農業を継いでくれたことを喜んでいたのもつかの間、こんなことになってしまうとはと、親の言うことも聞かない息子の行動に、お年寄りたちは嘆くばかりです。

奥さんたちの会話にも、耕さない田んぼが話題になります。夫を説得して、早くやめさせたほうがいいということになるのです。親子喧嘩、夫婦喧嘩が絶えなくなり、この家の家族関係は大変なことになるのです。不耕起栽培は家族に不幸を起こす栽培だとまでいわれてしまうのです。ですから、近所の人たちから忠告された家族や年寄りたちは、村社会の中で困り果てます。

田植えからやがて一カ月が経つころ、この家族にやっと転機が訪れます。耕さない田んぼのイネは、太い茎を何本も増やし始めます。葉の幅も広くなります。葉は上へ上へとぐんぐんと伸び、まるで太陽に手を広げているような生き生きとした勇壮なイネ姿となってくるのです。イネが開帳して大きくなり始め、隣の田んぼより株が立派になり、さらに疎植であることももはや感じさせないほどに育ってくると、そこでやっと家族の会話が少しずつ戻ってくるのです。

さらに、実りの秋を迎えると、今まで噂話に花を咲かせていた近所の人たちも、何も言わなくなってしまいます。たくさん増えた太い茎には、立派な穂がついて、ほかの田んぼとは大きな差がついてくるからです。見るからに周りのイネとは異なる穂の太さと長さは、間違いなく大粒の実がたくさんついていることを物語っているのです。

ですから夫婦喧嘩防止と家族ぐるみで理解を深めてもらうために、地域によっては、夫婦で研究会に参加することをルールにしたところもありました。

ところがそれはそれで、収穫時期を迎えると、仲間に入れなかった農家とのいさかいの元になってしまったこともありました。なにしろ、仲間に入った人たちだけが、たくさんとれているのですから、周囲からねたまれても仕方ありません。隣に住む人に関心を持たない都会と違い、農村の人間関係はとても難しいものがあるのです。

ＰＯＦ研究会から参加した秋田県雄物川町の佐藤清さんは一九八二年（昭和五七年）に、私とともに低温育苗を研究し始めました。その当時、慣行稲作では播種量が二〇〇g、それを六〇gまで落としたのです。育苗箱の苗はすかすかです。それだけでも、お父さんと大もめだったのに、その上、一株六本植えから一～二本植えに変え、東北では普通は坪七〇～八〇株植えのところを坪六〇株植えにしたのです。しかも田植えの時には欠株が多く出ましたが、私との相談で補償作用（イネが株と株のすき間を補う作用）があるから大丈夫と、補植をしないことにしたのです。まだ不耕起栽培の始まる前でしたが、あまりに苗が少な過ぎると思うような、周囲に比べて貧相な田んぼです。お父さんは血相を変えて、佐藤さんを怒鳴りつけました。それからの親子関係は、大変なものでした。

一カ月後、田んぼの姿が周りに劣らぬほどになり、お父さんも納得してくれました。その後は、私も雄物川町へ行くたびに、お宅へもお邪魔できる関係になりましたが、多かれ少なかれ、いろいろな場面で不耕起栽培に取り組む農家は、肩身の狭い思いや難しい人間関係に直面しなければならなかったのです。私は、農文協の月刊誌『現代農業』に各地で不耕起栽培に取り組む人たちを紹介した記事を載せてもらい、不耕起栽培への理解を広めようと思いました。

一九九三年の冷害の克服

こうして、迎えた一九九三年（平成五年）は全国でかなり多くのPOF研究会の農家が半不耕起栽培と試作機による不耕起栽培を実施していました。POF研究会のメンバーは一〇〇〇人ぐらいになっていました。なにしろ、地域の農協で研究会をやっているところでは会員が二〇〇人以上もいたりしましたので、はっきり言って、どのくらいのメンバーがいたのかはわかりません。農家にとっては、この農業技術を実践する仲間が増えたことは力強かったはずです。

このように不耕起栽培と半不耕起栽培を普及することに夢中になり、勢いを増している只中に、一九九三年（平成五年）の冷害は起こったのでした。作況指数は東北全体で五六、県別に見ると青森二八、岩手三〇、宮城三七、秋田八三、山形七九、福島六一という具合で、水稲の被害額は四六九〇億円に上ったといいます。

冷夏が続き、日照不足が明らかになってきてあちこちの農家から電話がかかってくる状況のなかで、私はじっとしていられませんでした。なにしろ、田んぼへ行ってイネを見て必要な指導をして歩かないことには、農家を救う道がなかったのです。もちろん、低温育苗と不耕起栽培が冷害に強いはずだという自信はありましたが、それでも東北各地の田んぼへ飛んでいかずにはいられなかったのです。

千葉県の佐原市でも、あちこちの田んぼでイネが青立ちしていました。東北ではイモチ病も大発生していると連絡が入っていました。とにかく新幹線に飛び乗って、東北へ向かったのです。東北のイネは深刻でした。青立ちしたイネの穂にはほとんど実が入っていませんでした。明らかに障害型の冷害で、イネは花粉が作れず開花することもできないのです。東北を回るたびに、行政の人や井関農機の方な

1993年の冷害で畦畔を１本隔てた手前の慣行田は青立ちして実が入らなかった

不耕起栽培のイネ（右）と慣行栽培のイネ（左）。農家の明暗を分けた

不耕起栽培の田んぼでは全国56カ所で穂を垂れた

どいろいろな方々が同行されました。

ちょうど、宮城県に入っていた時に、福島県郡山市の中村和夫さんから連絡が入りました。不耕起のイネも青立ちして実がならないというのです。収穫をあきらめ、親戚にコメを頼んだというのです。とにかく行ってあげないわけには行きませんでした。新幹線を途中下車して中村さんのところへ向かいました。確かにイネは青立ちしていました。何日も天気が悪く、低温が続いており、もう開花は見込めないかに思えました。私は、穂を抜いてモミを割ってみました。すると、そのモミには花粉がありました。もしかしたらと思い、隣の慣行田の穂を抜いてみました。モミを割ると花粉がありませんでした。「大丈夫だ。もう少し待ってみろ」と私は自分自身を力づけながら言いました。「親戚のコメは頼まなくても大丈夫だよ」。

それから数日後、曇り空が晴れて、ほんの二時間ほどでしたが晴れ間がのぞいたそうです。すると中村さんの不耕起のイネが一斉に開花したというのです。イネにも意思があるかのような、あまりにも不思議な出来事でした。

そうです、イネは冷害を知っていて、開花をしないで太陽が照るまでじっと待っていたのです。私はこの時、低温育苗した不耕起のイネの生命力を感じました。そして、何よりも感じたのは、冷害はお天道様のせいではない、人災だということでした。指導機関は異常気象のせいだと発表しました。しかし、私たちの不耕起のイネは、各地で収穫を得たのです。どんな気象でもとることができるように栽培指導をしていないことが原因なのです。私は冷害は回避できると確信しました。

日本不耕起栽培普及会の設立

この年、今までの経験をもとに、私は不耕起移植栽培の技術を広く普及しようと考え、ちょうど不耕起栽培について当時までの技術をまとめた『新しい不耕起イネつくり』（農文協）を執筆していました。農家は、なかなか自分の得た技術を隣近所に教えようとは思わないものです。

そして、この技術を囲い込むことをしないで、できるだけ多くの人に普及するための組織を立ち上げようと思っていたのです。まさか、その年に大冷害が起こって日本中からコメが消えるなどとは思いもよらず、食管法が崩れ去るなどとは、誰一人として予想をしていませんでした。一九九三年（平成五年）の八月に、私は全国から集まった約一二〇人の農家の人たちとともに日本不耕起栽培普及会を立ち上げ、会長に就任しました。

私たちはこの会の設立とともに、これまでの冷害や病虫害の克服や増収に加え、耕さない田んぼで、いかに安全な食べものを作るかという新たな目標を大きく前に打ち出しました。いっぺんにすべての農家にすべての田んぼで、これまでの手法を切り替えてもらうことは経営の上でも無理があることでした。それでも私たちは、これまでの慣行農法の過ちを反省し、新たな視点でイネつくりを実践するようになったのです。

しかし、それはこれまでＰＯＦ研究会の時から試験や研究をともにしてきた農協や薬品会社にとって受け入れられるものではありませんでした。農協からは、勉強会の会場の提供を断られるようになりました。

また、私たちは、何度も千葉県や会員のいる都道府県の農政の担当者に会って、公的研究機関と協力して試験を行い、公式データを取ることができないかを相談しました。ところが、私の地元の千葉県に限らず、慣行技術を学び慣行技術以外の理論を知らない指導・研究現場の人たちにとって、私たちのやっている農業は、まさにへそ曲がりの一農法としか受け取ってもらえませんでした。民間農法はたくさんあるので、行政はいちいちかまっていられないという立場で、全く新しい技術・理論だとは受け取ってくれなかったのです。

一度はデータを取ってもらえても、慣行農法の理論を当てはめてしまうと、耕す農業とは基本的な理論も田んぼの土壌構造も違うために、有効なデータではないと思われてしまいました。

私たちがいくら説明しても、試験機関は稚苗でしか不耕起栽培の試験を行ってくれないために、私たちのようなイネが育たず、有効なデータにならなかったのです。結局、担当者が替わってしまうとそれまでだったのです。

国や都道府県の指導機関が進めている「標準的農法」でなければ、公的なデータが取れない上、研究者や指導機関からは理論が違うことを前提にしないで批判されました。その理論では稚苗と耕起が常識でした。

実はその後、私自身にも大変な問題が起きることになりました。腎臓がんが見つかったのです。散々逃げて回った末、とうとう入院して切腹をしなければならなくなりました。

手術は成功しましたが、一〇年前に胃を全摘し食道まで数cm切り取り、今度は腎臓です。もはや私の人生に先はないと思われました。それでも私は退院した日に、田んぼへ行かずにはいられませんでした。

私は全国の田んぼを飛び回ることが全くできなくなってしまったのでした。この時、私のイネつくりの研究も耕さない田んぼでの発見も、もうおしまいになるかもしれないと思ったこともあり、低温育苗や不耕起栽培の基礎を学んだ大勢の会員たちに卒業を促したのでした。

第３章

生きものいっぱいの不耕起の田んぼ

不耕起の田んぼに作られたバンの巣。前年はカモが数家族40羽ほど棲みついていた

見たことのない藻類

一九八九年（平成元年）、不耕起栽培の田植え用の試作第一号機ができあがると、これをトラックで運んでもらい、私たちは各地の会員の田んぼで田植えの試験を始めました。試作機が到着すると、大勢の会員や関係者、地域の人たちに田んぼに集まってもらい、うまく田植えができるかどうかをみんなで見守りました。時には、一〇〇人以上の人たちが畦畔に鈴なりになって田んぼをぐるりと取り囲み、実演を見学したものです。

試作機は、会員の田植えをしながら村から村へ、田んぼから田んぼへと各地を移動しました。私も、田植えの時期は、泊まりがけで一緒に各地を回ったものです。田植機の実演会中は植え付け機構の話ばかり、苗の話をするときは苗のことばかり、分げつの話をするときはそればかり、テープレコーダーのように場所や相手を変えながら朝から晩まで同じ話を一カ月近く続けていたものです。私自身は自分の話に飽きてしまうほどでしたが、試作機の行く先々では、たくさんの農家が新しい農業への期待に集まっていて、それに応えて夢の田植機が登場したことを、一生懸命伝えて歩きました。会員農家は試作機を使って、耕さない田んぼに順番に田植えができるようになりました。

それまでの不耕起栽培は、田植機の入らない田んぼの四隅や、二畝、三畝程度の小さな田んぼに棒で穴をあけ、手植えで試験的に続けていました。それ以外の田んぼは半不耕起栽培にするしかなかったのです。完全な不耕起栽培は、とても大面積でできるものではありませんでした。

初期の試作機は植え付け精度に改善点が多かったものの、ともあれ田植機の登場は、一気に不耕起栽培の面積を広げたといえます。

実はこの面的な広がりが、その後の私たちに思いもよらない出来事をもたらす始まりだったのです。田植えからしばらくすると田んぼにカエルが増えていました。小さなカエルが畦畔に多く見られ、今年はカエルが多い年らしいと思う程度で、私も農家の人もあまり気には留めていませんでした。

そして異変が起こったのは気温が上がり始めた六月初めごろでした。

千葉県の会員たちの田んぼに見たことのない藻がたくさん湧いていたのです。この藻類は、初めは気がつかなかったのですが、気温が高くなってくるにつれ、一斉に水面にぷかぷか浮いてきたのです。しかも、なんと田んぼ一面にあるのです。

これは農家の人たちには迷惑な存在でした。何しろ、追肥や防除のために田んぼへ入ると、この藻類が足に絡まります。大切な苗が倒れたり折れたりしたら大変です。人間が歩いても絡むし、なんとカエルが足に藻を絡めたまま跳ねているのです。これはイネを倒されると危機感を持ちました。

しかもこんな藻が生えたら、肥料を横取りされたり、水温が下がったりして、イネの生育に悪影響があるに違いないと思ったのです。農家の人たちは除草剤を撒いてこの藻類を駆除しようとしました。

この不思議な藻類は毎年発生し、不耕起栽培を続けると、年々量が増えてきました。農家の人たちが

不耕起の田んぼで増えるサヤミドロ。気温が上がってくると酸素の浮力で浮いてくる

不耕起の田んぼでは7月ころになるとサヤミドロが厚みを増し、毛布のようになった

サヤミドロは繊維が太くぬるぬるせず、何種類もの藻類やプランクトン等と共生している

気持ち悪がる一方で、私はアオミドロとも違ってぬるぬるせず、繊維が太くしっかりした藻類に興味を持ちました。

よく観察すると、この藻類は田植えの後に発生し始めるのですが、どうも去年の切り株やわらを中心にして発生しているらしいのです。どの切り株も、藻類が取り巻き、除草剤を撒かないでおくと、そのうち水面に浮き上がってきて、絨毯のように田んぼ一面が藻類で覆われてしまうのです。持ち上げるとまるで毛布のように持ち上がるのです。

サヤミドロの発生

この藻類の謎を解くために、あちこちの研究機関や大学へ持ち込んで、調べてもらおうと思いました。藻類の研究をしているという大学の研究室へ問い合わせてみると、「うちでは淡水の藻類はやっていません」という答えでした。ワカメとかコンブとかヒジキの研究をやっていたようです。産業にならない田んぼの藻類の研究をしているところなど、日本中探してきてもほとんどなかったようです。それでも、なんとかサヤミドロ族の藻類で、この藻類の仲間が四〇種類ほどあることがわかりました。

サヤミドロは、不思議なことに半不耕起の田んぼでは湧いてこなかったのです。土を動かしたり、耕してわらが地中に埋め込まれ、土の中で分解する場合には発生しないらしく、わらが地面に残され、水中で分解することが、サヤミドロの発生の大きな要因になっているように思えました。

それよりも、試作機で田植えが行われるようになって、画期的に面積が広がった耕さない田んぼのイネの底力を、私たちはまざまざと見せつけられていました。

私たちのイネは、明らかに周りのイネとは異なる生育を示し、疎植にもかかわらず、開帳し、硬くしっかりした稲株に育っていったのです。両手を太陽に向けていっぱいに伸ばしているような、とてもたくましい姿だったのです。葉色も濃く、サヤミドロに肥料を横取りされている様子はありませんでした。

タニシの歌声

ある秋、稲刈りが近づいて落水し始めた田んぼを、私たちが三〇人くらいで視察をした時のことです。田んぼのそばを歩いていると、異様な音が聞こえてきたのです。

私は耳鳴りがしたのだと思いました。頭を叩いたり振ったりしたのですが耳鳴りは止まりません。おかしなことに、一緒に行った人たちも同じことをしているのです。どうやら私だけに聞こえているわけではなく、田んぼのどこかから、音が聞こえてくるようです。何か生きものが立てているなら、脅かせば止むのではないかと、飛び上がってドンと土に振動を与えてみる人もいました。でも私の耳には「シー、シー」というような音が聞こえていました。そのとき誰かが「タニシが鳴いているんだ！」と叫びました。耳鳴りのような音はタニシの歌声だったのです。

私はその時六〇歳になっていたのですが、タニシの歌声は初めて聞いたのでした。歌声の先には田んぼの入水口があり、わずかに残った水を求め、水溜まりにタニシが集まっていたのです。

その後、タニシが一m四方に一〇〇匹以上も湧いた田んぼのことが会員から伝えられました。一〇a当たり一〇万匹の計算になるのです。特に田んぼの入水口の周りにはタニシが何十センチと重なって、気味が悪いほど集まっていたのです。一九九一年(平成三年)、千葉県栄町の田んぼでの出来事でした。この田んぼでタニシが大増殖できる理由は、どうやら田んぼの土質にありました。田んぼの土が粘土質だと、タニシは深く潜って越冬できるのです。

農家の人たちと、昔を思い出して、タニシのみそ汁を楽しんだこともありました。よく洗って泥を吐かせたタニシでだしをとると、とてもおいしいのです。しかし、農家にとっては、タニシが増えても、みそ汁のだし以上に役に立つことはなかったのです。

今日でも、不耕起栽培を始めてすぐ、顕著にわかるのは入水口に集まるタニシの数です。イネが育ってくると、株元からタニシが這い上がっている姿を見かけることもあります。大きなタニシ、小さなタニシなど地域によってかなりたくさんの種類があるようです。

畑のドジョウ

ある夜、茨城県河内町の山本太一さんは、懐中電灯を照らし水管理に行った時、思わぬ光景を目にしました。田んぼに水を入れているパイプの口に向かって、ドジョウが流れ出る水を溯ろうとして、何匹も何匹もジャンプしているのです。早速、ツト（ドジョウが中に入ったら後戻りできない仕組みになった漁具）を田んぼのあちこちに仕掛けてみました。翌日、呼吸ができなくて死んでしまうほどドジョウがいっぱいになったツトもあったのです。

それまで、私が「田んぼにドジョウが増えてるぞ、いっぱいいるから捕まえてみろ」と言っても、ちっとも関心を示さなかったのに、これはすごいと大騒ぎです。秋の落水時期になって、たらいにいっぱいドジョウが捕れることがわかりました。

不耕起栽培を始めて数年経つと、各地の耕さない田んぼで、ドジョウが非常に増えていることがわかりました。会員の多くの田んぼでは基盤整備が進み、パイプラインで水を引いているため、用水路から魚が入ってくる構造ではありません。しかし、タニシやドジョウは、雨がたくさん降ったりすると地面を這って移動できるのです。確認したわけではありませんが、タニシが山を越えるという話を聞いたことがあります。ドジョウもタニシも皮膚の粘膜でも呼吸ができるようです。

稲刈りの時に水を落とすので、冬の田んぼは乾いています。しかし、タニシもドジョウも水がなくてもイネの古株の根元など、わずかに湿った深い土の中で越冬することができるようで、翌年になると田んぼの中で増えていたのです。ドジョウは昼間は泥の中にもぐり全く姿が見えないので、初めのうちは田んぼで増えているとは、気づかなかったのです。

栃木県小山市の山本光康さんは、イネの根っこを抜いて、ドジョウの稚魚がたくさん頭を突っ込んでエサを食べているのを見ました。あまりにもたくさんドジョウがいたので、田んぼの隅に風呂桶を埋め込んでみました。秋に落水すると、ドジョウが何キロも風呂桶に入り込むのです。もちろんドジョウのエサを、田んぼに撒いたことはありません。おコメを買いに来た方々にドジョウをご馳走することもあるそうです。ドジョウ泥棒が現れたこともありました。

昔は、お盆のころまでは上りドジョウ、その後は下りドジョウといって、田んぼと用水路をドジョウが行き来していました。

二〇〇三年（平成一五年）七月、雨降りの翌日です。栃木県大田原市の水口博さんは、畑仕事を頼んでいる従業員にドジョウ捕りをしようと言い出しました。田んぼのほかに黒大豆や野菜などの畑が何ヘクタールもあるので、普段は草抜きなどの畑仕事を頼んでいるのです。この日の仕事はドジョウ捕りです。

実は、水口さんのドジョウ捕りは、畑でやるのです。その従業員はびっくりしました。雨が降ると不

タニシがたくさん湧く場所は、土が粘土質で生きものが越冬しやすい田んぼ

田んぼの落水時、排水のパイプに網やたらいを仕掛けておくとドジョウがたくさん入る

明け方、田んぼでは羽化したばかりのアカトンボがいたるところで朝を待っている

耕起の田んぼからドジョウが畑に飛び出すのです。翌日、畑はドジョウだらけです。その日二人で一五kg以上のドジョウを捕りました。最後にはもういやになるほどです。泥抜きをして、人に分けても食べきれないほどです。捕りきれなかったドジョウは、カラスが拾って食べるのです。

アキアカネの謎

一九九一年（平成三年）六月のことです。千葉県佐原市の藤崎芳秀さんは、空がかすむほどの赤トンボの大群を目にすることになったのです。前日も多かったのですが、この日は遠めに見ると不耕起の田んぼが赤っぽく見えたというのです。カメラを持ってきて、写真を撮っていると、それが一斉に飛び立ったのです。畦畔から何枚もの写真を撮りました。この前後数日間は、ずいぶんたくさん赤トンボが飛び立ちました。一株に三匹も四匹もとまっていたのです。赤トンボが増えたという報告は各地から寄せられていましたが、これほどまでの数を目にしたのは、初めてだそうです。

この赤トンボはアキアカネのようですが、関東では六月末ごろに田んぼで羽化し、暑い夏は一〇〇〇mを超す山へ移動して暮らすといわれています。生まれたてのアキアカネは白っぽく、だんだん色がついてオレンジ色になります。秋になると赤い色が濃くなって、また平野部に戻ってきて産卵するといわれています。

稲刈り後の田んぼは、赤トンボの産卵にちょうどよかったのかもしれません。土が乾いていても産卵できるのでしょうか。秋、風の強い日には、藤崎さんの屋敷では、木陰でたくさんの赤トンボが、風が収まるのを待っていたといいます。風がやむと、また田んぼへ飛んで行ったようでした。田んぼを耕していないので、秋に産みつけられた卵が地中に埋まることもなく、無事に冬を越したのでしょう。

藻類から始まる不耕起の田んぼの中の生態系は、想像を絶するくらい豊かで、ヤゴがこれほどたくさんのトンボに育つほどエサが多かったのです。

しかし、私たちにはこの時、まだわかっていない重要なことがあったのです。

パイプラインによって、用水路から田んぼに小さな魚などが入り込むことはないのです。これだけたくさんのヤゴが育つための動物性のエサとはいったい何だったのでしょうか。この時まだ、その答えは見つかっていませんでした。

時代は安全な食品を求め、「安全・安心」「減農薬」「減化学肥料」の表示がある農産物を求める消費者のニーズが高まっていました。農林水産省が有機農産物ガイドラインを定め、私たちの農薬離れもまた加速していました。

不耕起栽培の面積が広がったことによって、私たちのイネが病害虫に強いことが、偶然ではないこともわかってきました。周りでイモチ病が発生していても、私たちの田んぼではあまり被害がないのです。行政が指導する空中散布（一斉防除）や田植え前の除草剤は仕方なかったのですが、そのほかの農薬はほとんど使わないで済むようになってきました。ちょうど空中散布に対する疑問が少しずつですが、広がり始めていたころでした。

特に戦後日本の稲作は、化学肥料だけでの栽培体系が完全に浸透したといっていいほどで、本当にわずかな人たちを除けば、農薬と化学肥料なしの稲作は考えられなかったのです。ＰＯＦ研究会も水溶性の流し込み化学肥料による省力化と効率化をめざしていました。私たちの稲作も以前は農薬を使い、化学肥料を主体とした農業技術でした。

しかし、私たちは農薬を減らし、徐々に天然のミネラル分や有機質を肥料として取り入れる方向へ変えてきていました。農薬や化学肥料を減らせる可能性には、耕さない田んぼで育つイネの力が大きく影響していました。私たちのイネは、毎年安定して穂をつけると同時に、耕さない年数を増すごとに、わらや切り株、さらに大量の藻類が堆積してできる腐植質が増えていることがわかってきました。サヤミドロを自然が作る堆肥として考えると、毎年反当たり一ｔぐらいの腐植質を投入した量になるのです。田んぼが自然の堆肥工場と化していたのです。

田んぼの土を起こさないために形成される根穴構造も土の物理性を変え、腐植質の蓄積をしているようでした。しかも、この腐植質の堆積によって、コメの食味に変化が起こり始めました。おいしいコメがとれない砂地や泥炭地でも、コメの味がよくなり始めたのです。

藤崎さんの田んぼは、基盤整備事業の時に道路のクッション砂と同じ利根川の砂が大量に埋設されたため、いわゆる砂地のコメになり、たいへん食味が悪かったのです。コシヒカリ（良食味米一類）を作ってもアキヒカリ（極早稲種三類、おいしくないコメの代名詞）並みになるというほどのよくない土質のため、二〇年も自分の作ったコメを食べずに親戚から買っていました。ところが不耕起を始めてからいつの間にか親戚のコメよりずっと味がよくなっていたのでした。藤崎さんは「たった三年でコメの味がよくなったので得をした」と言っています。

アイガモとコイの失敗

不耕起移植栽培での問題点は何かと言えば、やはり除草にありました。不耕起の問題点というより、どんな手法の稲作でも、どうやって除草するかは大きな課題です。今日でも、一般的に除草剤が使われることが当たり前です。なぜ、日本中でこれだけ除草剤を使っても、田畑の草は減らないのでしょうか。

私たちの田んぼでは、耕さないため土に酸素が入らず、草の種を土の表面に出さないため、理論的には毎年草が減り、除草が楽になるはずです。しかし、草が新しい種を落としてしまうと、そうはいきません。初期のうちはまめに除草や抑草をしないと、イネが草に負けてしまいます。ところが、除草剤を使い慣れた農家には、手で草を抜けといっても、広大な面積は手に負えません。初期には除草剤を使うことも認めていかなければ、業としてイネつくりをしている人たちには、ついては来られない無理な理論になります。草との闘いはやったことのない人にはまずわからないことです。

その場合には、どんな除草剤をどう選び、どのタイミングで使うか、またさらに進んで、除草剤を使わない不耕起のイネつくりにどうやって移行していくのか、環境保全型農業の風向きは、このような課題を私たちにも突きつけていました。

私たちの会員の中でも、アイガモ農法をやりたいという人がいて、何年か取り組んでみたことがあります。ところが、なかなか人間の思うように都合よくはいきません。生きものたちにはそれぞれの生態があるのです。

初めてアイガモを放した田んぼは、一・四haの大きな田んぼでした。初めは草一本、虫一匹いなくなり、すごいぞと思ったのです。しかし、そのうちアイガモは隅々までは移動して草を食べてくれなくなったのです。しかも、古株があり藻類が増えてきて泳ぎづらいらしく、自分たちの歩く道を決めてしまい、そこばかり泳ぐのです。広いところができると、今度は狭い株の間に入っていかないのです。

また、小さなうちに、草の味を覚えさせておかないと、おなかがすくとイネを食害してしまうのです。エサをやらずに雑草だけ食べてもらいたいと思っても、アイガモのほうは言うことを聞いてはくれませんでした。

次に困ったのは、のら犬やタヌキ、イタチに襲われることです。タヌキやイタチは、肉を食わずに血だけを吸うようです。柵で囲って、対策を取りましたが、お金がかかり大変でした。タヌキやイタチも生きるために襲うのです。

ところが、もっと怖い敵がいたのです。カラスがこの田んぼを覚えたのです。初めのうちは数羽だったカラスも、三年目には完全に覚えていて、アイガモの幼鳥を田んぼに放すと、とたんに仲間を呼んでくるのです。二〇～三〇羽のカラスに狙われたらひとたまりもありません。あっという間に全滅です。カラスは柵には全く関係なく、アイガモをさらって行ってしまいました。

また、成長したアイガモが二羽逃げてしまったことがありました。柵があるから、そのうち捕まえられると高をくくっていたのです。まさかアイガモが飛ぶとは思っていませんでした。翌年、なんとその二羽が帰ってきました。自分の育った場所を覚えていたようです。

アイガモの暮らし方をこちらの都合でコントロールしようというほうが、間違っていたようです。

コイ除草も実験したことがあります。しかし、私たちの田んぼでは、ちっとも除草にはつながりませんでした。どうも、私たちの田んぼではエサが豊富なためか、エサ取りのためにちっとも努力をしないのです。貪欲で、小さなカエルでも何でも食べてしまうようなのです。しかも、広さ一坪ぐらいのところに三〇cmぐらいの穴を作ってしまい、そこに入り込んで、田んぼ全体を泳ぎません。捕まえてみると、結構太っているのです。田んぼに藻がいっぱいあって泳ぎづらいのかもしれませんが、動かないのか動けないのか、私たちにはわからないのです。あちこち泳いで水を掻き回し、除草をしてほしいと思っても、コイも私たちの思い通りには仕事をしません。

しかも、捕まえるのが大変で、サヤミドロが邪魔して見えないし、落水の時も、田んぼの途中で藻に引っかかって落ちてこないのです。

コイによる水田除草は、江戸時代から長野県野沢町で始まり、明治時代以降に野沢町では農業試験場が「稲田養鯉」の除草効果試験をしていました。イネの栽培中四～五回の除草が二回程度減ったといい

初めて行ったコイ農法の試験。この試験で会員に勧めるのはやめ、イベントで終わった

それでもコイ農法を試したいという会員の田んぼ。農薬を使わない「恋の米」の看板

アイガモ農法の田んぼ。初めのうちは極めてうまく行っていた

ます。田んぼの水を常に換水し、エサとして蚕のサナギを与えていたようです。コイは水がきれいでエサが乏しいと田んぼ全体に広がって、水を掻きまぜ除草してくれるようです。

私たちはコイ農法が面白いイベントにならないかと、子どもたちにコイの放流やつかみ捕りをさせました。ただ、子どもたちがあまりにも泥だらけになったので、保護者の方たちは、家に帰ったわが子を見て、きっとうんざりしたことでしょう。私たちも、いくらコイが太ってもコメが高く売れるわけではないし、一年でギブアップしてしまいました。生きものを思い通りに利用しようと思ったのが、間違いだったようです。

冷害後の東北

一九九四年（平成六年）ごろのことです。私は東京の小島塾（小島慶三先生主宰）で冷害についての講演をした際に紹介を受けて、岩手県藤沢町と宮城県田尻町を訪ねました。前年の冷害で、多くの農家が被害を受けたとのことで、冷害に強いイネつくりを農家に教えてほしいという要望があったのです。

藤沢町では町の呼びかけで、興味を持ち、翌年から千葉政治さんをはじめとする一七人の農家の人たちが、私の講習を受けて低温育苗を始めました。田植機もないため、半不耕起栽培で始めてもらうことにして「何しろ苗づくりが大切だから、三年は苗づくりの勉強だ」と言ったのですが、ずいぶん努力したと見えて、初年度からけっこう良い苗ができました。病気が出やすくあまり収量が得られない田んぼで半不耕起栽培に挑戦しました。

この地域は、北上川の堤防ができる以前は年に何度も川が氾濫し田畑が水没していたところです。湿気が溜まりやすく、台風などで水没するようなことがあればなおさらイモチや黄化萎縮病などが出やすい土地柄だったのです。強い苗づくりが効果的だったのか、初年度の半不耕起でも、葉色が濃いのにイネは倒伏もせず、収量も上がって、みんな驚いたのです。

なぜなら一九九三年（平成五年）の冷害ではきれ

いに穂が出揃ったのに、穂の中身が空っぽで花粉ができていなかったのです。ちょうど減数分裂期に気温一七℃を切る日が数日間重なったのでした。

翌年は、井関農機の試作機を秋田から運んで、本格的に不耕起栽培の田植えを行ったのです。

この田んぼでは、もちろんタニシやドジョウ、カエルも増えましたので、安全・安心なイネつくりへの期待が高まりました。バスを借りて一九人のメンバーが千葉県の田んぼを見学し、その後、千葉からも農家の人たちが訪れるなどの交流が行われたのでした。

一方、藤沢町から少し南に位置する田尻町は、冷害の年に、平均二俵程度の収穫しかありませんでした。小島塾の講演で出会った当時の町長、峯浦耘蔵さんから招待を受け、なんとか冷害に負けないイネつくりを教えてほしいとの依頼に応えて、一九九四年（平成六年）に訪ねたのでした。

三〇人ほどの農家や関係者を集めた説明会が行われました。冷害の時、東北の不耕起栽培農家では八～九俵とれたということを聞いて、峯浦さんも農家の人たちも力強く感じてくれたようでした。

マガンの来る町

車での移動中、私はあちこちの田んぼでマガンがエサをついばみ、夕方、北へ向かって帰っていく姿を目にしました。マガンが帰っていく先は田尻町より約八km北に位置する同じ県内の伊豆沼でした。伊豆沼は「ラムサール条約」（一九七一年にイランのラムサールで締結された、特に水鳥の生息地として国際的に重要な湿地に関する条約）で、登録されたガン類の保護地となっています。昔は日本各地に飛来していたマガンも、太平洋側の東北の飛来地（ねぐらとしてとどまるところ）の南限が伊豆沼で、それより南には渡ってこなくなっていました。

マガンは野生性が強く人が近づかない広大な自然を必要とする渡り鳥です。私たち人間が一〇〇mと近づくことができないほど警戒心が強い鳥です。近づくと群れが一斉に頭を持ち上げて警戒し、こちらの方角を見つめます。これを「雁首を揃える」というのです。飛んでいる時に空の高いところからエサ場の安全を確認すると、一群が弾丸のようにまっさかさまに地上へ降りてきます。これを「落雁」というわけです。マガンは刷り込みが強く、子どものころから親の行動と全く同じ行動をとるのです。昔は日本中でこのような光景が見られたのです。「かり」とか「かりがね」とか呼ばれ、かつて各地に渡って来ていたガン類は、人々の生活に季節感を与え、日本各地にガンに由来する言葉を残しました。

源平合戦の富士川の戦いの時、水鳥の羽音で平家が逃げ出したといいます。その水鳥とは、何万羽のマガンの群れだったのではないかと、私は思っているのです。後に蕪栗沼で私が経験した、数万羽のマガンが何かに驚いて一斉に飛び立つ時の音は、空気が振動するほどものすごいものでした。

田尻町には明治時代より北上川の氾濫に備え遊水池として整備されてきた蕪栗沼があり、一部のガン類が利用していましたが、あまり知られていませんでした。

一九三〇年（昭和五年）までに、もともと四〇〇haあった沼は約四分の一の広さに整備され、堤防で囲み、外側の低地は、食糧増産のために田んぼとして国から農家へ貸与されていたのです。そのうちのしらとり地区だけで五〇haありました。

翌日、私は建前を終えたばかりのロマン館を案内されました。町で二〇haの私有地を買い取り、環境デザイン構想を日本でいち早く取り入れた農業研修・教育・三世代共存の宿泊施設として着工したものです。農林水産省の後押しもあり全国各地でグリーンツーリズムが盛んになり始めたころでした。私は何とはなしに、ここには誰が泊まるのですかと、峯浦さんに聞いてみたのです。夏はたくさんの人が来るが、冬は訪れる観光客はほとんどないというのです。私の頭の中に、あの「マガンのグリーンツーリズム」をやって、蕪栗沼にたくさんのマガンを呼び寄せてはどうだろうかというアイデアが浮かびました。

その時、私は大きな勘違いをしていたのです。田尻町に不耕起の田んぼが増えれば、ドジョウやタニシなど生きものいっぱいの田んぼに、必ずマガンが来るだろうと考えたのです。まさか、マガンやハクチョウが落ち穂や雑草などを食べるベジタリアンだとは、当時は全く知らなかったのです。それで、鳥には全く素人の私と峯浦さんとで、マガンのグリーンツーリズムがどうしたらできるのか、考えていたのです。

早朝に伊豆沼から来て夕方、伊豆沼に帰っていくマガンは、田尻町のマガンではありません。しかし以前は、何千年にわたり、マガンは田尻町にもたくさん来ていたに違いありません。

蕪栗沼周辺の復元

一九九五年（平成七年）の春から田尻町の小野寺実彦さんと加藤清夫さんの二人がわずか七〇aではありましたが、不耕起栽培に挑戦を始めたのでした。

この年、峯浦さんが町長を辞めると、長年保留になっていた蕪栗沼の浚渫（しゅんせつ）工事の問題が再び浮上してきました。沼の底ざらい計画が、新聞で大きく報じられたのです。

北上川増水時の遊水池としての調整機能を維持するために、宮城県は河川改修事業として、長い間に土砂が流入して浅くなった蕪栗沼の底ざらいをして一・五m掘り下げて、容積を増やす計画を県が実行に移すというのです。実は以前に県が蕪栗沼に隣接する川で工事をしたために水の流れが変わり、蕪栗沼に土砂が溜まって湖面が年々小さくなっていたのです。いざという時に一五〇万tの水が一時溜められる機能を持たせるためです。田んぼと農家を守るために行う事業だというのですが、田んぼに遊水機能を果たさせるということになると、農家はイネに被害を受けます。

蕪栗沼のような原生湿地は本州にはほかにありません。田んぼ以前の自然があってこそ、周辺の田んぼの自然も守られます。底ざらいは、長年そこに息づいていた地域の生きものの生態系と田んぼの歴史を壊すことになります。水の底の生きものも植物も、周辺の田んぼに棲む生きものも上を飛ぶ鳥もすべてを失い、自然環境が壊れることは明らかなのです。

「戦後の食糧難で、田んぼがあったから生き抜けたのだから、蕪栗沼と田んぼは日本人の生存文化だ、いちばん大切なのはコメと水だ」と、峯浦さんは長年、底ざらいに反対してきたのです。

しかし、絶妙なタイミングで、峯浦さんと「日本雁を保護する会」の会長の呉地正行さんとの出会いがありました。呉地さんは一九九六年（平成八年）五月に「第一回蕪栗沼探険隊の集い」を開催して、環境問題の専門家から政治家、町の職員、地域住民や農家までが参加するかたちで生態系を中心とした環境調査を公開で行ったのです。この結果、ゼニタナゴなど貴重な生物が見つかり、底ざらいをすれば絶滅は免れないとわかりました。

これをきっかけに、田尻町では堀江敏正町長のもとに、蕪栗沼を中心として水田農業とともに自然環境を保護する政策が大きく展開することになりました。この年、田尻町の白鳥(しらとり)地区の田んぼは国に返還され、湿地に戻すことになったのです。県からこの地区の貴重な生態系を守るための補償金が農家に払われました。さらに、白鳥地区が遊水池として機能するため、県が主張していた蕪栗沼の底ざらい計画の必然性がなくなってしまったのです。

白鳥地区全域が浅く湛水され、こうして、蕪栗沼周辺には一五〇haの湿地が復元されたのです。水害の時以外の水面は沼の面積の一割程度しかなかったのですが、これで水面が六〜一〇倍にもなったのです。

こうなると、予想外に鳥が来るようになりました。ところが、この地域では渡り鳥は農作物を荒らす害鳥として考えられていて、渡り鳥の保護は農家の反対があるため、タブーとされていたのです。

ところが渡り鳥のほうにも事情がありました。日本に飛来する渡り鳥は一九七〇年（昭和四五年）ころに激減して、その後増えてきましたが、地球温暖化のせいなのか、年々、飛来する時期が遅くなり、しかもねぐらとなる湖沼が減って、場所が限られてきて密集化が起きていました。一度、トリコレラなどが発生すれば、一晩で数万羽が死んでしまいます。ハクチョウなどが各地で増えてきている理由としては、餌づけの弊害だともいわれているのです。ファミリーで行動するため、日本に来たものばかり体力をつけて帰り、優勢に繁殖したり近親交配が進んだりするので、渡り鳥への餌づけは問題であるとする専門家も多いのです。ハクチョウに本来食べない動物性のバターの混ざったパンを与える人もいて、勘違いが生態系を破壊して野生生物を追い込んでしまいます。

　しかし、冬に人工的に水を張った白鳥地区に渡り鳥が来たのです。このような背景の中で、冬の田んぼに水を張って、渡り鳥が利用できる水面を広げようという「冬期湛水水田」が各地に広がっていきました。棲めるところを分散して、マガンやハクチョウなどの大型の野生生物を将来に向けて守っていくには、日本中に協力者が要ります。呉地さんは、農家の人たちの協力を得て、南へ一〇㎞ごとに冬期湛水の田んぼを作れば、皇居のお堀にもマガンが帰ってくるのではないかと考えました。

　冬期湛水は一九九七年ごろから、日本、アメリカなどで同時期に始まった事例があり、韓国、ヨーロッパなどでも野生の渡り鳥のねぐらを分散させるた

蕪栗沼周辺の田んぼには、落ち穂を食べにマガンが下り立っていた。1994年のころ

蕪栗沼とその周辺の湿地。水深が浅くなり、周辺に柳などが茂って湖面が小さくなった

伸萠地区の田んぼを視察し、冷夏のイネの丈を測る堀江敏正町長

めなど、政策として進めているようです。パエリヤ料理でも有名なスペインのバレンシアには、湖のような広大な冬期湛水水田があるそうです。二〇〇年前にアラブ人が侵入した時に稲作が始まり、そのころから冬期湛水（現地ではペレローナという）が始まったそうです。日本でも昔は、冬に水や雪を田んぼに溜めていた地域がありました。

渡り鳥のエサ場に

私は「マガンのグリーンツーリズム」作戦を徹底的に進めるように、小野寺さんにいいました。田尻町の耕さない田んぼでも、サヤミドロが湧き、ドジョウやタニシが増え、田んぼの持つ環境復元の力を見せ始めていました。トンボやツバメの群れ飛ぶ姿を見た小野寺さんは、この田んぼの環境復元力はすごいと実感し、私の作戦を頭に置いて「ねぐら計画」を実行に移したのです。

警戒心の強いマガンのねぐらであれば、ある程度広い面積が必要です。私の要望に応えて、小野寺さんは一九九八年（平成一〇年）一一月から二・五haの耕さない田んぼに水を入れました。

野生性の強いマガンが、水を張った田んぼに降りてくるかどうかは、多くの人たちの疑問でした。学者の中からは、人工的に水を張った田んぼにマガンが来るわけがないという意見も出ていました。

しかし、私にはちょっとした自信があったのです。一九九二〜九三年（平成四〜五年）に福島県猪苗代町や長野県波田町では、不耕起栽培を始めた田んぼに、ハクチョウが降りていたからです。私たちが見に行くと、ある一定時間エサをついばむと飛び立ち、また次の田んぼへ降りるのです。その田んぼも不耕起栽培にした田んぼでした。

あんな上空から、どうしてこの田んぼを区別できるのか、どんな能力があるのかはわかりませんが、少なくとも彼らには耕さない田んぼがわかるのです。しかも、耕さない田んぼでは、落ち穂が土に埋められず、古株の根も生きていて食べものも見つけられると知っているようなのです。

水を張って約一カ月後、小野寺さんの田んぼにハクチョウが下り立ちました。それから一カ月経たないうちに、ハクチョウを遠巻きに見ていたマガンが小野寺さんの田んぼに下り立ったのは言うまでもありません。ねぐらとしてマガンに泊まってもらうというわけにはいきませんでしたが、大成功でした。

エサ場として利用しているのはハクチョウやマガンばかりではありません。シギ類などや特に夜中は相当たくさんのカモ類がやってきて利用していました。

一方、湛水して湿地に戻した蕪栗沼のしらとり地区では、マガンがねぐらとして利用し始めていました。これからも湿地として、何も手を入れないで自然に任せるのかどうかは、田尻町の人たちの選択です。私は、完全な湿地に戻すより、少しはイネを植えたほうが、生きものが豊かになり、植生もイネを中心として、バランスも取れると考えています。

いずれにしても、田尻町はエアポケットのように国道が一本もなく、ネオンもありません。湿地を復元するために蕪栗沼の周りには明かりすら「作らない（壊さない）選択」をした町の人々には勇気があります。

「蕪栗沼探険隊の集い」の活動を引き継いで誕生したNPO法人「蕪栗ぬまっこくらぶ」（千葉俊朗理事長）が、蕪栗沼とともにある地域の環境保全活動を育んできたのです。

小野寺さんの田んぼで二年間冬期湛水を続けた結果、乾田だとマガンはエサを取るだけですが、ここでは羽繕いをしたり、背眠したり休憩を取ったりと結構リラックスしていろいろ利用していることが、「日本雁を保護する会」の調査でわかったのです。

その後、蕪栗沼に飛来するマガンの数は飛躍的に増えました。一九九九年（平成一一年）にはコスタリカで開催されたラムサールの国際会議で、田尻町の人たちが蕪栗沼の報告をしました。

その席で峯浦さんはオランダの学者から「日本の水田は世界の水田面積の〇・〇二％なのに世界の水田に使用されている農薬の五五％を使っていることをどう思いますか」と話題提供されたといいます。水田農業に限定して考えていくと、農薬、特に除草剤による環境ホルモンはコメを食べる人にも影響を与え、精子が少なくなるのは当然だと感じたといいます。田んぼの生態系を大事にすれば、自然も人の健康も回復できるはずです。

新しい取り組み

蕪栗沼は今では多い時で五万羽のマガンがねぐらとして利用しています。田尻町は「マガンが来る町」ではなく「マガンが選んだ町」となりました。ですからロマン館は、冬のほうが人でいっぱいです。町はグリーンツーリズム指導者を養成し、養豚農家は自分たちで無添加のハムを作って販売するようになり、ロマン館で作り方も教えるようになったのです。おいしいおコメで作ったおにぎりバーガーが誕生し、農家レストランを始めた人は自家栽培の手づくりそばで訪れる人を楽しませてくれるようになりました。そして、行政、市民、農家のどれにも偏らない立場で接着剤のように活動をつなげたり、場の提供をしたりしたのが、第三セクターの農業公社である(有)たじり穂波公社でした。

しかし、一方で、人と自然が共生していくための課題もありました。田尻町の農家にとってマガンなどの渡り鳥は、イネを食い荒らす害鳥です。昔は、早ければ穂が出たころに渡り鳥がやってきて、しかも田んぼではさがけをしましたから、穂をついばまれてしまったというのです。実際に、冬期湛水が始まる前に、春の飛び立ちが遅れたファミリーによって、田植え直後の苗を荒らされたこともありました。しかし、この問題も堀江町長の提案でできた町の条例によって、二〇〇〇年（平成一二年）からは被害を補償することにしたのです。秋の被害だけではなく、苗の食害も補償の対象になるという、大変前進的な条例です。近隣の若柳町でも同様の条例があります。

ところが、実際には被害が一つもないので、町は支払いをする必要がないのです。三早栽培が普及し、稲刈りをコンバインで行うようになったためです。

また、町では米飯給食も実施しました。月二回を除き主食をコメにしたのです。コメはもちろん田尻町産で、給食センターでは一五〇〇食をガスで炊きます。野菜もできる限り県認証を取った町内産の減農薬のものを使うことにしました。

今、田尻町は蕪栗沼の周辺では最後に干拓された約一四〇haの伸萠（しんぼう）地区で、約八〇人の地権者に声をかけ冬期湛水の田んぼを広げることを考えています。堀江町長は「マガンにとっても農家がイネつくりを続けることが必要、農家にとってもコメと環境のシンボルとしてのマガンが必要」という関係づくりを農家に呼びかけているのです。せっかくマガンの方から来てくれるので農家が「どうぞ毎年来てください」と飛来地を拡大すれば、マガンがシベリアに帰っている間に、農家もいいイネつくりができるはずだというのです。

この地区は、たとえ転作で大豆を作れといわれても、蕪栗沼に隣接しているため、湿度が高くて大豆づくりに向かず、転作奨励金も制度が変わりなくなります。田んぼではコメしか作れないのです。「米政策改革大綱」ができてイネつくりが変わってくるので、農家にとっては不安もあるが新しい取り組みへの期待が持てるというのです。田尻町は不耕起栽培が早くから始まっており、下地があるため、地域の農家が集団で不耕起栽培に取り組むチャンスだというのが町長の考えです。しかも、若い農家はとても関心があるというのです。

町が介入することの意義は、変わったことを一人の農家がやっていたのでは異端児だと見られるのですが、町が自分でやろうという核になる人たちを募れば、みんなに認めてもらえるように支援できることにあるのだといいます。だから町長は、職員には「あまり声をかけなくていい、冬期湛水も広めようとしないほうがいい。無理強いはしなくていい」と一見、反対の指示を出しているのです。やるのは農家。自分の生き方、仕事の仕方の選択です。町はまとめ役です。

町の職員は集落会議での説明会もしますが、仕事が終わると居酒屋へ出向いて、飲みに来ている農家に伸萠地区の冬期湛水予定地の田んぼに色を塗った地図を見せるのです。その地図を見て「俺もやろうかな」という農家がいると、またその人の田んぼの場所に色を塗っているのです。失敗したくない親と冬期湛水に関心のある息子の対立もあります。二〇代、三〇代の農家は、自分の子どものために五〇～六〇年先の将来を見据えてやってみたいというそうです。秋から冬期湛水した田んぼの結果は、春を過ぎると自然と周りの農家の目にも入ってきます。

町では、暗渠の整備など新しい基盤整備とセットで、冬期湛水のための水の確保、畦畔の補強、田んぼの内側に作る内堀式用水路（田内の生物の待避場所）の施工、渡り鳥が利用しやすい広さへの田んぼの区画整理など、これらを県や国に環境事業として申請したいと考えています。

渡り鳥の保護のための冬期湛水も、イネつくりをすることで、野鳥もほかの田んぼの生きものもバランスよく共生できる環境条件が整うということを、堀江町長は大変よく知っているのです。私の経験からも、イネを作っているほうが、生きものを豊かにするという事実がわかっています。全く不思議です。

田んぼがハクチョウの名所に

一九九一年（平成三年）の二月ごろ福島県郡山市逢瀬町の中村和夫さんは、新聞のたった三行の記事を読んで驚きました。耕さなくてもイネを作れる方法に興味がある人への呼びかけの記事でした。トラクターがもう買い替えなければならないほど、おんぼろになっていた時でした。

耕耘しなくても済むなら、トラクターを買わなくてもいいかもしれない。まさかそんなうまい話はないだろうと思いながら、早速、電話をして情報元の千葉へ説明を聞きに行きました。なんだかやれそうな話でした。中村さんは「千葉県は郡山より暖かいから、同じようにはいかないだろう。判断を誤ったら命取りになる」と思い、種播きの時から毎月一度、千葉県に夫婦連れでイネつくりを習いに来ました。

中村さんは、翌一九九二年（平成四年）に三菱の試作機で不耕起栽培を始めてみました。翌年は大冷害となりましたが、中村さんの田んぼのイネだけはちゃんと実を結び、テレビのニュースで流されました。始めたばかりで基本通り作っていたからです。中村さんもそれからずっと不耕起栽培を続けてきました。

一九九九年（平成一一年）ごろ、私が田尻町の冬期湛水の田んぼのことをしきりに話したので、草が出ないというのは本当かどうか、中村さんは夫婦で見に行きました。確かに春の田んぼに雑草がないことを確認しました。中村さんの田んぼは、山を挟んだ猪苗代湖から来る水が冬でも確保できるので、一九九九年（平成一一年）の一二月初め、稲刈り後の田んぼに初めて水を張ったのです。

ところが、珍騒動が起こりました。その月の末ごろ、中村さんのお宅に近所の小学生が駆け込んできました。「おじさん、ハクチョウが来たよ」と言うのです。そんなことがあるわけはないだろうと思いつつ、半信半疑でとりあえず田んぼへ見に行ってみたのです。すると確かに、今まで飛んできたこともないハクチョウが田んぼにいるのです。ハクチョウは、その年に生まれたと思われるまだ若い灰色の幼鳥で、五～六羽訪れていました。夕方になると飛び立っていったのですが、それから毎日訪れては、だんだんと数が増えてきたのです。

訪れるハクチョウは年ごとに増えて、時には三〇〇羽を超すほどになりました。その田んぼは国道沿いです。ところが、ダンプカーもここを通るときだけは警笛を鳴らさず速度を落として通るようになりました。休日には車が何台も停車し、ハクチョウを見に来る人が後を絶ちません。テレビや新聞で取り上げられ、大勢の人が訪れる観光名所になってしまいました。近所のお年寄りたちも、ハクチョウを見守ることが楽しみになり元気になったそうです。仲間の増戸義治さんも時期を同じくして冬期湛水を始め、ハクチョウが訪れる田んぼになりました。今では約一〇haを冬期湛水しています。中村さんと増戸さんの夫婦はなんとカメラを購入し、写真クラブへ通い始め、美しい写真を何枚も撮りました。何しろ田んぼにハクチョウなんて、逢瀬町始まって以来の珍現象だったのです。

中村さんの田んぼではハクチョウが雑草の根をつついたり、乗ったりするため、中央の畦畔が壊れて二枚の田んぼは一枚になってしまいました。そこで畦畔を直して補強するためもあり、田んぼに一〇〇

郡山市逢瀬町のハクチョウの来る田んぼ。市内の名所となっている

mのビオトープも掘ってしまいました。中村さんたちは、人間関係も農業の方向もずいぶんと大きく変わったといいます。

中村さんの近所に、携帯電話の電波塔が立つ計画が持ち上がりました。そこは住宅地の端に位置していてハクチョウの田んぼの斜め前です。住民の合意が明らかにならないうちに、説明会もなく工事が始まろうとしていたのです。中村さんは、自分の土地を提供するので、電波塔の場所を移転するよう求めましたが、業者は、許可を取ってしまったので計画変更はできないと、強引に着工しました。子どもたちのためにもハクチョウのためにも電磁波を出す鉄塔反対・移転を求める署名が全国から五〇〇〇通以上も集まりました。携帯電話会社には子どもたちとハクチョウを守れと苦情が殺到しました。そのとたん、携帯電話会社のホームページから環境を守る企業であることを宣言する「環境憲章」のページが消えてしまいました。ハクチョウの田んぼを応援する企業になって、「環境憲章」を復活してほしいものです。

渡り鳥は電磁波を嫌がるといいます。実際、電波塔ができてからハクチョウの数が減ったのです。今も全国から応援者が訪れて、中村さんたちを励まし、電波塔の移転を求めています。

ところでハクチョウのお祭り騒ぎや電波塔騒動に気をとられ、本来の目的だった冬期湛水による雑草の抑制効果がどうだったのか確認することを、みんなすっかり忘れていました。実は一年目の春から草は出ていなかったのです。二年目はもっと顕著だったのです。

逢瀬町の土は乾かすと一〇tダンプが入ってもびくともしない程の硬い重粘土質です。水を張っても三カ月や半年ぐらいで軟らかくなるなどという半端な土質ではないのです。しかし、ハクチョウが来る田んぼの土の表面にいつの間にか五㎝ものトロトロ層が出現していたのです。「これは何だろう？　ハクチョウが足で掻き回してできたものだろうか」と、不思議に思いましたが、ハクチョウが近づかない畦畔際にも、トロトロ層ができていたのです。それで、私はこれは物理的現象ではなくて、たぶん生物的現象だろうと気づいたのです。しかし、何がこのトロトロ層を作ったのかは、その時は考えつきませんでした。

田んぼの生きもの調査

二〇〇二年（平成一四年）の春、私たちは千葉県佐原市の藤崎さんの田んぼで、生きもの調査を始めました。田尻高等学校教諭の岩渕成紀さんの指導で、不耕起栽培を学ぶ自然耕塾の授業の一環として行ったのです。地元の日本不耕起栽培普及会佐原支部のメンバーや、茨城県のメンバーも参加しました。NPOの人たちも家族連れで参加しました。

調査の仕方は、初めに気温や水温、水深などを測って、カエルの調査からスタートです。田んぼの畦畔を歩きながら、三〜四人一組で、カウンターを持って歩きます。一人がニホンアカガエル担当、もう一人がトウキョウダルマガエル担当、三人目はニホンアマガエルの担当で、畦畔から田んぼに飛び出したカエルを数えるのです。自分が担当するカエルが飛び出したら、すぐカウントします。もう一人いる場合は記録係をします。次に、田んぼの中を歩いて、田んぼ内のカエルを数えるのです。

これが終わると、コドラートという二〇cm×五〇cmの木の枠を田んぼ内に入れて、その内側の水や泥を目の細かいネットですくい出します。この泥を水でよく洗い、ごみを取り除いて、水を少し張った白いバットにネットの中身をあけるのです。バットの底を均等に一〇等分に区切るためにマジックであらかじめ線が引いてあります。

こうして採取した生きものを数えるのです。たくさん田んぼに棲んでいるはずのドジョウやオタマジャクシなどは、意外と捕れないのですが、ミジンコなどの小さな生きものがバットの中を泳ぎ始めます。動くものを数えるのは大変ですが、マジックで仕切られた枠の中の生きものをカウントしていきます。

私のような老人にはさっぱり見えないのですが、子どもは天才的な能力を発揮して、動いている小さなミジンコなどを数えてしまいます。こうして数えた生きものの数を、面積当たりの数に換算していくのです。

この日、私たちは、この数十年の間で初めてと言ってもいいほど、田んぼの底をまじまじと眺めたのです。そして、イトミミズ、アカムシ（ユスリカの幼虫）が田んぼにもたくさんいることを知りました。それまで、田んぼにイトミミズがいるなどと考えたこともありませんでした。特に会員農家の人たちは驚いていました。

毎年、田植え直後に、水に白っぽい層のように見えるほど、ミジンコが大発生することには気がついていましたが、普段イネばかり見ていて、田んぼの底など、ちっとも見ていなかったのです。藤崎さんも「こんなにイトミミズがいたなんてねえ、全然気がつかなかったよ」と言うほどです。ところが調査を開始した時、私たちはあることに気がつきました。

田んぼを上から見ている時は、まるで地面から生えているように、イトミミズがゆらゆらと何十匹も動いているのが見えるのですが、バットにあけた時には、数がずっと少ないのです。イトミミズがたくさんいるところにコドラートを置いても、ちっとも捕れていないのです。実は、イトミミズは少しでも振動を感じると土の中へもぐってしまうのです。どうやらかなり深くまで、泥をすくう必要があるようです。

このような調査を不耕起や慣行、有機栽培の田んぼなど地域を変えて数カ所で、自然耕塾で学ぶ人たちや農家の人たちと一緒に、六月、八月、一〇月、翌年二月に行ったのです。水のない時期の調査は、少し違った方法でした。

この結果、すごいことがわかったのです。不耕起栽培の田んぼではイトミミズの数が圧倒的に多かったのです。特に冬期湛水した藤崎さんの不耕起の田んぼでは、最初の六月の調査ではイトミミズが一〇a当たり二二〇万匹、アカムシが一二〇万匹もいたのです。これはすごい数だということになったのです。

その後、私は『エコロジーとテクノロジー』（栗原康著、岩波新書）という本を読んでいて、たまたま、イトミミズについての記述を見つけたのです。

さらに、岩渕さんから送られてきた『化学と生物』（Vol. 21, No. 4～6）の栗原康先生（東北大学名誉教授）の論文によって、イトミミズが、田んぼの還元層の中に頭を入れ、微生物や有機物を食べ、尾を水中に出して酸素を取り込み、糞を出していることを詳しく知りました。しかも、糞は可溶性のリン酸などを多く含み、これが田んぼの表土に積もることにより、コナギの種を埋めて、発芽を抑制するというのです。

このイトミミズの大発見によって、私は今まで疑問に思っていたいくつかの謎の答えを見つけました。田尻町や郡山市で春草が生えなかった理由は、もう間違いなくイトミミズの働きです。もちろん、郡山市の田んぼにできていたトロトロ層はイトミミズによるものだと確信しました。

不耕起栽培のマイナスの特徴であった初期生育の遅れが冬期湛水した田んぼでは見られず、田植え直後からイネがすごい生育を見せたのは、トロトロ層の肥効によるものです。藤崎さんのイネの生育が今までと全く変わってしまった理由がこれでよくわか

まだ寒さが残る春先、無数のアカムシの抜け殻がたくさん田んぼに残されていた

田んぼの生きもの調査。畦畔を歩いてカエルの種類と数を調べる。写真提供・花井有美子

春に卵から孵って育ったニホンアカガエルの子どもがイネの間から顔を出す

バットにあけた小さな生きものを数えるのに、子どもたちは天才的な能力を発揮

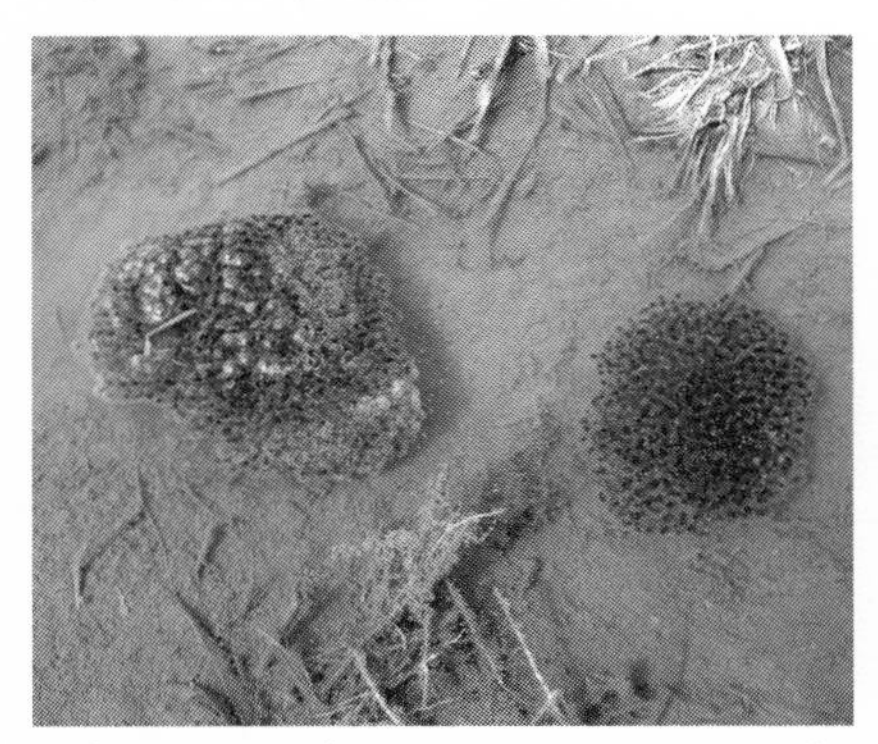

早春の田んぼに産みつけられたニホンアカガエルの卵塊。日ごとに卵塊が膨らんでくる

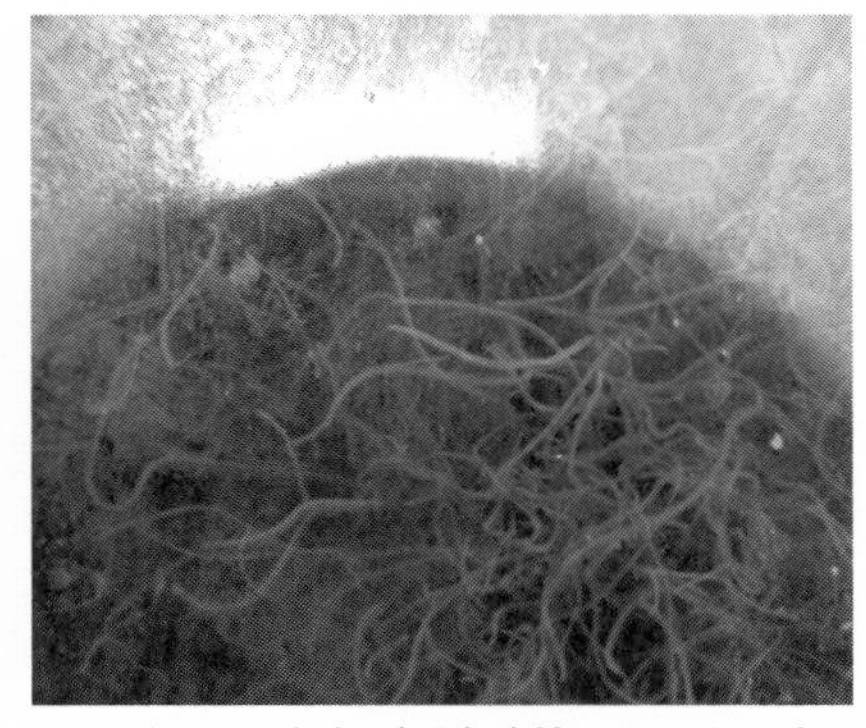

田んぼにイトミミズが多く棲んでいた。米ぬかを撒いた直後は大発生する

りました。初期生育の悪さは慣行栽培の技術者からこっぴどく指摘され、耕さない不合理性をいわれてきたのです。

そして、もう一つ、アカトンボが大発生した理由です。ヤゴはイトミミズやアカムシなどを食べていたに違いありません。これだけたくさんイトミミズやアカムシなどがいれば、何万匹ものヤゴも、エサに困らなかったことでしょう。なんと、この謎解きには一一年もの年月を要したのです。

私と藤崎さんは田んぼの泥を取ってきて、プラスチック製の透明な麦茶用のポットに入れてみました。それに田んぼの水を上まで入れて、置いておいたのです。二晩過ぎると、何もいなかった泥からイトミミズがたくさん出てきたのです。論文にある通り、お尻をゆらゆらさせています。そして、泥の中には何本もの筋ができていました。イトミミズの穴です。麦茶用のポットに振動を与えると、イトミミズたちは一瞬にして穴にもぐってしまうのです。

さらに、イトミミズをビデオカメラで撮影してみました。イトミミズの体表面には繊毛がたくさん生

カマキリも田んぼでエサを狙う捕食者。害虫をかなり食べてくれることを期待している

シマヘビ。エサのカエルが多いためか、ヘビをよく見かける

ニホンアマガエルはイネに上ってイネの害虫を食べる一番の功労者

えていて、どうやら呼吸などに関係がありそうです。

また、イトミミズの糞はお尻から飛び出すと、あっという間に水の中に散ってしまうほど微小で軽い粒子だとわかったのです。

藤崎さんの田んぼは砂地です。でも、明らかに近隣の砂混じりの土と、藤崎さんの田んぼのトロトロ層とは、性質の違うもので、絹のようにきめ細かなもので、代かきで物理的に作られるトロトロとは全く異なることがわかりました。

冬期湛水一年目で、藤崎さんの田んぼにはニホンアカガエルが増えました。以前はほとんど藤崎さんの田んぼでは見かけることはありませんでした。千葉県のレッドデータブックでは絶滅危惧種に入っているカエルですが、藤崎さんの田んぼに帰ってきたのです。生きもの調査で六月に見つかったニホンアカガエルは一〇ａに三七〇〇匹ですが、どれも小さな個体で、その年に孵ったものだとわかりました。

ニホンアカガエルは、早春の二～三月に田んぼで産卵するのです。乾田化され冬の間水のない現在の水田地帯では、冬眠から覚めても産卵するところがないのです。どうやって、藤崎さんの田んぼに水があるとわかったのかは謎ですが、何百ｍも飛び跳ねながら、親ガエルたちがみんなでこの場所をめざしてやってきたに違いありません。

初夏の田んぼでは畦畔際のイネの株元に、一株に一匹ずつくらい見かける時期もあります。畦畔を歩くと踏んでしまいそうです。その期間は私も藤崎さんも、農道への自動車の乗り入れも草刈りも禁止にしてしまいます。早朝にはシラサギやシギなどが狙っています。ニホンアカガエルは夏までに、ほとんど田んぼから姿が見えなくなります。厳しい自然の中で、翌年は何匹、藤崎さんの田んぼへ帰ってこられるでしょうか。

クモの世界

岩渕さんから各地で行われている試験や調査結果の話を聞いてから、私たちは田んぼにたくさんの生きものたちが棲んでいることによって、殺虫剤などの農薬を使わなくてもイネが育つ、いろいろな要因

ニホンアマガエル。田んぼの害虫を食べる。写真提供・岩渕成紀

カエルを捕えるチュウサギ。カエルも捕食者に食べられる。写真提供・岩渕成紀

を知ることができました。

例えば、宮城県の古川農業試験場でニホンアマガエルが食べたものを調べたら、イネアオムシやアブラムシ類、ヒメトビウンカなどの、イネの害虫も多く食べていることがわかったのです。殺虫剤を必要としない環境がその田んぼにある証拠です。

季節や害虫が発生する時期によって、ニホンアマガエルが食べる虫の種類も変化するようです。カエルたちの居場所も違います。ニホンアマガエルは、田んぼのイネに上って暮らしています。トウキョウダルマガエルやニホンアカガエルは畦畔や草の間や田んぼの藻や水草の上にいます。

今まで私たちは、そんなことには全く無頓着にイネつくりをしていました。カエルたちがどれだけたくさんのイネの害虫を食べてくれているのかを考えると、その存在を大事にしたい気持ちになってきました。

生きもの調査ではたくさんの種類のクモが、私たちの田んぼにいることが数字でわかるようになりました。頭では私たちの田んぼにクモがたくさんいることや、害虫を食べることはわかっていても、ちゃんと確かめてみたことはありませんでした。

クモの調査は、クモの知識を持った東京クモ談話会に所属する若い人たちが行ったのですが、調査の仕方を見て、またびっくりしたのです。

まず初めに、畦畔の草を掻き分けながら、そこに棲むクモを調べて歩きます。なんと一時間に一ｍぐらいしか、前に進みません。クモの生活や動きに、調査する人が合わせているような感じです。

田んぼの中のクモを調べる時は、田んぼに入っていったきり、なかなか出てきません。田植え直後は調査する姿が見えますが、イネが大きくなってくると、調査する人の姿はどこへ行ってしまったのかわからなくなります。

イネの株元、中間、てっぺん付近と、暮らしているクモの種類が異なるというのです。ですから、調査するイネの株を決めると、下の方から、そこに棲んでいるクモを一匹ずつ捕まえて観察し、種類を確認しているのです。大人（成体）のクモは私にもなんとなく違いがわかるのですが、脱皮を繰り返し大人になる途中の幼体のクモは、専門家でも見分けが難しく、素人にはさっぱり区別がつきません。時には持ち帰って、毎日エサを与え、成体に育ててから正確に種類を同定（種類の判定）するというのですから、クモの調査は大変根気がいるのです。

クモは、田植え前は畦畔の草の中などで暮らし、イネが大きくなると田んぼ内へ移動してきて、イネの周りや稲株で暮らしています。

イネの株元には、水面を走ることができるクモが棲んでいて、中間から上には、イネを行ったり来たりしているクモが棲んでいます。そのどちらも、網を張らないで、エサとなる昆虫に飛びかかって捕食するのです。食べるのはイネの害虫やただの虫（イネに被害を与えない虫）です。イネが大きく育ってくると、葉先の方には、網を張るクモが棲みつきます。丸い網を張ったり、葉っぱを曲げて、その間に巣をかけたりしています。

冬になるとクモは田んぼの中や畦畔の枯れ草やわらの下などで暮らしているようなのです。近くの民家や林と行ったり来たりしているクモもいるのかもしれません。

とにかくものすごくたくさんの種類のクモが田んぼには棲んでいて、地域によって、種類も違うそうです。東北に行くと、網を張るクモが多くなるといいます。

岩手県平泉町の菅原博さんの田んぼでは、夏から秋にかけては、田んぼがクモの巣だらけになります。朝露に濡れたクモの巣が朝日に輝く様子は、びっくりするほど美しいのです。網を張るクモは、網を張りっぱなしにするのではなく、ときどき補修したり、網を食べて片づけてから張りなおすなど、結構まめな仕事をしているようです。

菅原さんのところのように農薬を撒かない田んぼは、クモの宝庫だったのです。農薬を撒かないようにすると、田んぼがクモでいっぱいになり、害虫が来てもすぐ食べられてしまいます。農薬を撒けば、クモもただの虫（イネに害を与えない昆虫類）も死んでしまい、農薬の毒性が消えた後、天敵がいなくなった田んぼには、イネを食い荒らす害虫がいち早く入り込んで、優勢に増えてしまうようです。その

ナガコガネグモ。東北の田んぼに多く見られる円形の網を張るクモ

キクヅキコモリグモ。関東ではイネの株元や水面で多く見かける網を張らない子守グモ

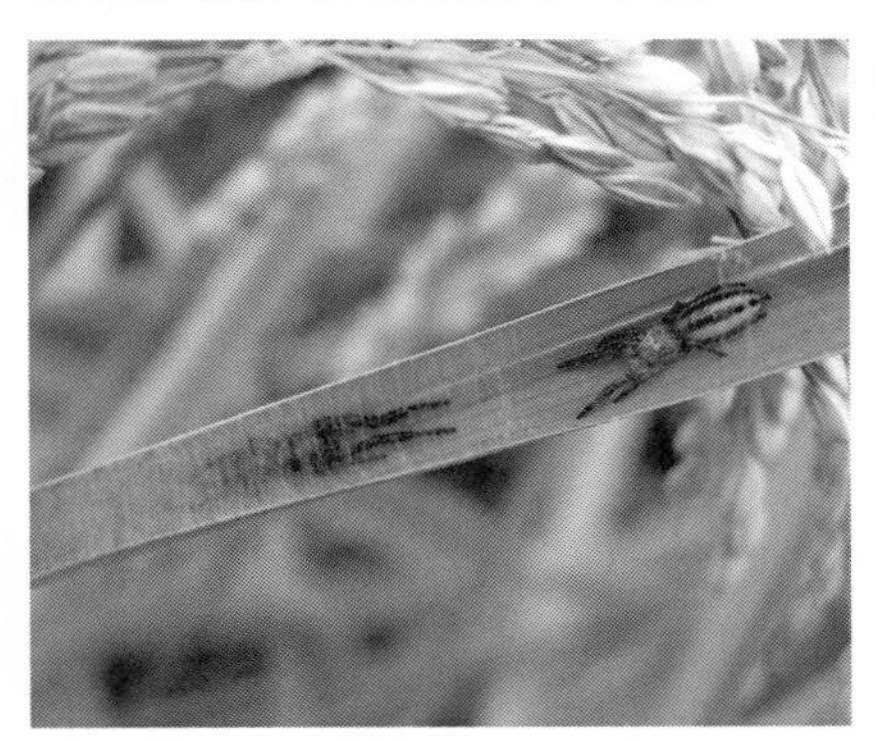

糸を張った棲み家のオスクロハエトリのペア。ジャンプしてエサを捕らえる機敏なクモ

ナカムラオニグモ。円形の網も張るがイネの葉を折りたたんで巣を作る

冬の田んぼで越冬するクモを調べる。わらの下などにいて、意外と動きがよい

後にクモがやってきても、害虫を食べ尽くすほど個体数が増えるまでにはいかないようです。

イネの害虫と田んぼに棲むクモのライフサイクルの連動に、関係があるようなのです。もちろん、クモと害虫との一対一の関係だけでなく、ただの虫やカエルなどさまざまな生きものたちの相関関係があるのです。

畦畔の草も、時期によっては害虫が田んぼへ移動するのをそこに棲むクモが止めてくれているかもしれません。私たちは経験的に、畦畔の草刈りを遅らせることで、カメムシの害を予防してきました。イネの開花後に畦畔の草刈りをすると、カメムシの害が多く発生するのに、穂の中身が固まるまで草刈りを我慢すると害が少なくなります。

畦畔をきれいにするために、やたらに草を刈るのではなく、クモの食生活を考えて草刈りをするといいかもしれません。

第４章

メダカとトキと子どもたち

ミニ田んぼに湧く生きものを図鑑で調べる子どもたち。どんな生きものがいるかな

絶滅危惧種になったメダカ

一九九八年（平成一〇年）、私たちは耕さない田んぼに野生のメダカを放してみたのです。増えるかどうかだけを確認したくて始めた実験でした。そして予想通りに田んぼの中でメダカが大増殖をしました。

近所の基盤整備をしていない土水路で生き残っていたメダカを見つけてきて、田植え直後の三〇ａの田んぼに一五〇匹くらいを放してみたのです。これが約三万匹にも増えたのです。田んぼの畦畔際のサヤミドロを寄せて水面を出してやると、メダカたちはまるで童謡にあるように、「メダカの学校」になって泳ぎます。その姿の可愛いことといったらありません。

一九九九年（平成一一年）二月に環境省のレッドデータブックの絶滅危惧種Ⅱにメダカが載りました。身近な田んぼや用水路ならどこにでもいたはずのメダカが、絶滅の危機に瀕しているとマスコミが大きく報道しました。日本中で衝撃が走りました。多くの大人たちが、メダカが棲めなくなった日本の環境への危機感を覚えたのでした。農家も初めて自分の周りにメダカがいなくなったと気づいたのです。メダカがどのような魚で、どのような性質なのか、あまりにも身近すぎてみんな知らなかったのです。メダカは学名をOryzias latipesといい田んぼの魚を意味します。イネの学名がOryza sativaで田んぼの草ですから、とても関係が深いのです。

私たちの田んぼでは、メダカが増えて増えていくらでもいる状態だったので、環境省の発表にもあまりピンと来なかったのですが、報道で全国の状況を知るにつれ、やはり私たちの耕さない田んぼはすごいと思ったのです。

農家のほうは、取材、見学と訪れる人たちが日増しに増え、仕事ができない有様で大変困ってしまいました。メダカが増えたら、譲ってほしいという人が後を絶たなかったのです。いちばん喜んでくれたのは老人ホームなどの施設のお年寄りでした。

しかし、むやみに田んぼの生きものを捕獲して持ち出す人や、業者のような人たちまで来るので、環境保全どころではなくなってしまいました。環境団体からは、種類の問題などもありメダカの配布をしないよう注意をいただきました。

日本には大きく分けて一〇種類（亜種）のメダカがいます。この遺伝子は人間の白人と黒人よりも離れているそうです。厳密には一つ一つの水系の川や池ごとに遺伝子型が違うそうです。つまりメダカは地域ごとで、すべて遺伝子型が異なるのです。連れて帰った人があちこち配ったり放流したりしたら、交雑してメダカの固有種の自然分布に影響を与えてしまうのです。

意外なことにメダカについては学問的にも解明されていないことが多いのです。なぜ群れをつくるのかもわかっていないそうです。研究するほどの経済的価値がないのか、研究者も少ないのです。メダカは海水でも生きられる汽水淡水魚です。野生では一年程しか生きられないといいます。この小さな命をつないできた用水路や池などは、今や心ない人たちが放流した外来魚のブルーギルやブラックバスだらけになっています。避難できる田んぼもありません。

メダカの食べものの八〇％は植物プランクトンや藻類で、動物性のエサは二〇％です。また意外にも、卵や孵化直後の稚魚を親が共食いしてしまいます。赤ちゃんメダカを親兄弟がボウフラと間違えてしまうのかもしれません。ですから単純に水槽で飼っていてもほとんど増えないのです。普通の田んぼでは必ず除草剤を使います。草一本ない、藻類も生えない田んぼは水槽と変わらないのです。自然循環の中でエサとなる藻類やそれと共生する小さなプランクトンや原生動物がいて、しかも隠れ場所があってはじめて田んぼでも繁殖ができるようになるようです。

メダカの繁殖について面白いことがわかりました。水槽などの狭い閉鎖系の環境では、産卵を始めるまでに四～五カ月かかり、産卵数も条件が悪いと一回に産む数は数個から数十個です。しかも毎日は産みません。耕さない田んぼのような開放系で、稚魚の隠れ場所やエサ、酸素、田んぼの水温などがメダカの繁殖条件に合うと、毎日二〇個から三〇個以上の卵を産むメダカがでてきて、五月に放すと七月末には田んぼがメダカだらけになります。そのためにネズミ算どころではなく「メダカ算」で増えるのです。

田植えの直後にはミジンコも大発生します。メダカはミジンコが大好物のようです。しかも不耕起栽培では普通、中干しをしませんから、ちょうど繁殖真っ盛りの七月に水がなくなる心配もありません。しかし天敵も非常に多く、ドジョウ、ヤゴなどの水生昆虫、早朝にはシギやサギ、コバンなどが来てメダカを狙います。食べられる数と増える数との競争になるのですが、どうやらメダカ算のほうが上のようです。私はすっかりメダカに夢中になってしまいました。

ミニ田んぼと「メダカの学校」

メダカが田んぼで増えて、あちこちから問い合わせや見学、取材を受けたりしてわかったのは、意外にも農家の子どもたちがメダカを見たことがないということでした。農村の子どもたちが知らないのであれば、都会の子どもたちは尚、知らないはずです。ずっと後でわかったことですが、今の若い人や子どもたちは、メダカはオレンジ色の魚だと思っているということでした。何しろ、全国の多くの小学校で、業者から養殖のヒメダカを購入して教材として飼育させ、授業をするのが普通になっていたのです。子どもたちにとってメダカはオレンジ色、配布されたヒメダカはペットみたいになってしまいます。

私は、エサを与えたり保護したりしてペット化しなくても、生存の条件を整えれば野生のメダカが地域で生きられることや、私たちのメダカいっぱいの田んぼの存在を子どもたちに知ってもらい、環境教育に貢献する方法があるのではないかと考えました。

答えは不耕起の田んぼのミニチュア版を作ればよいということです。地方はともかく都会の学校では校庭が狭く田んぼもなかなか作れません。夏の照り返しも強いので、学校の屋上などコンクリートの上では、真夏の高温で水の温度が40℃を超え、メダカが生きてはいけません。

そこでいろいろなテストを重ねた結果、幅三〇cm、長さ五〇cm、深さ二〇cm以上の発泡スチロールの空き箱を利用して不耕起の田んぼを作れば熱を遮断し、その中にサヤミドロがあると水温がさらに抑えられることがわかりました。

不耕起の田んぼのミニチュア版の作り方は、まずバケツ一杯の土を発泡スチロール箱の底に八cmほど入れて押し固め、土の硬い田んぼを作ります。そこへ植物プランクトンの胞子や動物プランクトンの卵が入っている本物の耕さない田んぼの土を一摑み加えます。一株のイネの古株を中央に植え、コンバインがするのと同様に一握りのわらを土の表面にばらばらと撒くのです。汲み置きした水を、深さ五cm程になるように入れ、コメのとぎ汁一〇〇ccを一ℓに薄めて水に加え、何日か放置すれば準備完了です。

次の段階は低温育苗した不耕起の苗を一本か二本ずつ、二カ所に植えてもらうのです。少量のくず大豆を肥料として与えれば、無農薬・無化学肥料でのイネ栽培の始まりです。一年目は不耕起栽培の準備段階で二年目から本当の不耕起栽培になります。

第三段階は、本物の不耕起栽培の農家との交流の始まりです。地域の農家で育った地元のメダカを学校単位で分けてあげるのです。

これを都会の子どもたちに知らせ、体験学習の教材にするにはどうしたらよいかと真剣に考えた末、東京都でＮＰＯ法人「メダカのがっこう」を立ち上げることになりました。

ちょうど、福岡正信さんのために、粘土団子用の種集めに千葉県に来ていた海のミネラル研究会主宰の中村陽子さんに、メダカでいっぱいの田んぼを見せたのです。中村さんはとても感激してくれました。純真な気持ちで「メダカいっぱいのこの田んぼを、日本中の子どもたちに見せてやりたい」と言ってくれました。

そうして立ち上がったＮＰＯ法人「メダカのがっこう」では、小中学校や幼稚園、保育園、教育関係機関に限定して、この発泡スチロール箱で作れる「ミニ田んぼビオトープ」の材料を配布することにしたのです。耕さない田んぼにメダカを放した農家は「メダカの学校」の本校です。ミニ田んぼビオトープは分校です。分校を管理する子どもたちには、分校の校長先生になってもらうのです。生徒はもちろんメダカです。

そのために、本校は水系ごとに必要です。学識経験者の意見を聞いて、都市部を除いてはできる限り水系に近く、県をなるべく越えず、本校のないところはお断りするように決め、本校と分校の関係を組み立てました。十分気をつけないと、環境教育のつもりが環境破壊になってしまいます。

出身地の違うメダカを交ぜて飼ったり、放流したりしてはいけないこと、オレンジ色のヒメダカは養殖魚で、野生のメダカと交雑するとその地域の固有種の絶滅につながることなどを書いたチラシを作り、農家や学校、環境団体に配りました。

発泡スチロール箱の分校では自然の循環が始まったころを見計らって田植えをします。子どもたちは、イネの生長とイネの育つ環境の生態系を観察します。田んぼには思い思いに分校名をつけます。子どもたちのユニークな分校名を書いた小さな札がミニ田んぼの傍らに並びます。

そして本校の田んぼと同じ環境が整ったところで、本校からメダカを転校生として受け入れるので す。学校の先生や保護者の代表者、子どもたちが本校の農家を訪ねて、メダカいっぱいの田んぼを実際に目で見て、本校の農家のお話を聞いてからメダカを引き取ります。

いつか本校に戻れるように、絶対によそのメダカと交ぜたり、どこかに放流しないことを約束して、分校ごとに分校とメダカの出身地証明書を受け取ります。メダカは本校から預かった生徒たちですから、分校の校長先生はしっかりと生徒たちの面倒を見ないといけません。とはいっても、水が減ったら汲み置きした水を足すだけです。夏休みの水管理を除けば、面倒なことは何もありません。

子どもたちはメダカを迎えるころには、毎日分校を注意深く見るようになっています。なぜなら、分校では、いつの間にかミジンコなど微小な生物たちがいくつも現れて、水の中でくるくると動き回り始め、藻が湧いたり変わった植物が生えてきたりして、子どもたちは毎日分校の様子が気になって仕方なくなっているからです。

　この自然の循環に子どもたちが関心を持てば八〇%は成功です。本物の田んぼやおコメに関心を持つ子も出てきて、おコメの種類や料理法、外国の田んぼ、いろいろな農法のことなどへと、子どもたちの発想が広がって学校での調べ学習も進みだします。

　勇気ある先生の提案で、校庭を掘って田んぼを作ったり農家から借りるなど、真剣にイネつくりに挑戦する子どもたちも出てきました。保護者や同僚の先生方に無農薬や無化学肥料での耕さないイネつくりの説明をして、草取りなどの協力を求めるのも、大変骨が折れることです。四五分の授業時間の組み合わせの中で、イネつくりの体験学習をしようというと、結局は田植えと稲刈りだけをどこかで体験させようと考えがちです。

　しかし、実はこのようなミニ田んぼビオトープや生きものが棲める学校田からスタートしないと、子どもたちはおコメと環境のかかわりも、食べものと

絶滅危惧種になったメダカ。不耕起の田んぼにメダカを放すと爆発的に増えた

ミニ田んぼ一つ一つが分校。子どもたちは分校長先生。ユニークな分校名が並ぶ

先生方も授業に工夫を凝らす。昔の道具を借りてきて子どもたちに説明する

命のつながりも全く知る機会がないのです。メダカの次の絶滅危惧種は、私たちなのかもしれません。

住宅地のふれあい田んぼ

小学校で始まった不耕起のイネつくりの取り組みが地域の人たちとの連携を生み、地域のみんなでイネつくりをする活動が始まりました。舞台は東京・町田市の住宅地の真ん中です。

町田市立大蔵小学校では、総合的な学習の一環として、近くの田んぼを借り、不耕起栽培に取り組んだのです。私も、この田んぼづくりが始まった時に、小学校に行って体育館に集まった子どもたち、先生、保護者たちにメダカの棲む田んぼの話をしたのです。

初めの年は畦畔を高くするための土盛りから作業が始まりました。バケツに入った土は重たくて、子どもたちには大変な仕事でした。水を張った田んぼは、どろどろになり、都会育ちの子どもたちにとって田んぼは、汚くて臭くて、いやなところだったようです。今の子どもたちは、あまり泥んこ遊びをした経験がないようです。保護者たちも、カルガモに潰された苗の補植や暑いさなかの草取りなど、慣れぬ農作業に大変な思いをしました。

その田んぼに、いつの間にか生きものたちが集まってきたのです。この田んぼではカエルが鳴き、ほかの田んぼと違ってツバメが上空を舞いました。サヤミドロが湧いて、いやな臭いもしなくなりました。いつの間にか子どもたちも田んぼへ集まり、学校帰りや夏休みにそこで遊ぶようになっていたのです。不登校の子も誘われて一緒に遊ぶようになり、学校へ顔を出すようになりました。

二年目には、子どもたちも田んぼの作業を理解していて、子どもたち自身が連携をとりながら、自然に次々と仕事をこなせるまでになっていました。五年生の担任の先生方が、理科、社会、図工の授業と不耕起の田んぼでのイネつくりとの関連を組み立てました。田植えの時には図工で作った竹製の定規で間隔を取り、棒で穴をあけて苗を植えます。竹製の定規があると、早く植えられる子もゆっくり植えていく子も、自分のペースで田植えができます。いやいや取り組んでいた最初の年とは違って、苗を踏まずに田んぼの中を歩き、次に何をすればいいのか、しっかり身につけてしまっていたのです。実りの秋を迎えると、大勢の人が手伝って、昔ながらのはさがけ、棒がけで刈り取ったイネを干しました。

このイネつくりの経験を作文に書いた川井拓紀くんは読売新聞社主催の「第一二回地球に優しい作文・活動報告コンテスト」で内閣総理大臣賞を受賞しました。自分の目で見たこと、耳で聞いたこと、体で感じたことだけを作文にまとめたのです。また、子どもたち全員が、第一八回東京都環境の日行事「子どもメッセージ」で優秀活動賞を受賞し、都庁で二年間の取り組みを発表しました。子どもたちはみんな、喜びと自分たちが実践してきたことへの自信にあふれていました。

田んぼを借りて不耕起栽培を始めるきっかけをつくった大蔵小学校の元教諭菅原聡先生は、「一年間田んぼに接していると、子どもたちがとても穏やかになる」と語ります。

田んぼの生きもの観察会。子どもたちが「大蔵田んぼの生きもの発見地図」を作った

トウキョウダルマガエル。住宅地のはざまの田んぼでも確実に数が増えてきた

大蔵田んぼの稲刈り。近所の人たち、子どもたちが大活躍。はさがけでイネを干した

携わった人たち、卒業する子どもたちの保護者も田んぼが大好きになり、大切な故郷のように思い始めていました。都会で生まれ育って、田舎を持たない人もいます。保護者の中から古宮次郎さんが代表となり「大蔵の田んぼを育み守る会」として、地域でこの田んぼを維持していくことになったのです。

大蔵小学校の総合的な学習にも、地域が中心となって協力することになりました。「大蔵の田んぼを育み守る会」が自主活動でイネつくりや水管理をし、大蔵小学校では、田植えや稲刈り、生きもの観察会などで、子どもたちが授業として田んぼにかかわるのです。

夏休みの生きもの観察会には、先生と子どもたち約一〇〇人が参加しました。当日のカリキュラムなどの準備は「大蔵の田んぼを育み守る会」の人たちが総出で進めました。

田んぼの生きものに詳しい講師の先生のお話を聴いてから、子どもたちはバインダーを首から提げ、田んぼで見つけた生きものの絵を思い思いに描いて、田んぼマップに貼りました。絵を書いた後、捕まえた生きものをカウントしながら田んぼに返したのです。生きものたちも大切な大蔵田んぼの仲間ですから、家に持ち帰ってペット化したりはしません。田んぼに来れば毎日会えるのです。大蔵の田んぼでは、イネや生きものの姿が子どもたちや地域の人たちの心を和ませているのです。ここでとれる無農薬のコメは「大蔵ふれあい米」という名前になりました。ちなみに、この大蔵の田んぼに集い、ふれあう人たちの物語は、二〇〇三年(平成一五年)一一月にNHK教育テレビのETVスペシャルで紹介されました。

誰も縛らない、号令をかけない、みんなで話し合って作業日程を決めたら、田んぼの脇の小さな掲示板に作業の予定を張り出しておくだけです。都合のつく人が当日集まるのです。掲示板にはノートがぶら下がっていて、作業をした人、散歩がてら通りかかった人、この田んぼの見学に来た人、ご近所の方など田んぼに関心を持ってくれる人が、温かい感想を書き残していくのです。

お隣の田んぼの農家も活動に参加してくれて、スズメよけのネット張りなどを手伝ってくれます。いつの間にか、その農家の田んぼも半不耕起になっていました。

トキよ大空へ

私たちの会員のもとへは、農業関係者のみならず、環境団体や自治体の関係者など、さまざまな人たちが見学を申し込んでやってきます。特に鳥の関係者が私たちの田んぼに興味を持たれるようです。私たちの田んぼで冬期湛水をすると、鳥たちが多く利用します。茨城県河内町の山本太一さんの田んぼでは冬期湛水でますますウシガエルが増えて困っていたところ、隣の家の大木に珍しい猛禽類が巣をかけ二羽の雛が育ちました。富山県大沢野町の丸山勉さんたちの冬期湛水の田んぼにはツルが下り立ったこともあります。そのような田んぼですから、なかにはコウノトリの保護について取り組んでいる自治体の議員さんのグループや、ガン・カモ類の飛来地を広げたいと考えている人なども訪ねてきます。

二〇〇〇年（平成一二年）の秋に千葉県佐原市を訪れた新潟県佐渡島の新穂村村長本間権市さんも、村内に佐渡トキ保護センターがあり、いつかはトキの放鳥し、そして野生化問題に直面する農家を抱えていました。

本間村長は、佐原の不耕起の田んぼの周りにたくさんのシラサギが群れをなしているのを見て大決断をしました。

翌年、万が一収穫がなかった場合には村が農家に補償金を払うことを村議会で決めて農家に呼びかけ、七人の農家が「トキの田んぼを守る会」を結成して不耕起栽培に取り組んだのです。新潟の井関農機営業所が協力して佐渡に不耕起栽培のデモ用の田植機を運んでくれて、前年の稲刈り後から耕さないでおいた田んぼに田植えをしてくれました。どの農家も慎重で、この年取り組んだ面積は、まるで取り決めをしたかのように、各自の田んぼのたった一割に当たる面積だけでした。

その年、「トキの田んぼ」のイネは立派に穂を垂れ、村では補償金を使わずに済んでしまったのです。

本間村長は、村を挙げて収穫祭を開催し、こうして収穫されたコシヒカリを「トキひかり」と命名しました。

この一年間の佐渡島の農家の姿はドキュメンタリー番組「田んぼに生命がよみがえる」として、NHK BS-1で放映されたのでした。トキの田んぼを守る会には、新穂村だけでなく両津市や真野町の農家も参加していて、現在は総勢一八人になっています。

日本に残されたトキは三六歳の高齢の「キン」一羽となってしまいました。二〇〇三年（平成一五年）一〇月、大変残念なことにこの日本最後の一羽「キン」が佐渡トキ保護センターで静かに一生を終えました。

一九六八年（昭和四三年）に保護した宇治金太郎さんの名前をもらって「キン」と名づけられたのです。宇治さんの温かい観察と世話のおかげで保護されるまで無事に暮らしていたため、宇治さんとキンとの間には誰が見ても目を細めたくなるような温かい愛情が通っていたといいます。

キン一羽が静かに佐渡トキ保護センターで老後を過ごしていた一九九九年（平成一一年）に、中国から江沢民国家主席が来日する際、天皇陛下へのお土産としてトキのつがいが贈呈されたのです。そしてその年に、佐渡トキ保護センターでは、一九六七年（昭和四二年）の設立以来初めて、トキの雛が誕生したのです。この雛は「ユウユウ」と命名され、ニュースは日本中を沸かせました。当時、佐渡トキ保護センターの所長をされていた近辻宏帰さんたちの長年の苦労がやっと報われたのです。近辻さんたちトキの繁殖に携わった人たちの軌跡は、二〇〇二年（平成一四年）にNHKの人気番組プロジェクトXで放映され、私たちの大きな感動を呼びました。

トキの繁殖を試みてきた環境庁（当時）もいよいよトキが野生に返ることができるよう、佐渡の自然環境の再現をすると唱え始めたのでした。しかし、最後に佐渡島で生き延びていた五羽が捕獲された一九八一年（昭和五六年）から、約二〇年の間に、トキが生きていけるような環境はすでに佐渡島からも失われていたのです。

カエルやドジョウなどのエサを捕れる棚田は耕作

放棄され、冬でも清水が湧くサワガニのいそうな水場もなくなり、用水路や川の工事も進み、コンクリートで固められてしまいました。田んぼでもドジョウやタニシなどが棲めない場所が増えました。農薬の影響で、トキが食べることができる昆虫類も減ったと思われます。川の水には合成洗剤や農薬が混じります。営巣できるような雑木林も減り、松林も松枯病によって被害を受けていました。果樹の栽培のため、農薬の散布もたくさん行われています。イネつくりをする平野部では空中散布も実施されています。トキにとっては絶望的な環境です。

農家の生活を補償しつつ、農法や水田環境の構造などにも着手しなければ、トキの野生化はそう簡単ではありません。あと何年も待たずにトキは一〇〇羽を超える予定で、佐渡トキ保護センターではベビーラッシュに備えて鳥舎の増設を急いでいます。

中国・洋懸の生息保護地区や海外の野生動物の保護地区に倣い、さらに日本が世界に前例を見ないような大胆な構想を組み立てて、佐渡島全体を自然と農業が両立し、トキと農家が共生できるエコロジカルコミュニティ・アイランドにしてしまうぐらいの思い切った転換が必要な時代が来ています。

そのためには地元佐渡島の人たちや新潟県の人たちが、誰よりも先に行動を起こすことです。今、新潟県の多くのお米屋さんたちが県内の人々にトキのエサ場となる田んぼを広げようと呼びかけ、「トキひかり」を積極的に啓蒙販売しています。少なくとも佐渡島の多くの田んぼが、どんな農法であれ、冬期湛水してトキの田んぼといえる条件を整える必要があるのです。

トキが喜ぶ光景

その昔、トキは日本中に棲んでいました。シーボルトがニッポニア・ニッポンと名づけたほど、日本を代表する美しい鳥だったのです。シーボルトは日本に滞在中に七体の剥製を本国オランダの博物館に送ったといわれています。私の住む千葉県にも「鴇」がつく地名や苗字がたくさんあり、かつての生息の記録が残されています。江戸時代に徳川幕府が千葉県五井町でトキを捕獲し、各藩に贈って放鳥させ、いずれの藩でも繁殖に成功したという記録があります。「トキ色」の美しい羽は装飾品や矢羽としても珍重されました。明治時代に狩猟が盛んになると、田んぼや人里周辺で暮らし、田んぼをエサ場として人を恐れることなく過ごしてきたトキやコウノトリは、あっという間に数を減らしたのです。茶道や養蚕の道具として国内で使われただけでなく、外国へも装飾品の材料として羽が輸出されていたようです。トキにとっては暗黒時代でした。

佐渡島のお年寄りたちに聞くと、やはり数が多かったころはイネを踏んづけて歩く害鳥だったといいます。あの大きく太い足で苗を踏まれたら、農家は補植が大変だったにちがいありません。しかし、佐渡島で数羽のトキが最後まで生き延びていられた背景には、少なくとも、トキにとって棲みやすい場所がたくさん残っていたからです。当時はまだ開発が進んでいませんでした。一部の農家の人たちがトキのために冬の田んぼにドジョウを撒いたり、親を失い迷い込んできた幼鳥に温かく接するなど、トキを

36歳まで長生きした日本産の最後のトキ「キン」。写真提供・新潟県佐渡トキ保護センター

新穂村の行谷小学校の廊下には、トキの写真がたくさん飾られていた。校長室の札もトキ

2001年に行谷小学校の子どもたちに耕さない田んぼの生きものたちの話をした

大事に見守っていたおかげです。

　トキが捕獲される直前は、佐渡島だけに残った貴重なトキが人里に下りてくると、村の職員が出てトキの動きを見守り、トキが飛んで隣町に移動すると、今度は隣町の職員が出てトキの行動を見守るなど、人々はトキに振り回されていたのです。ですから、トキの島として観光客へのシンボルとして掲げているわりには、そこに暮らす人々の中には被害者意識を持っている人もいます。

　私は何度か新穂村に招かれて佐渡島に行き、ドジョウやタニシがたくさん湧く田んぼの話や、栽培の技術について講演をしました。

　ある日、岩渕成紀さんとの講演会を終えて宿に行った時のことです。この日はどこの旅館も満員とのことで、空いていた特別室へ案内されたのです。かつて皇后陛下が泊まられたことがあるというその部屋の書棚で、私たちは一冊の古い写真集を見つけました。『トキ　黄昏に消えた飛翔の詩』（絶版）という古い写真集で、今では見られない美しい野生のトキの写真が、いくつも収められていました。

　その中で、私たちは一枚の写真に釘付けになってしまったのです。ひこばえの出たイネの古株の残る冬の田んぼで、エサを食べ終え、生き生きと水浴びをする野生のトキの姿があったのです。トキは水浴びが大好きで真冬でも水浴びをしていたのです。

　これは、復員後に佐渡の野山を歩いて野生のトキの貴重な調査を行った、両津市在住の佐藤春夫さんが、一九六七年（昭和四二年）にフィルムに収めた写真です。まるで私たちにもトキの喜びが伝わってくるような光景がそこにあったのです。

　トキはエサの少ない冬の間、あの太くて長いくちばしをイネの古株の根元に突っ込んでは、ドジョウなどのエサを探って食べていたのです。その「古株の残った水のある冬の田んぼ」こそは、今、私たちが全国に広がることを願っている「不耕起・冬期湛水の田んぼ」と同じものだったのです。

こんな田んぼが増えるといいな

　二〇〇二年（平成一四年）、第三六回全国野生動

物保護実績発表大会が東京・上野の科学博物館で開かれ、新穂村の行谷小学校の子どもたちが環境省自然環境局長賞を受賞しました。この大会は、全国の都道府県で行われた発表会の結果、代表に選ばれた学校が参加して行われたものです。

行谷小学校の子どもたちは、「トキの田んぼを守る会」の代表川上龍一さんの、新穂村で初めての不耕起の田植えを見学に行き、イネの不耕起栽培を知ったのでした。私が行谷小学校を訪れて、不耕起栽培の話をしたのは、佐渡で不耕起の田植えが行われた翌月、二〇〇一年（平成一三年）の六月でした。一二人の子どもたちと田んぼの水の中に棲む小さな生きもののビデオを一緒に見た後、不耕起の田んぼに棲むメダカからハクチョウなど大きな生きものたちの大写しの写真を見せながら話したのです。

この小学校では、佐渡トキ保護センターができる以前に、保護された野生のトキを預かって飼育していたことがありました。ですから、子どもたちが作った校長室の札もトキの形です。廊下にはトキの写真が何枚も飾られていました。行谷小学校の子どもたちはみんな高齢の「キン」が大好きで、トキを身近に感じていたのです。

行谷小学校の子どもたちは、トキを自然に戻すために、自分たちに何ができるかを考えました。地域の川の水質調査、昆虫の調査と図鑑づくり、小学校の周辺で見られる鳥の調査などいくつもの調べ学習を行って、それらの結果から、トキが棲める環境についての考えをまとめたのです。

学校の校舎の入り口に「ミニ田んぼビオトープ」を作ってみて、不耕起の田んぼではエサを与えなくてもメダカが増えることも、実際に観察してみて確認したのです。

こうして子どもたちは、大会での発表を迎えました。そして、「こんな田んぼが増えたらいいな」と考えただけではなく、「トキだけを保護するのではなく、生きものが暮らしやすい環境を整えることが大切だ」という素晴らしい結論を導いたのでした。

生きものと暮らす

二〇〇三年（平成一五年）の七月、私は「不耕起移植栽培技術研修会」のため、滋賀県の朽木村を訪れました。滋賀支部を立ち上げた県内の農家が中心となって村の観光協会と共同で開催してくれたのです。朽木村は福井県境にあり、琵琶湖の水源の上流です。水がきれいで、ゲンジボタル、ヘイケボタル、タニシ、カワニナ、ニホンイモリなどの水生動物も田んぼやその周辺にたくさん棲んでいます。冬には一～三mの雪が積もり、根雪となります。雪に閉ざされ、村を回るバスが人々をつなぐ、静かな冬籠りの生活です。雪の多い村の家並みは独特で、美しい景観は、この村の財産です。

私もこの時、初めて知ったのですが、この村では、以前に私が滋賀で行った講演を聴いて、既に三年も不耕起栽培をやっている人が何人もいたのです。朽木村の玉垣勝村長も、不耕起栽培のことを大変よく理解して、村を挙げて応援してくれていたのです。不耕起に取り組んでいる田んぼには、一つ一つ地元の井関農機の販売会社が気を利かせて作った、とてもしゃれた「不耕起栽培」の看板があり、しかも「私たちの琵琶湖を守るために農業濁水を流しません！」と書かれた止水板（田んぼの排水を調節する板）を、どの田んぼでもみんな使っていました。

しかも「朽木村不耕起栽培研究会」を立ち上げて、今年、滋賀県が始めた不耕起用田植機の助成を受けたとのことで、新品の田植機もありました。日照条件のあまりよくない山あいの村ですが、不耕起栽培の基礎をきちんと行えば、水がよいだけにおいしいおコメがとれそうです。近畿、関西圏の暖地における栽培に比べると、良い苗づくりができそうな土地柄です。

村内の不耕起の田んぼのイネを見て回った際、私はあまりの物々しい周辺の光景にびっくりしてしまいました。畑という畑がすべて電気柵に囲まれていたのです。一五cmほどの間隔で高さ一・五mぐらいまでむきだしの電線が張り巡らされていたのです。まるで映画『ジュラシックパーク』に出てくる柵のようです。実は有害野生動物の防護柵だったのです。

私はと言えば、まるでイネの冷害の被害を見た時のような青ざめた気持ちになりました。どれだけの野菜やイネに、どれほど大きな被害があるのか頭に思い浮かべたのです。この春も田植えをした翌日に、苗がシカに食われて、補植が大変な田んぼがあったそうです。畑はシカだけでなくサルやイノシシに荒らされるといいます。

　私たちが田んぼを回っている最中にも、ネットで覆われた庭先の畑の杭から、サルが飛び降りて逃げていきました。せっかくネットをかけておいても、サルは両手でネットを押してトウモロコシの外側の一畝だけ全部食べてしまうというのです。「それは大変だね」と私が言いました。すると「サルも腹が減っておるんやから、仕方ないんですよ」という答えが返ってきました。その時、私は「おやっ」と思いました。

　川沿いもすべて電気柵で隔てられていました。電気柵の向こうの川辺にはコゴミが延々と茂っていました。春になればたくさんの収穫がありそうに見えます。私がコゴミに興味を示して、「あれは取って食べているのかい」と訪ねると、あれはシカのエサだというのです。少しは分けてもらって朝市で売る

朽木村の家並み。冬は雪が深く、静かな山里のたたずまいの集落が点在している

「私たちの琵琶湖を守るため農業濁水を流しません！」と書かれた止水板

朽木村で行われた不耕起移植技術研修会には、村内の人を含め60人が参加した

というのですが、「あれまで取ってしまったらあかん、シカがかわいそうや。それに腹をすかして畑の作物を荒らすようになる」と言うのです。

そのおおらかな答えに、私ははっとしました。この村の人たちは、やつらを憎んでいないのです。退治しようとか駆除しようとかいう発想は、憎む気持ちから生まれます。シカやイノシシ、サル、クマなどの生きものたちと長い年月、共生してきた村なのです。心の広い人たちの村でした。

村では都会の子どもたちを山村留学生として受け入れているそうですが、こんなところで一年間過ごしたら、さぞかし子どもたちの感性がおおらかに育つだろうと感じました。昔は林業の村でしたが、今は過疎化が進んで、年寄りだけが残り、子どもたちの声が聞こえないと村もさびしくなります。都会の子どもたちを受け入れることで、村では明るさが保たれています。村の分校を利用した農業小学校もあって、学校の休みに合わせ、都会の子どもたちが、まとまった農作業の体験をするために泊まりがけでやってきます。いつの日か、ここで学んだ子どもたちが新しい農業の時代を築いてくれるでしょう。

ダムには魚道がつけられていて、自然への配慮を忘れていないようです。きれいな水の流れるところには、きれいな心があるものだと感じました。

赤い田んぼと人の輪

二〇〇三年（平成一五年）六月、宮城県志波姫町の菅原秀敏さんから「田んぼが赤くなった」という連絡をもらいました。どうやら、光合成細菌が田んぼ一面で増えたようです。どうして増えたのかはわかりませんが、冬期湛水をすると、その土地に棲む生きものの力で環境が変わります。イネの生育も土の状態も、毎年変わっていくのですぐに答えは出せません。

菅原さんのハプニングは、冬期湛水はむりだと思いながらも、春先に一枚の田んぼに水を入れてみたことに始まりました。結局四・八haの田んぼ全部が冬期湛水になってしまったのです。

田んぼに水を張ったことは誰にも宣伝していませ

んでしたが、どうやって見つけてくるのか、水を張った田んぼがあると聞いて、次から次へと見学に来る人たちが現れました。

見学者だけでなくハクチョウもやってきました。「俺のうちのハクチョウだっていう気分になった。自分の田んぼをハクチョウが選んで来てくれるって、すごく嬉しいことだった」と言います。

田んぼを訪れる人たちの中には、本を見て冬期湛水を始めた人がいたり、これはよいと感じただけで不耕起栽培を始めてみた人たちがいたりして、話をするうちにいったい自分がやっていることはなんだろうと思ったそうです。

それまで菅原さんは、慣行栽培をやっている人に不耕起栽培を勧めるなんて「相手のプライドを壊すようなものだ」と思っていました。「その人が惚れたメーカーの高級なトラクターを買って気分よく乗っているのに否定する」「化学肥料を振らない、除草剤で草をとらない」と菅原さんが思っていたように、私たちのイネつくりは慣行農法の否定だらけです。

人との出会いは、新しい情報をもたらします。また、新しい情報の提供にもなります。菅原さんは、「日本雁を保護する会」の呉地さんを不耕起の田植機に乗せてあげたのです。「まっすぐ走らないものだな」と、出会う人の農業に対する理解が変化していきます。田んぼのホームページも開設しました。

菅原さんは、草刈りをしようと機械を持ち出しましたが、カエルが多くて、カエルの足を切ったり殺したりできない気持ちになって、草刈りもやめてしまったのです。明日は農薬をかけるかもしれない、明日は除草剤を撒くかもしれないと思いながら、そのままイネは育っていきます。ところが部分的に、雑草が枯れ始めました。

なぜ、急に光合成細菌が湧いたのか、疲労がかさんで肥料を撒ききれなかった田んぼでもなぜイネが育つのか、除草剤も撒かないのになぜ草が枯れ始めたのか、今年だけでは結論は出ないでしょう。

また田んぼに来る人たちが、聞いただけではわからないような田んぼの現象を、目で見て理解し、他へつなげたり実践していくようになることが、この田んぼの素晴らしいところだと思います。

二〇〇三年（平成一五年）五月、初めて、田植えに大勢の人たちを招いてみた茨城県岩井市の小野里幸一さんは、イベントの大変さを知りました。東京の消費者のグループ「メダカの学校」の分校の子どもたち、「おにぎり権兵衛」の社員研修の人たちに、不耕起の田植えを経験してもらったのです。慣れない農家の奥さんたちにとっても、料理や前日からの準備など、大勢の人を招くのは大変でしたが、食べる人、販売する人それぞれと、田んぼへの思いをつなげることができました。小野里さんの田んぼを故郷のように思ってくれる人と出会えたのでした。

一方、栃木県今市市板橋の田中伸さんは、このような都市との交流をもう一〇年も続けてきました。東京都の板橋区とは板橋家という徳川幕府の旗本の縁が今日につながり、毎年交流を続けています。東京へは収穫物を持って区内のおまつりに参加し、東京からはバスで見学者を受け入れています。

都市と農村の交流

千葉県佐原市のいなほ会では、野草料理の先生を京都から招いて料理教室を開き、本当に体によい料理の勉強をして、外食、添加物など今まであまり気にしていなかったことを、改めて勉強しました。イベントの時には、おにぎりとシンプルでおいしい田舎の味を消費者に知ってもらうようにしました。おにぎりも子どもたちに自分でにぎってもらって、好きなトッピングをする方式に変えました。いつもコンビニでおにぎりを買うお母さんやおにぎりをにぎったことのない子どもたちもたくさんいます。参加

おにぎりパーティー。自分でにぎって梅干やみそなど好きなものを入れる

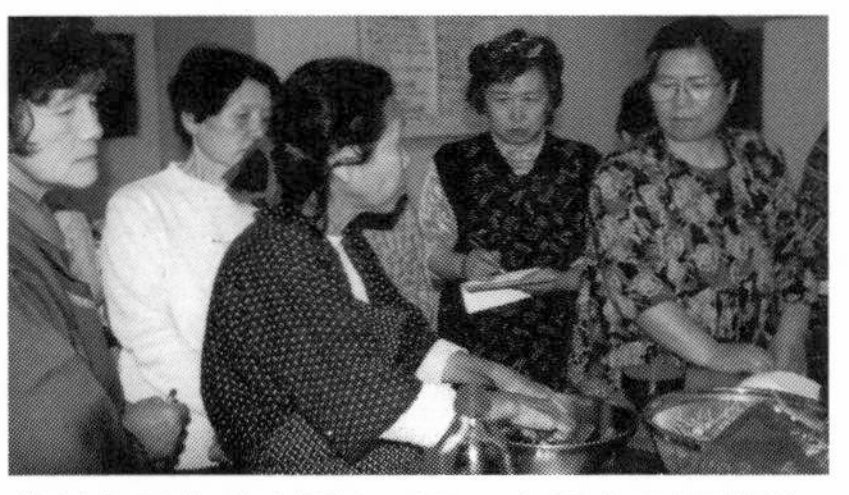

若杉友子先生を囲んでのいなほ会の野草料理の勉強会。自然の恵みと味を学ぶ

した人たちと一緒に野草のてんぷらを揚げたり、子どもたちまで一緒に片づけをしたりします。

私たちの実践している、都市の人たちと農村の人たちの交流は、昨今のグリーンツーリズムのようなお客様と接待する側というような観光化されたものではなく、もっと双方の生き方や心や食を通してのつながりに重点を置いています。都会に住んでいる人は、田舎の環境や食べものに感動するのですが、田舎に住んでいる人間にとっては毎日見たり食べたりしているものですから、農家当人にとっても再発見となるからです。参加者にとっても、子どもたちの体験を通して、家族が食や農業を再発見することが大切です。

会員同士の交流は、技術の向上を含め、私たちのような普通と違う農業を続けていく上での心の支えとなるなど、大きな財産です。

かつて、私が秋田県でＰＯＦ研究会の指導に歩いていたころ、本当に熱心に大勢の人たちのお世話をし、私が行くたびに何人もの人たちを引き合わせ、田んぼを一緒に回って、私たちの技術を高めてきたのが、秋田県本荘市の須田ミエ子さんです。大勢の人をお世話し、一緒に田んぼを歩き、女性にしては、なんとがんばる人なんだろうと思っていたところ、地元の名士の奥さんだと知りました。

都会から離れた秋田で、私と出会った当時、消費者が無農薬を求める時代が来るとは思わなかったといいます。二五haの田んぼのうち、五haを不耕起と半不耕起で栽培しています。大部分は有機栽培や県の認証を取った田んぼです。実践した結果から、ビシッと私に意見を言ってくる一本筋の通った女性です。東北の多くの会員は「お母さんのような人」というくらいに慕っています。

私たちのへそ曲がりの農業技術は、私の押しの強さも抵抗となってなかなか広く浸透しない一方で、会員同士の強い絆を築き、先輩農家に次の時代の農業をめざす、新しい会員農家を育ててもらってきました。

第５章

ゆっくりと水資源を育む

太古から黒曜石の産地、長野県和田村の黒曜水の湧く泉。写真提供・中本信忠

田んぼは浄水場

二〇〇三年（平成一五年）の春、信州大学教授の中本信忠先生が、千葉県佐原市の藤崎芳秀さんの田んぼを訪れました。その時、私と中本先生は、「水」についての意見を交換したのです。実は中本先生は、おいしい水道水を作ることができる緩速ろ過方式についての日本で唯一の研究者なのです。

一九九八年（平成一〇年）に、田尻町の小野寺実彦さんの田んぼで、岩渕成紀さんが仙台市科学館と宮城教育大学環境教育実践センターの共同の調査として一年間、田んぼの水の基礎データを取りました。NTTアドバンステクノロジー研究所の協力でリモートセンシングという電話回線でデータを計測する機械を取り付けて、小野寺さんの不耕起の田んぼ、すぐお隣の慣行農法の田んぼ、近くの南方町のアイガモ農法の田んぼで、水温やpH、溶存酸素（水に溶けている酸素）量など七つの項目について二四時間リアルタイムで調べたのです。

私たちの田んぼでは、日が昇ると田んぼの水の中で酸素が増えて、溶存酸素の飽和点（大気と釣り合って解けることができる酸素の量）を超え、田んぼから大量の酸素が大気へ吐き出されることがわかりました。朝と日中と夕方で溶存酸素濃度の振幅は大きくなり、稲刈り前に落水するまで毎日のように酸素を大気中に吐き出していたのです。不耕起栽培の田んぼでは慣行農法のように中干しをしないため、夏の間も酸素を出し続けていました。意外だったのはアイガモ農法で、アイガモが水草や藻類など何でも食べてしまい、その上、水を掻きまぜてしまうせいか、溶存酸素濃度は低かったことです。

一見、何事も起こっていないように見える田んぼの水も、一日のうちにpHが弱酸性から強アルカリ性に激変していることも知りました。

しかも、このデータから、不耕起の田んぼが水をきれいにしているだけではなく、藻類や植物プランクトンや原生動物を豊富にし、その結果、田んぼの生物相も多様になっていることがわかったのです。

このデータを見て、私はサヤミドロが発生してから常に言っていたことが間違っていなかったと確信したのです。私は常に、「耕さない田んぼの水はせせらぎのようだ」と表現してきました。会員農家や知人からは「調べてもいないのに、でたらめなことを言ってはいけない」とたしなめられていたのです。しかし、このデータを見ると「せせらぎ」ではなくて、「滝つぼ」のようにきれいだと言いたくなりました。

不耕起の田んぼでは、発生するサヤミドロのような藻類や植物プランクトンが、塩類を吸収して水が浄化されます。イネも栄養塩類を吸収してくれます。多くの微小生物が有機物を食べて、水をきれいにしています。さらに冬期湛水をすると、その期間は稲作をしている時間よりずっと長くなるのです。その私たちの冬期湛水・不耕起の田んぼのメカニズムと中本先生の研究する緩速ろ過方式とが、あまりにも類似点が多いことに驚いたのでした。

中本先生の記された「おいしい水道水はゆっくり処理」というプリント資料により、次のようなことを詳しく知ることになったのでした。

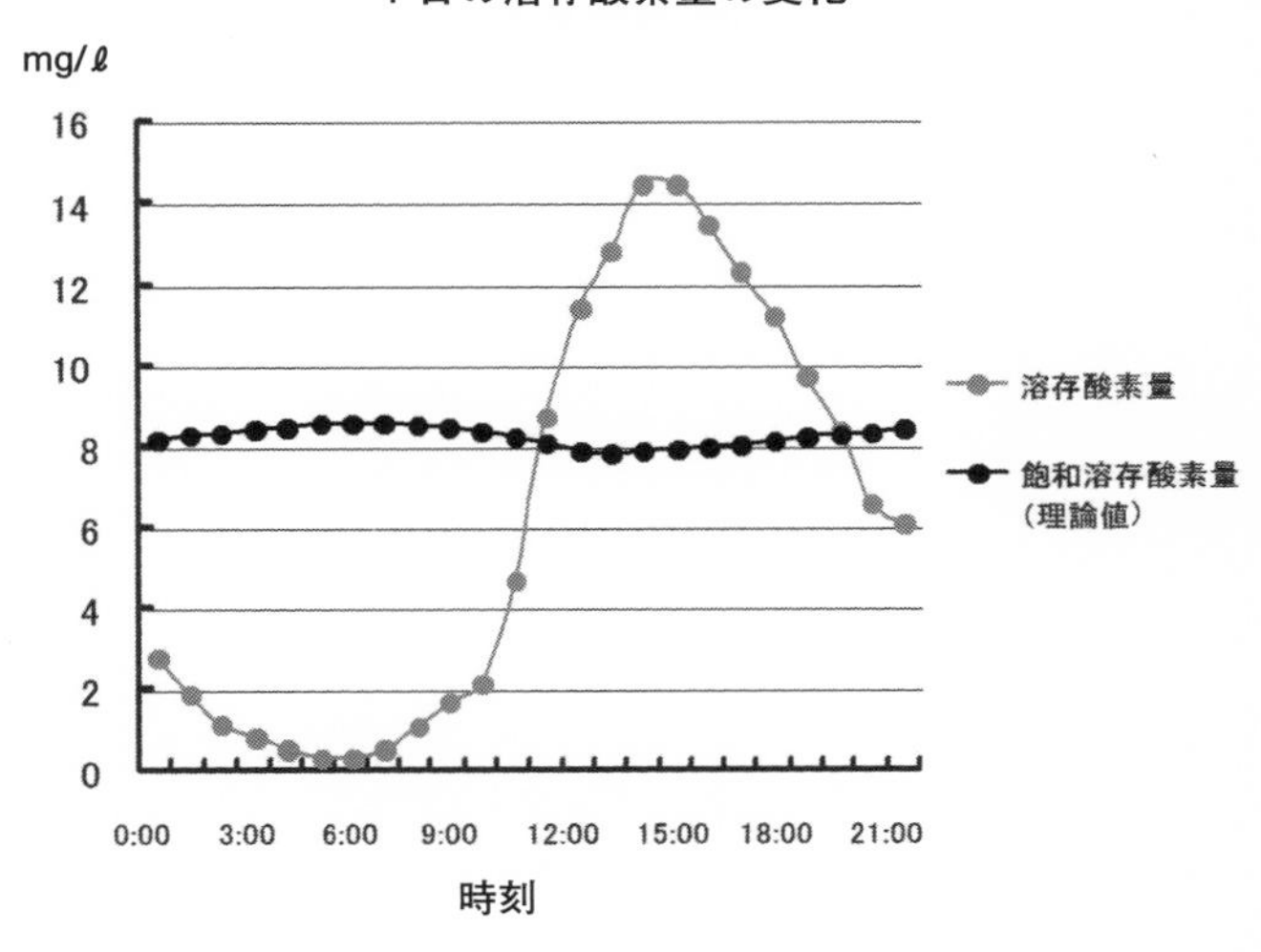

不耕起田んぼの溶存酸素量（DO）。資料提供・仙台市科学館、宮城教育大学環境教育実践センター、NTTアドバンステクノロジー研究所

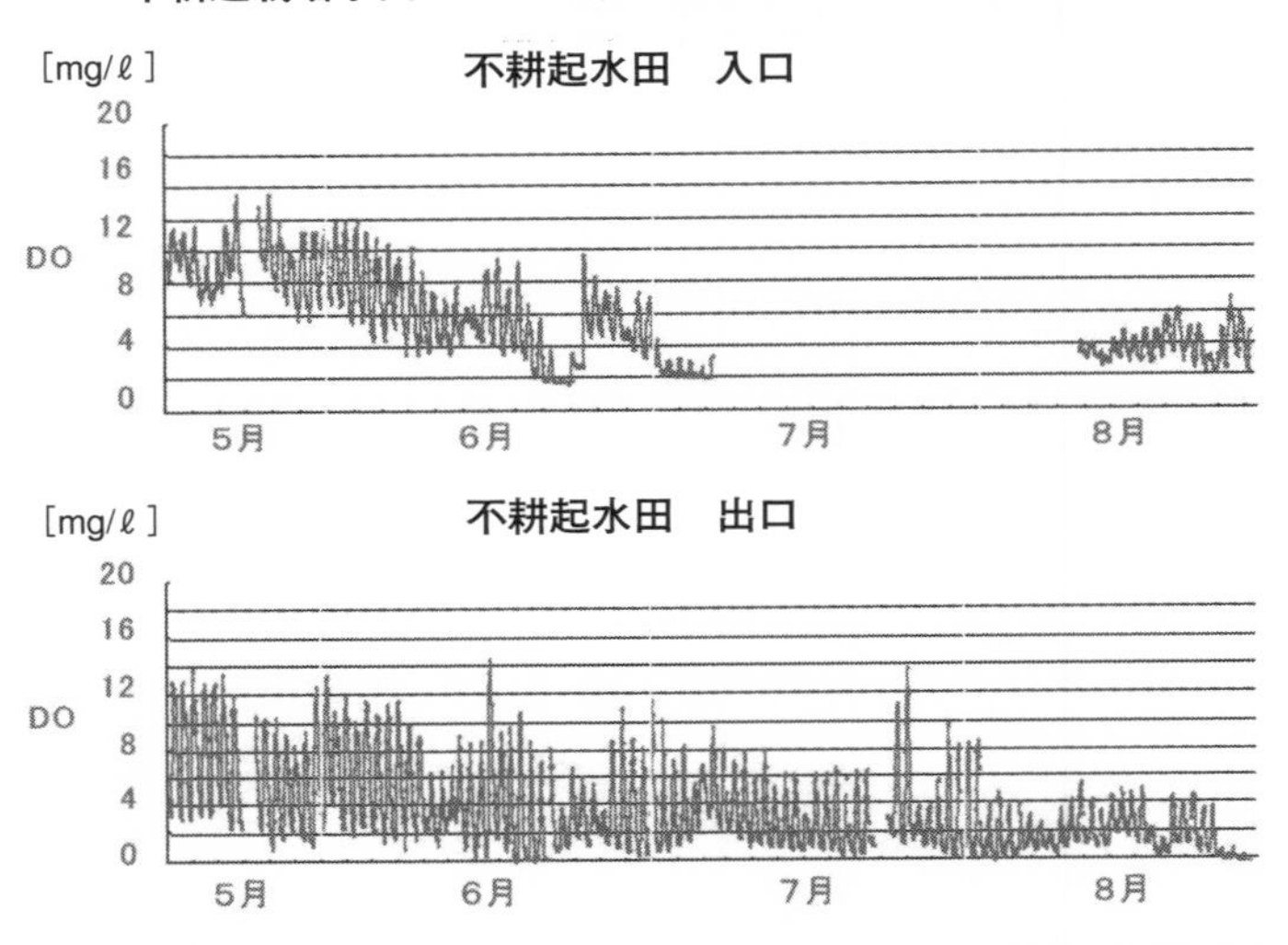

不耕起田んぼの溶存酸素量の変化。資料提供・仙台市科学館、宮城教育大学環境教育実践センター、NTTアドバンステクノロジー研究所

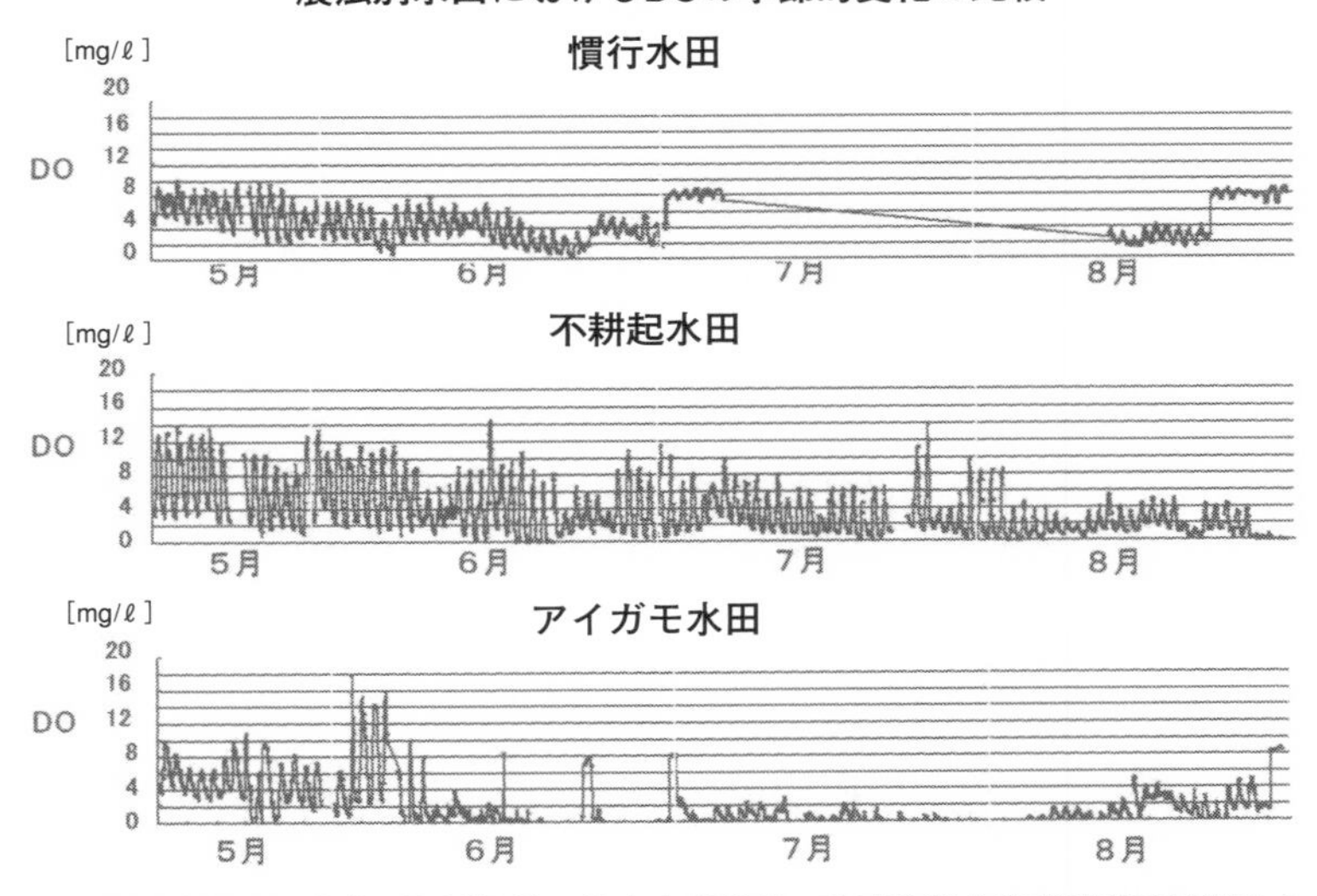

農法別の溶存酸素量の変化。資料提供・仙台市科学館、宮城教育大学環境教育実践センター、NTTアドバンステクノロジー研究所

緩速ろ過と急速ろ過

「緩速ろ過」とか「急速ろ過」とかいうのは水道水のろ過方式を指す専門用語です。「緩速ろ過」は、自然の仕組みを利用して安全でおいしい飲み水を作る方法で、約二〇〇年前にイギリスで開発されたのです。一八〇四年（文化元年）にスコットランドの繊維漂白工場が水質浄化方法を工夫したのが始まりです。河川の表流水を礫で粗ろ過をし、最後にゆっくりとした速度で砂ろ過をして、良質の水を作る工夫をしたそうです。工場で必要とする量以上によくできたので、この水を樽に詰め荷馬車に載せてペーズリー市全域に売り歩いたそうです。これが公共水道の始まりであったといいます。

当時のイギリスは産業革命の真っ最中でロンドンのテムズ川は、水質汚濁がひどい状態でした。一八二九年（文政一二年）に、ロンドンで現在の形式とほとんど変わらない緩速（砂）ろ過方式（Slow Sand Filtration）が完成されました。細かな砂の層でゆっくりとろ過する方法なので、緩速ろ過方式、別名、生物ろ過方式といいます。

一八〇〇年代後半は、細菌学・病理学が発達した時代です。緩速ろ過方式で水道水を給水していたロンドンの地域では水系伝染病患者の発生がほとんどなかったそうです。下水などで汚染された原水でも、緩速ろ過方式で水系伝染病菌が除去されていたことがわかりました。この事実が世界中に知れ渡り、緩速ろ過方式は世界各地に普及していったのです。

日本でも一八七八年（明治一一年）、警視庁令として、また内務省でも「飲料水注意法」が出されました。水系伝染病も防げる水道水を供給しようと、イギリス人の指導により、一八八七年（明治二〇年）には横浜に日本で最初の緩速ろ過方式による浄水場が完成しました。それ以来、日本中で緩速ろ過方式による浄水場が造られて、私たちは日本中でおいしくて安全な水を飲めるようになったのです。

緩速ろ過方式による浄水場は大きな浄水場だけでなく小規模の施設まで含めると全国に一万カ所もあ

るというのです。終戦直後までの日本はこの水道水と各自の掘り井戸で、飲料水から生活水の大半を賄っていたのです。

京都市左京区の大原にある大原簡易水道組合の第一浄水場は、河川の伏流水を緩速ろ過方式で一日九〇〇t、第二浄水場は井戸水により一日七〇〇t、計一六〇〇tで給水人口二三〇〇人分を賄う水道施設だそうです。第一浄水場は一九七一年（昭和四六年）に給水をし、一九九六年（平成八年）に第二浄水場が開設されたそうです。その位置から二km下流の京都浄水場は急速ろ過処理で、年中薬臭くて夏場にカビ臭も感じられるといいます。

東京・世田谷区にある東京都水道局砧浄水場では、古い技術の緩速ろ過方式に関して熟知した研究者や技術者がいなくなったために、微生物と微小生物による無機化処理をして、凝集剤を使わず自然の仕組みを上手に使えばよいことが、長い間忘れ去られていたそうです。中本先生の働きかけでやっと理解されてきたそうで、河川に集水埋渠を設け降雨時の粘土鉱物などの濁り水が流入しないように取水し、緩速ろ過池は薄く光が入るように覆いをしたそうです。しかし最終的には水道法で決められているために塩素を入れなければならないのです。本当は、緩速ろ過方式の浄水場がある場所では、塩素で殺菌しなくても、今日でも安全でおいしい水道水を供給できるのです。

緩速ろ過池は浅いプールのような池で、流入水中に栄養があり、湖沼での浮遊性の植物プランクトンが繁殖するのと同じだそうです。しかし、流れがある環境では流されない糸状の藻類が繁殖するのです。長野県上田市の緩速ろ過池ではケイ藻の一種であるメロシラが優先繁殖し、光合成が盛んな時は、放出された酸素の気泡の浮力で水面に浮上してきたそうです。この浮上した藻はスカム排出口から流亡し、砂層表面には新たなメロシラが繁殖し、ろ過池はメロシラの連続培養状態になっていたそうです。

メロシラは、水中の栄養塩類と光エネルギーを使って光合成をして繁殖します。光合成をすることで水中に盛んに酸素を放出します。メロシラはろ過池や砂層内を好気的に保つので、チフス菌、コレラ菌、大腸菌O-157などの病原菌を食べたりする微小動物、臭いの元を分解する微生物が砂の表層や砂層上部に繁殖し、活躍しやすくしていたのです。ゆっくりの速度とは、これらの生物が流されない環境で生物が水をきれいにする生物ろ過だったのです。

高価で不安な水道水

しかし戦後、一九四五年（昭和二〇年）進駐軍の監視下で、日本各地の浄水施設では、塩素消毒が強制されました。「浄水場で二ppmを注入し、管末における残留塩素を〇・四ppm以上とすること」を指示されたのです。アメリカでは急速ろ過処理が主流で、この処理では細菌除去が不完全なため、処理の最終段階で塩素を必ず添加する必要があったのです。それを日本に押しつけたというわけです。

急速ろ過処理の浄水場は、化学水道水製造工場です。濁りや溶けている物質を薬品で凝集して沈殿させ、最後に粗い砂でろ過をしています。いわば「薬物沈殿・ろ過方式」とでも呼んだほうがよいようなものです。最終的には砂ろ過をするのですが、ろ過速度が一日に一二〇～一五〇mと速い速度なので急速ろ過処理といわれているのです。ろ過池は流速が速いので、すぐにろ過閉塞という砂の目づまりを起こし、ポンプで逆流させて目づまりを取り除くのです。このため、細菌や微小生物が流出します。仕方なく最後に塩素で殺菌し、細菌学的に安全な水にしているのです。また、ろ過砂中に生物が生息できないので、薬剤に反応しない臭い物質などは完全には除けないのです。しかも大量の汚泥ができるのです。

一九六九年（昭和四四年）、琵琶湖の水を急速ろ過処理で給水している京阪神地区でカビ臭騒ぎがあったといいます。近代的な浄水処理といわれる急速ろ過処理による給水地域で作られた水道水でした。その後、日本各地で急速ろ過処理の水はカビ臭や藻臭などがするようになってきたのです。

原因は水質汚濁が進行し、水源の貯水池や河川が富栄養化して、繁殖した生物が分解し、その分解物が急速ろ過処理の浄水過程で取り除けないためだったのです。そこで、原水中の臭いの原因となる物質を分解する目的で、各地の浄水場は、添加する塩素量を増やすようになりました。そのため水道水はカビ臭のみでなく塩素臭がきつくなったのです。

一九七二年（昭和四七年）、オランダで河川水を塩素処理することにより、トリハロメタンが生成することが初めて報告されたのです。この問題は世界中から注目されました。一九七四年（昭和四九年）、アメリカでトリハロメタンは有機物と塩素や臭素とが反応してできる化合物で、水道水に発がん物質が含まれるとして大問題になったのです。

一九八〇年代に欧米で緩速ろ過方式が再認識されだしました。原生動物のクリプト原虫による集団下痢がきっかけで、クリプト原虫の休眠期に混入した場合、塩素では殺せないということがわかったのです。アメリカでは、緩速ろ過方式は自然の浄化力を上手に利用した安全な方法で、急速ろ過処理よりも良質な水道水を作れることが再認識されているそうです。

一方、日本でも一九九六年（平成八年）、集団下痢により、塩素臭い水道水の安全神話が崩れました。

50万人分の水道水を賄う東京・砧浄水場の緩速ろ過池。資料提供・中本信忠

ゆっくりの緩速ろ過の仕組み　イギリス式

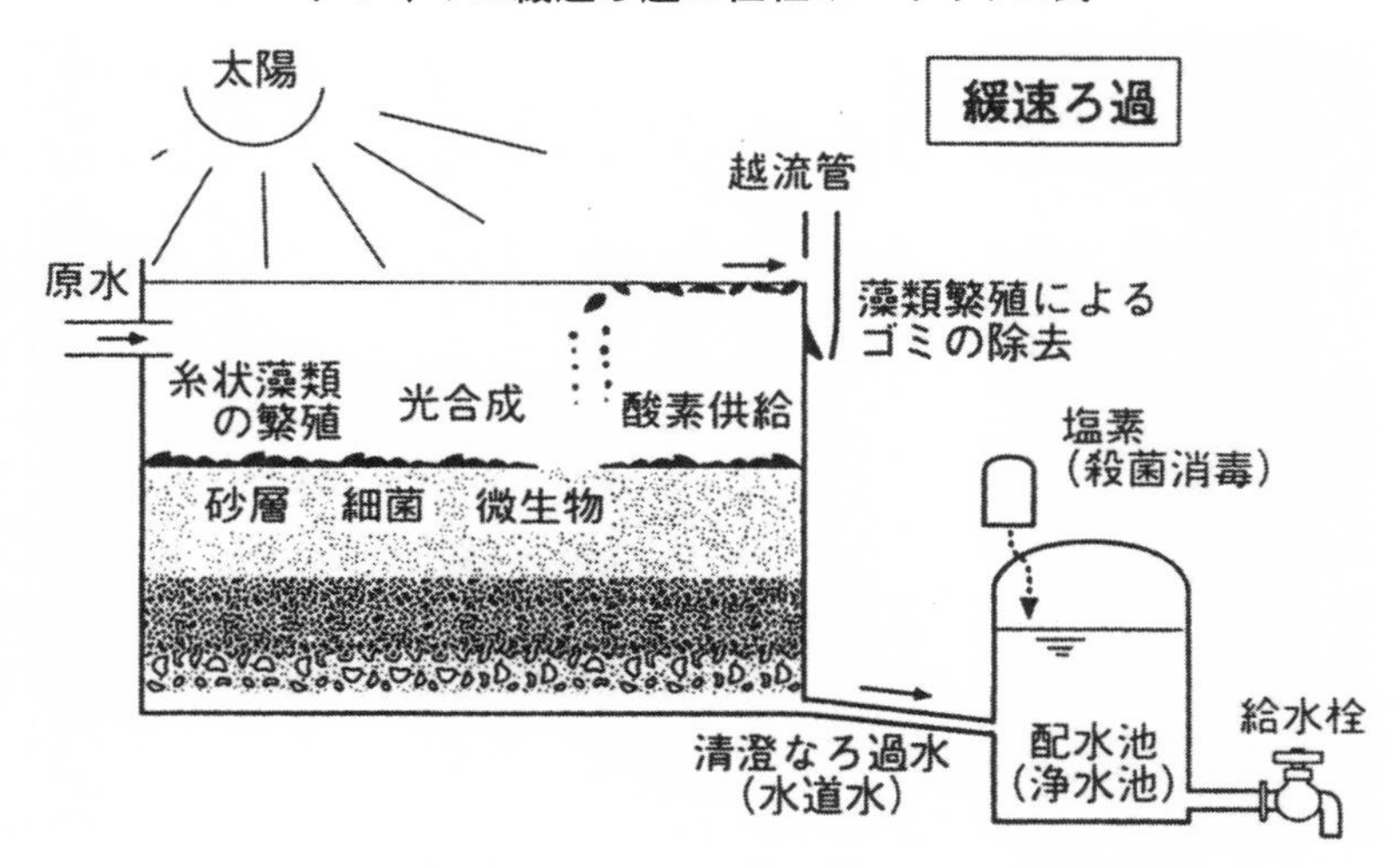

砂ろ過→生物の働きによる　塩素消毒は戦後、強制された

生きものが流されない速度で水が流れ、藻類や微小生物が水を浄化。資料提供・中本信忠

生物が活躍するゆっくりの緩速ろ過

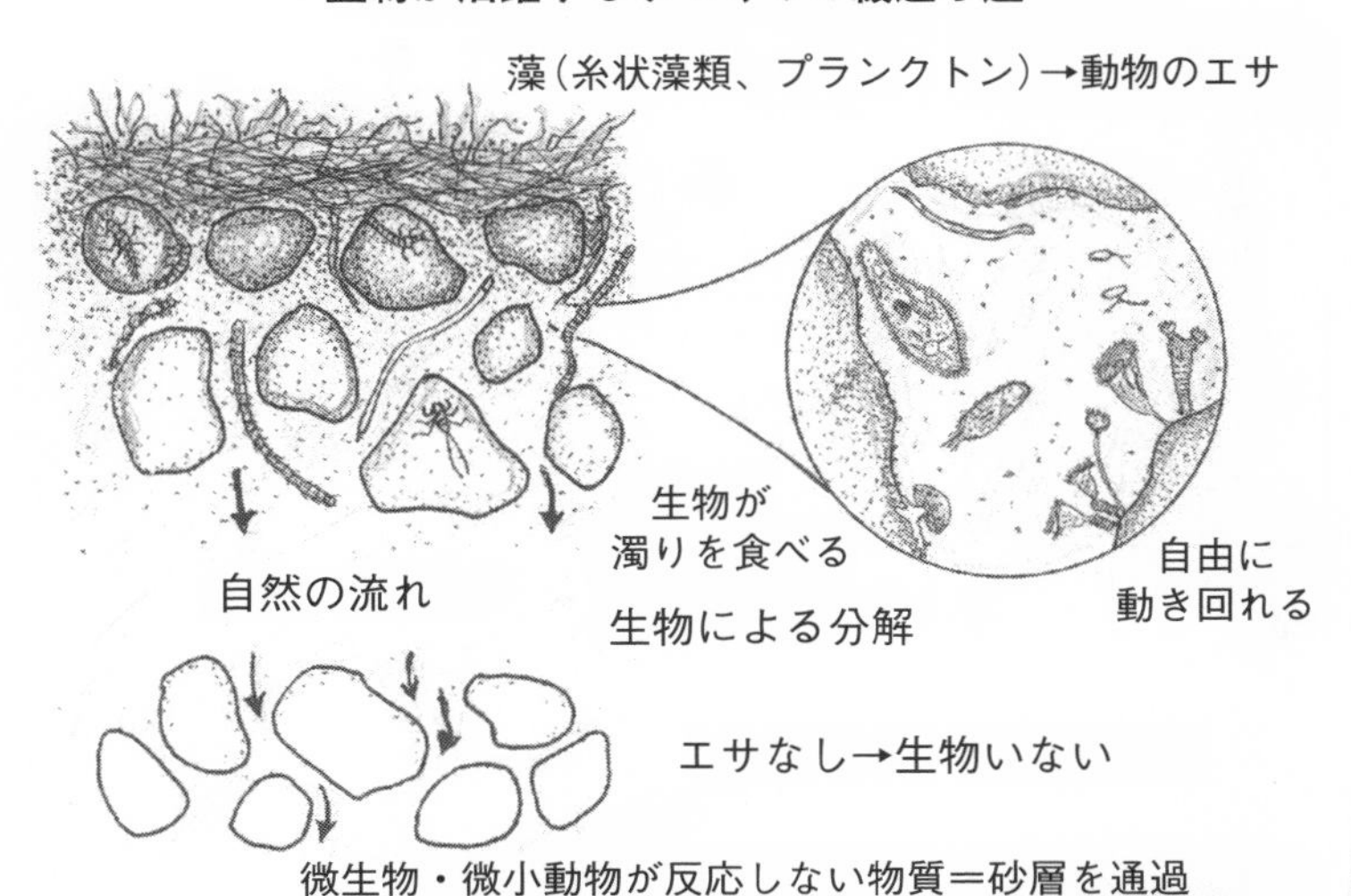

藻類が酸素を供給、砂の間で微小生物が細菌まで食べ尽くしてしまう。資料提供・中本信忠

しかしそれでも日本では高価で細菌学的に安全な水道水が作れる新しい技術が好まれるのです。凝集剤や殺菌方法の技術開発が盛んです。最近は設備や資材に大変お金のかかるオゾン処理が増えています。水処理専門会社にとって儲かる新しい水処理技術の開発が進み、やがて新しい技術の進歩は水道関係者が理解するには難しいほど発展したのです。

緩速ろ過方式のように完成した技術は、もう大学で研究する必要がなかったのです。全く問題の起きない、しかも維持管理費がかからない緩速ろ過施設の研究をしても、国や企業から研究費は出してもらえません。企業のためになる、業界が潤う新しい技術の研究しかできないのです。大学には、古い技術の継承と教育の場としての余裕がなくなってしまったのです。極めて残念というほかありません。

問題の起こる急速ろ過処理に対しては、改善方法の研究に予算がつき、厚生省の水道関係者も、問題解決のためには高いお給料を払うような専門家が必要だと考えたので、研究者はみんなその関係者になってしまったのです。

水道業界も、儲かることにつながる情報は盛んに流しても、業界が潤わない緩速ろ過方式に関する情報は極力流さないようにしていたのでしょう。行政が浄水施設のパンフレットを作成しようとしても、数年ごとにコロコロ転勤する素人役人には難しい化学的設備の説明は無理で、関係業者に丸投げかお手伝いをしてもらって、業者に都合の悪いことは書かれていないパンフレットが完成します。

このパンフレットを見て、浄水場の場長さんは見学者に説明し、見学した議員や事務方の役人などは、それを鵜呑みにするのです。

行政方針を決定するのも、業者が作成した資料やパンフレットを参考にして、審議し答申書を書くようですから、結果的に飲み水を作ることは、業者主導、業者任せ同然になったのです。

緩速ろ過施設は新設するのにお金がかからない、維持管理にお金がかからない、だから予算規模が大きく増やせない。それでは行政も困るのか、緩速ろ過方式のことを伏せています。むしろ、緩速ろ過施設を堂々と公開し、地域の人々にいかに安く安全な水道水を供給しているかを大いに宣伝して、わが町、わが村の自慢にしてほしいものです。水道水の蛇口に高価な浄水器を取り付けるというような、企業が儲かる対症療法的でお金がかかる仕組みに乗らないで、どんな水道水を供給してほしいかを、声を出して自治体に求めるのは、水道水を利用するみなさん一人一人です。自治体の財政が厳しい時代です。大変お金のかかる水道事業のような分野で、経費が大幅に節減できる上、健康によい水が得られる緩速ろ過方式に切り替えるというような議論を、みなさんが起こしていけばいいのです。

　私たちの命の源である飲み水について、さらに詳しいことを知りたい方は、ぜひ、中本先生の『生でおいしい水道水』（築地書館）を読んでください。とてもよいビデオ教材もあります。それを見れば、水道水が誰のためにあるのかわかるはずです。

安全・安心なイネつくりを

中本先生の研究されている緩速ろ過方式と私たちの不耕起の田んぼの仕組みは、「水」がキーワードで結びつく全く同じ仕組みを持っていました。違うところは、私たちは少し富栄養化した水を用い、この仕組みの中でイネを作ることなのです。

　しかし、多くの一般稲作の現実は、急速ろ過の水道水のように、化学薬品と機械頼みの手法によるものです。

　日本のコメも、軌を一にして水道水の歩んだ道と全く同じ道を歩んでいたのです。しかも、同じ自然循環によって目的を果たせる田んぼの機能を破壊して、イネを作ることになってしまったのです。

　イネをどう育てるかではなく、省力化と合理化のために、主客転倒してどう農薬や機械を使うかになってしまいました。化学薬品を次々と開発することに研究費をかけ、農薬の洪水を招くような農法を、産官学一体となって普及に努めてきたのです。さらに技術開発と普及事業を国と都道府県が一体化して、推し進めてきたのです。そして農業機械にも必要以上のオプション機能をつけようと考えたのです。

この過程は、中本先生の指摘される水道業界とまるで同じです。共に潤ったのは一部の関係業界で、損をするのは善良な国民です。

イネつくりの当事者である農家は重労働を回避でき、工業的な手法により、作業暦通りのことをすれば簡便に稲作ができるので、現在の機械化・化学資材大量使用を選択していったのです。農家はイネの生理・生態を知らなくても、イネつくりの技術的な理論を学ばなくても、イネつくりの技術を長年かけて身につけなくても、コメがとれ、国がすべて買い上げてくれました。大学をはじめ研究機関も大量のエネルギーと、膨大な化学肥料・農薬を消費する農法の研究に邁進したといえます。

一九五九年（昭和三四年）には国際価格で通用していたコメの値段も、数十年後の今では、四九〇％のべらぼうに高い関税をかけて輸入を阻止しなければ、海外で作られたコメに市場を占領されてしまうほど、高価になってしまいました。こうまでになったのも政治米価であったからですが、高コストでしかコメが作れない仕組みはやはりおかしいのです。

しかし日本の稲作は、業界主導から脱皮できません。ヘリコプターによる大規模な農薬の空中散布ひとつ、まだまだ止められない現状を、どのように国民に釈明をするのでしょうか。安心して納得できる正当性のある説明はなされません。緩速ろ過方式の教科書がないのと同じように、現代農業でも、うやむやにしている大きな矛盾点がたくさんあるのです。

中本先生は緩速ろ過方式が忘れ去られた原因の一つは、仕組みが簡単で技術的にすでに完成し維持費も設備費もかからないので、業界には旨みのない方式だからだといわれています。

私たちの不耕起栽培も、無農薬・無化学肥料栽培で実践する人が増えると、機械はたくさん売れない、化学肥料も売れない、農薬は使わない、これではビジネスになりません。

しかし、どちらの技術も安全な水、安全なコメが供給でき、危険な薬品を使わず無駄なエネルギーを使わないのです。

トリハロメタンを含んだ水道水には、ミネラルウオーターというガソリンより高い代替品がありま す。しかし、私たちの主食であるコメには代替品があるでしょうか。若い人ならパンとスパゲッティと焼きそばだけでもいいというかもしれませんが、本論ではないでしょう。

農業に使われる化学薬品には、使用すれば土壌中に残留し、あるいは水系を通じて入り込み、大気中より降り注ぐ化学物質がたくさんあります。家畜のエサにも畜糞堆肥中にも濃縮された化学物質や薬品が含まれます。これが田畑に入ります。一ピコグラム（一兆分の一グラム）で作用する化学物質もあります。これらの化学物質が永遠に後世へ負の遺産として残るとすると、将来、使わなくなれば安全になるとは言い切れないのです。今すぐ使用をやめても、いつまで残るかわかりません。安全な作り方に切り替えるよう、おコメを食べる人が求めるしかありません。

被害者は農家と国民ですが、別の被害者たちは二五〇〇年かけて田んぼの環境になじんできた多くの生きものたちなのです。

国の進める政策で、多くの生きものの住環境を破壊し、生存に関わる食（エサ）を断ちながら、一方では「生物多様性条約」に調印して、国際的に生きものたちを守る公約をしました。地球の循環を支えてきた植物・動物・微小生物・微生物がそれぞれの営みと各々の役割を発揮できるような生きられる環境条件を整えることが大事なのです。

緩速ろ過方式と不耕起の田んぼは、生きものの生きられる環境を整えて、生きものが生きる（生存の）ための自然な機能の中で、私たちの目的を達成するところにも共通点があります。

お金がかからず、維持費もかからず、人間の努力と知恵だけでその環境を整えることができるのです。それには、私たちが事の本質を学び理解することから始めることだと思います。

田んぼによる琵琶湖の水浄化

緩速ろ過方式の水はどちらかというと伏流水を使い、栄養的には貧弱な僅かな栄養源に支えられる動植物と、その生存の条件を壊さない程度のゆっくりした流速を維持しながら、人間が飲める水を作ります。砂地という条件設定で生まれる自然のバイオマス（生態学では生物現存量といいますが、エネルギーや工業分野では単に生物資源とも訳されます）により、機械的、薬学的には解決できない有機物や細菌の除去を行い、きれいでおいしい、しかも安全な水を作れるのです。これも地球の与えてくれた大きな自然循環の仕組みの利用なのです。

一方、私たちの不耕起の田んぼは、藻類の大発生を促し、水の浄化と光合成による酸素供給量を大きくして、多くの生きものの生存と繁殖条件を整えながらも、「イネの栽培」という人間の欲望を満たしているのです。

一般的に田んぼの水深は一日に一・五〜二・五cm程度、土に浸透して下がるといわれています。したがって、一日二cm前後の流速で水が流れているのです。水は止まっていないのです、イネつくりをする四カ月の期間で一ha当たり約一万五〇〇〇tの水が流れることになります。

緩速ろ過方式の透水性は一日に五mといわれ、それから見ると話にならないように思いますが、よく考えると、超ゆっくりろ過をしていることになります。田んぼがろ過池と違うのは砂地とは限らないことです。しかし日本中に膨大な面積があるのです。

現在のほとんどの田んぼは、基盤整備事業の一環で大型機械が入れるように乾田化と大区画化を進めました。区画整理をして、田んぼの中に集水管を埋設し、暗渠排水の設備をしてあります。実はこの暗渠排水の設備が整っていることが、思わぬところで役立つことがわかってきました。

滋賀県の会員農家がめざすイネつくりには、琵琶湖の水の浄化という壮大な課題があります。

現在の琵琶湖の悩みの一つは、田植え時に代かきした田んぼの泥水の流入をどう止めるかという初歩的な悩みなのです。琵琶湖の周囲には三万haの田んぼがあり、これらの田んぼを不耕起栽培に転じれば、代かきの泥水による琵琶湖の水質問題は、今日にも解決するのです。不耕起栽培の田植えでは代かきが不要で、濁り水が出ないのです。しかも田植え時に

田植えの時期になると、あちこちの滋賀県内の河川のそばには、濁水防止ののぼりが立つ

イネ科のヨシも水の浄化力が強い。ヨシ博物館長西川嘉廣さん（中央）と中本信忠先生（左）

タニシも藻類や有機物を食べて糞としては出し、水の浄化をしている生きもの

小河川河口から琵琶湖へ流れる代かきの濁水。写真提供・滋賀県琵琶湖研究所

は水深一cm程度の水しか使わないのです。

不耕起の田んぼに藻類が発生すれば、水を浄化し酸素を含むきれいな水になるのです。イトミミズやユスリカが増えれば水の富栄養化を防ぐのです。中本先生によれば、タニシなども有機物を食べて、体内で分解・浄化し、糞として排泄しているのだといいます。そうして生物ろ過された水が三万haの田んぼから琵琶湖に一斉に落水されることを考えてみてください。そこでこの水を暗渠排水の設備をうまく使って、わずかずつ流すのです。関西圏一四〇〇万人の水瓶、琵琶湖の汚れを止めるのではなく、もっと前向きに、いかに琵琶湖の水をきれいにするかが第一の課題であると思うのです。

三万haは数字が大きいので私には計算ができないのですが、暗渠設備を利用し琵琶湖との水の循環を考えれば、降雨量の多い日本ならではの、壮大なスケールの水循環と浄化を考えることができるのです。

それには緩速ろ過と同じ自然の循環と、広大な田んぼを利用した浄水機能を生かすのが、いちばん低コストでいちばん安全な手法と確信しています。稲刈り直後に冬期湛水すれば数字はさらに大きくなります。

冬期湛水をすることで稲刈り時期を除き、約一二カ月のほとんどを水辺に変え、少なくとも一ha当たり平均約四万五〇〇〇tの水を浄化して少しずつ流すと仮定したら、どうでしょうか。

おコメを作る人も食べる人も、一〇kgのおコメで約一〇〇tの水の浄化に参加できることになるのです。しかもその田んぼに棲む生きものたちの生きる環境をトラストする活動への参加にもなります。琵琶湖の水を美しくしたいと願う人たちに、「水の浄化」と「稲作という経済行為」を、一つの運動として捉えてほしいのです。自分も琵琶湖の水がきれいになることで恩恵を受ける一人なのだと気づいてほしいのです。

環境問題は国民一人一人の責任問題であり、本来個人が解決する課題なのです。琵琶湖に水を流す人も、琵琶湖の水を利用する人も、最終的に水道水として飲む人も、一緒に琵琶湖の水を美しくするので

水田から琵琶湖へ流れ込む湖岸への濁水

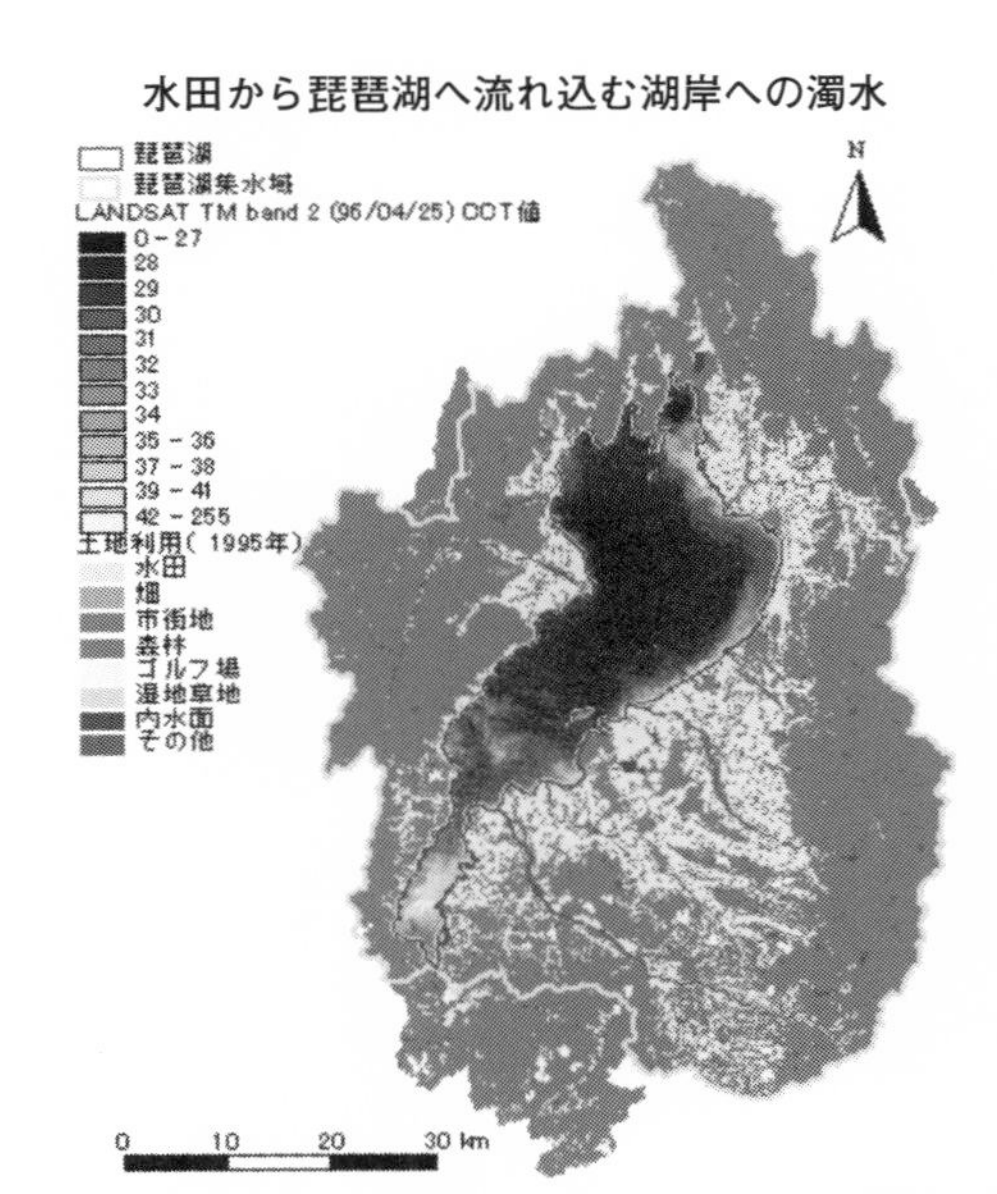

衛星データ提供・㈶リモート・センシング技術センター、画像作成加工・滋賀県琵琶湖研究所

す。

水を浄化する実行者が農業を営む生産者です。水を飲む人との関係は単なる農産物の供給者と消費者という関係だけではなく、水源を一にする同じ価値観を持つ仲間です。新しい運動には新しい理念と新しい実行（活動）が必要です。実行者が持続的に行える環境が必要なのです。行政関係者の協力も重要です。

農家は都市との交流が進めば、今までの農村特有の殻から脱皮できるはずです。ただし、それには十分な時間と消費者の理解が必要です。都市生活者の理論を農家・農村に押しつけるだけでは解決に至りません。ここが重要です。

すでに、滋賀県は前向きに動き始めています。二〇〇三年（平成一五年）から、不耕起栽培用の田植機への助成を開始し、八月には滋賀県東近江地域振興局と東近江環境保全ネットワーク（西川嘉廣会長・ヨシ博物館館長）が共催で「田んぼからびわこの水を美しく」と題した水フォーラムを開催しました。五年にわたり私を迎えてくれてきた滋賀県のみなさんや、九州や広島、三重、東京などから、約二〇〇人が参加しました。私と中本先生、農林水産省、琵琶湖研究所、滋賀県立大学の専門家の方々が、琵琶湖の浄化について、意見を出し合いました。

さらに滋賀県では、「環境こだわり農業推進条例」にもとづいて、二〇〇四年（平成一六年）から農薬を減らすなど環境に配慮して行う農業に対する直接支払制度を導入する予定です。

滋賀県では、私たちの会員農家が自主的に勉強会を開き、苗の育て方を教え合ったり、田んぼ回りをしてイネの育ち方を見たりして、農家同士の情報交換を行っています。一～二カ月に一度開く勉強会には、滋賀県の農家だけでなく、京都、岐阜、福井や広島からも会員が参加することがあります。琵琶湖の水の浄化を願う農家の取り組みも、二〇〇三年（平成一五年）一一月のＮＨＫ教育テレビで紹介されました。

私たちの会の滋賀支部長の安井慶典さんは、冬期湛水三年目の田んぼで見かける生きものや植物の名前を調べています。独自に工夫して、ハウスの代わりにビニールトンネルでプール育苗をしました。兼業の大工さんですから、組み立て式のプール育苗の設備を自分で作ったのです。苗の徒長を抑えて鍛えるためのローラーも手づくりです。安井さんは親の代から、手づくりの木製の苗箱を大事に使っています。

五年前から不耕起栽培を始めた仲岸希久男さんは、面積があり畑もあるため、半分がまだ半不耕起です。初めて取り組んだ時、土が軟らかいためにブルドーザーで田んぼを固めました。それでも飽き足らず、ロードローラーを田んぼに持ち込んで土を固め、わらがなかったので枯れたヨシを刈ってきて、田んぼにばらまいたのです。周りの人からは、相当おかしなことをしているように見えたに違いありません。しかし、その年から、田んぼにサヤミドロが湧きました。

琵琶湖の水の浄化作戦も、現在は、水利権がこの問題のアキレス腱になっています。農家一人一人が行動を起こすには、苦労が多いのです。この問題は一朝一夕には解決はしないでしょうが、農業と農業用水が環境を復元することが理解されれば、新しい認識から解決の途が開けると思っています。この話は単に滋賀県だけの問題ではなく、日本中で起きている問題なのです。

エネルギーが枯渇してくればやがてトラクターによる代かきという作業も半減するのでしょうが、大阪で七五〇億円もかけたオゾン処理による最新鋭の三カ所の浄水場も、化学薬品やエネルギー不足になれば運転不能になるのです。琵琶湖の水の問題は二〇〜三〇年後に起こるエネルギー枯渇問題も視野に入れる必要があるのです。

バーチャルウオーター

二〇〇三年（平成一五年）八月三日の日本農業新聞に「日本に押し寄せる仮想水」と題して大変興味深い一文が掲載されていました。八月一日に始まる「水の週間」にむけての論説文です。生産に大量な水を必要とする農産物の輸入には後ろに隠れた水があるというのです。「この水は表面に見えてこないのでバーチャルウオーターと言われている。仮想水とか間接水と訳している」とあります。

長くなりますが重要な内容なので引用してみます。

「総合地球環境学研究所の沖太幹助教授が行った試算によると、農作物一トンを作るのに米は三六〇〇トン、小麦二〇〇〇トン、大豆二五〇〇トン、トウモロコシ一九〇〇トン、牛肉二万トン、豚肉六〇〇〇トン、鶏肉四五〇〇トンの水を要する。これらを基に日本が輸入している農産物の生産に必要な水量を概算すると、六〇〇億トン以上になるという。

現実の日本の水使用量（取水ベース）は農業、工業、生活各用水を合わせて年間約八七〇億トン（二〇〇〇年）だから、その七割近くの量になる。国民一人当たりにすると五〇〇トンの水を輸入しているのである。このところ輸入が急増しているというミネラルウオーターでも二六万トン（〇二年）に過ぎない。一人当たり二キロだ。

地球全体の水量は一三億九〇〇〇万立方キロメートルという。想像も出来ない程の巨大な量だが、海水が九七％を占める。河川水や湖沼水など、人が利用しやすい淡水は一〇万五〇〇〇立方キロメートルと僅かなもの。地球全体の〇・〇〇八％でしかない。

淡水そのものは三五〇〇万立方キロメートル強もあるが、それでも地球全体水量の二・五％にしかならない。その六九％は北極と南極の氷、三〇％が地下水というわけで簡単に利用できない淡水が圧倒的に多い。

こんな貴重な淡水の資源は、今後増える予測はない。これまで冬期に雪や氷として蓄えられていたものが、地球温暖化で、融けたり、氷雪にならなかったりして、そのまま流れ去ってしまう可能性さえ予測されている。すでに世界各地で地下水の急減のため農産物生産に支障を来たしている事例が報告されている。将来、水の不足で食料生産が制限されるのは確実だ。食料安全保障の面からも不安がつきまとう。

さらに膨大なバーチャルウオーターを輸入することで、年間降水量が世界平均の二倍、一七〇〇〜一八〇〇㎜もあって、水資源に恵まれた国ながら、生産に使われる部分が減り、地下水かん養や洪水防止、生態系の多様性保全など農業の多面的機能が失われていくのである。目に見えない水の輸入が、我が国土にどんな影響を及ぼすかを考えてほしい。」

農業、環境、生物多様性にとって極めて重要な問題提起です。「目に見えない水」というキーワードで、私たちが危惧する問題点と結ばれていました。

かつて私は、二五年前からの会員、秋田県峰浜村の播磨由夫さんのコメを波動計にかけたことがありました。オール二一という最高に良い数値に驚いて、「この村の上には町があるわけないよな」と尋ねました。後に、播磨さんの田んぼは白神山系のブナ森のきれいな水が直接注ぐ塙川の下流に沿ったところにあるのだと知りました。ブナの森の水は長い自然循環の中で、生きものたちが作りだした水だったのです。

第6章

不耕起・冬期湛水の心得と準備

宮城県志波姫町の冬期湛水水田。生きものが増え、人が集う

生物資源型農業の考え方

生物資源型農業という概念は、今まで日本にはありませんでした。農業への生物資源の利用という考え方はあるのですが、これは品種や遺伝子を利用したり、保存したりしようということです。遺伝子や昆虫、微生物を工業的に利用する技術の開発はどんどん進んでいます。農業の世界では植物あるいは動物・昆虫・微生物などは「利用するもの」でしかなかったのです。

私たちが研究し普及していこうと考えている「生物資源型農業」は、「田んぼにもともと生息する生物の働きを資源と捉え、その働きによって農業（稲作）をしよう」というものなのです。この共通の認識の上で、田んぼ環境を捉え、生きものを単に利用するのではなく、そこに棲む生きものたちの存在や生活の結果としての現象、田んぼ環境やイネへの作用を活用しようということなのです。

基本となるのは不耕起移植栽培と冬期湛水の組み合わせです。この取り組みはまだ始まって間もないため、この農業がどう進化していくのか、まだ誰にもわかりません。新しい現象が起これば、それに対応してイネつくりの手法や技術も毎年少しずつ変化します。地域や気候によっても、現象は異なるため、一つ一つ見極めながら、人と生きものがともに喜べるイネつくりに取り組んでいくのです。

生物資源型農業を始めると、その地域にひっそりと生きながらえていた生きものたちが増え始めます。イトミミズの働きは、まさにその田んぼ固有の「生きものの働き」なのです。カエルや鳥類は自らこの田んぼをめざして移動してきます。ですから、せいぜい近くの用水路のメダカなど、自分で田んぼに戻ることができない魚類を戻すことぐらいしか、人の手で行わないことです。こちらの意図に関係なく食物連鎖の中で種が選択されていきます。食物連鎖の糸が人為的に切られると、この田んぼの生物群は壊滅する場合もあります。

この条件を維持しながら、稲作という生産行為を行うのですから、今までのような「生産性向上」一辺倒では実現できません。「化学的手法」「工業的理論」は少し遠ざけて、もっと緩やかな、おおらかな気持ちでイネを育てるのです。お金をかけなくても、こちらが手をかけ生きものたちにとって棲み心地がよければ、生きものたちはその田んぼを自ら選択して、戻ってきます。田んぼ環境が復元し、生物多様性の田んぼが出現するのです。生物資源は有形無形の日本の財産なのです。

移入種の問題

生物資源型農業（稲作）には不可侵の条件があります。それは生物利用型ではないということです。つまり、何々微生物資材を投入するとか、移入種などその田んぼに生存していない生物を外から持ち込まないということです。みだりに生物を入れると、本来あるべき自然の生態系は壊れ、自然の循環系が機能しなくなってしまうからなのです。また、それを田んぼから取り除こうと思っても、簡単に絶やすこともできなくなります。

移入種がいる場合は、できるだけ田んぼから除きます。その地域に蔓延して他の在来種を駆逐して根づくこともあります。ウシガエルやアメリカザリガニ、カダヤシなどがその例です。

生物利用の問題点（例）

アイガモ（除草剤の代わり）　動くものと草、藻類などを食べる。足で土を掻きまぜると溶存酸素量が減るため、生きものの数も種類も減る。野生のカモに近縁種がいて、飼育放棄などにより交雑すると種のかく乱が起こる。

コイ（除草剤の代わり）　何でも食べてしまい、水を濁らせ、田んぼのあちこちに深みを作る。

カブトエビ（除草剤の代わり）　日本固有種ではなく、渡り鳥についてきた外来種といわれ、一部の地域にだけ分布。雑食性で、イトミミズなどの微小動物まで食べる。

マルハナバチ（ホルモン剤の代わり）　外来種で温暖化によりハウス外で野生化すると、日本固有のマルハナバチを生息地から追いやり、日本のマルハナバチが特異的に花粉媒介をする固有の植物が、一緒に絶滅へと追いやられる。

スクミリンゴガイ（除草剤の代わり）　九州で移入され千葉県あたりまで北上し、雑草どころかイネにまで食害を与える。ただし成苗ではあまり被害を受けない。

生物利用の大きな問題点は、実は私たちのものの考え方にあります。牛や馬などと同様にアイガモやミツバチに使役を求め、生きものであることを前提に接するのならばよいのです。それが農薬の代わりだという発想になってしまったために、できるはずのない命のコントロールが可能なような錯覚をしているのです。特定農薬、生物農薬などというおかしな言葉がつくられるのも、発想の出発点がまちがっているからだと思うのです。

自然耕のコメの定義

「自然耕のコメ」は一朝一夕に生まれたものではありません。この二〇年の間に積み上げてきた栽培技術を今日の社会状況や農業経営の現状に適合させ、会員向けのマニュアル通りに栽培してできたコメのことをいいます。

マニュアル上の高性能の低温育苗、不耕起移植栽培を行い、自然耕のコメの出荷基準に従った調製技術で精米したものだけが「自然耕」のブランドとして通用するのです。

私と会員農家の人たちは、一九九三年（平成五年）の冷害、食管法の崩壊とコメの産直自由化を機に、稲作農家も産直をすることができ、会社が持てる時代が来たと、一株株主運動をして「(株)日本の水田を守る人々」という産直会社を設立しました。それ以前は、食管法によって稲作農家は自由にコメを売ることができず、自分で作ったコメを消費者に直接売れば、「ヤミ米」となり法律で罰せられたのです。

私たちが会社名にした「水田を守る人々」とは稲作農家のことで、「水田を守る会」という産直会を運営しています。「自然耕のコメ」はこの会社が商標権を有しています。

「水田を守る会」の「グリーンオーナー制度」は種

播きから田植えのころまでに、消費者に不耕起の田んぼのオーナーの申し込みをしてもらい、イネの栽培を指名した農家にお願いするシステムです。イネが田んぼで育ち始めたころまでに、農家に代金を前払いします。この田んぼのおコメを食べることで、たくさんの生きものの命と田んぼの環境をトラストしてもらっています。

たとえ冷害が来て減収しても、この面積からとれる約束をした量までのコメはオーナーのものです。大きな不作だった場合には、その被害を農家とオーナーで負担し合います。ただし、不耕起の田んぼでは一九九三年（平成五年）、二〇〇三年（平成一五年）の冷害での大幅な減収はなかったという実績があります。個人だけでなく企業もオーナーになって田んぼの環境や生きものたちのトラストに参加したり、草取りなどの社員研修を行ったりすることができます。

「自然耕」とはこのブランドのコメを作るイネつくりのことで、日本不耕起栽培普及会のマニュアルをきちんと守って行われる不耕起移植栽培の総称としても使われています。イネの根っこやイトミミズなどの生きものたち、つまり自然が田んぼを耕すので「自然耕」というのです。

現在「バイオファーメンティクス」という乳酸菌生産物質による高品質米の生産試験が行われています。「自然耕のコメ」の生産・出荷基準に、冬期湛水の田んぼであること、不耕起栽培を三年以上経過した田んぼであること、出荷設備が整っていることなどのいくつもの厳しい制約をして生産試験を進めています。二〇〇三年（平成一五年）の低温寡照（かんしょう）の中でも平年作に近い収量が上がり、誰が食べても明らかに違いがわかるような素晴らしい食味が得られることが確認できました。今後、平年並みの気候下でも栽培試験を続け、近い将来には新しい「自然耕米」のブランドとして世に出す予定です。

見学と技術の習得

日本不耕起栽培普及会は会員制度をとっています。技術情報は毎月の会報で、これから行う技術的なものと、目まぐるしく変わるコメを取り巻く環境に対する考え方などをお知らせしています。本式に技術を勉強する方は入会して、講習会や講演会、支部の勉強会など先輩農家との交流を通して技術を身につけてください。日本一安全で、日本一おいしいおコメがとれる私たちのイネつくりに挑戦してみようという方は、ぜひ仲間になって勉強してください。

新しい田んぼを確保して新規に稲作をされる方は、千葉県で実施している月一回の「自然耕塾」の講義と実習で学ばれることをお勧めします。この塾には農家・非農家の区別なく全国から参加者があります。技術や知識は個人が取得するものですので、各個人で申し込んで参加してください。

農業の基礎知識や経験がない方に突然、会員の農家に飛び込んでこられても、対応できません。さまざまな人がばらばらに農家を訪ねて教えを請うと農家は日常の仕事ができなくなり困ります。将来の農的生活をめざす方々でこの技術を学びたい方は、地域で仲間をつくって勉強会をしたり、私たちの会員農家から会費制で学ぶ地域の「自然耕塾」を開催したりしてください。

農業技術を身につけることは匠の技を磨くことにも似ています。仕事をやめて農業を始めても、明日から農業で食べていけるわけではありません。新規就農、定年帰農をめざす方は、就農準備校などで事前に十分な情報収集や技術の習得をしたり、支援制度を活用するなど資金の準備をしたりすることが必要です。

不耕起栽培の田んぼを見学したいという方は大勢います。農家には日常の仕事があり、田んぼは農家の私有地であり仕事場です。農家が個別に対応しきれないため、おコメの消費者や環境団体を対象に見学会や農業体験のイベントなどを行っているところもあります。私たちの会の事務局に事前に問い合わせてみてください。単に興味本位で訪ねたいという方もいるのですが、見学会やイベント、講演会などの時にお願いします。

農家は農繁期を中心に忙しく、地域の世話役や賦役のような役職もあります。田んぼだけでなく、ほかの作物や家畜の世話がある人たちもいます。都会

支部の勉強会での田んぼの見学。仲間の田んぼを回り、イネを見る

見学会、研修会では、全国から会員農家や不耕起田の見学者が集まる

仲間をつくって各自のイネを抜き、比較し合う。お互いの技術を向上し、体験を交換する

田んぼでイネを見ながらの説明。全国農業教育研究会のメダカのいる不耕起田見学会

井関農機の6条植え田植機。8条植えもあるが面積と労力を考慮する。側条施肥具は必要ない

地域で行われる勉強会。支部の仲間が自主的に集まり、開催される

の思い込みで、のんびりとした対応を期待されても、応えられない場合が多いので、十分な配慮をお願いしたいものです。プライバシーにも気を遣ってください。

農家は田んぼの生きものを大切に守っていますので、無断で捕まえたり持ち帰ったりしないでください。田んぼの生きものや環境は、おコメを食べてくれている人たちが、トラストしているのです。

チャンポン農法の回避

不耕起移植栽培のような変わった農業の手法に取り組もうと考える人は、比較的好奇心旺盛でチャレンジ精神があり、何でも試してみる傾向があります。大変結構なことなのですが、しばしばそれが行き過ぎて、大失敗をしたり、私たちの栽培方法とはかけ離れた田んぼ環境をつくって悩んでいたりします。

うまくいっているのであれば、それなりに結構なのですが、失敗を不耕起移植栽培のせいだと勘違いしたり、チャンポン農法をしていて、それを「自然耕」だと勘違いしていたりすると、大変困りますので注意してください。

私たちの技術は、できるだけコストをかけずに、誰でもできるように長い年月をかけて、農家の人たちと共に組み立ててきたものです。使用する資材なども、念入りに何年もかけて大勢の農家とともに試験を繰り返し、私たちの技術の向上にふさわしいものだけを残してきました。過去に使用していた資材でも、技術の変化などで今は使用をやめたもの、手法を切り替えたものもたくさんあります。

特に使用資材に関しては、農家にも私にもさまざまなものが次々と持ち込まれ、売り込みに来たり、試験を依頼されたりして、本当にありとあらゆるものを手分けして三〇年にわたって試してきました。選択の結果が現在のマニュアルに記載してあるわけです。できるだけ、目で見て材料が何であるかわかる資材を使うようにしていますが、なかには製造者の要請で内容を公開していないものもあります。

有機農法は、理論的に化学肥料が有機質肥料に置き換わったに過ぎません。自然循環という地球の大きなサイクルにはまだ程遠いところもあります。単純に化学肥料を有機質に置き換えるのではなく、各自の技術レベルや経営方針によって無理なく、田んぼ本来の環境を復元できるような取り組みを進める姿勢が大切です。

農薬や化学肥料については、初めから全く使わないで農業にチャレンジしていくのか、面積を分けて適度に使うのか、徐々に減らしていくのかは、各農家の経営上の選択となります。

農業というのは、減農薬栽培を続ければ自然に無農薬栽培になるというような、単純なものではありません。無農薬栽培で十分な収穫をめざすのであれば、それを可能にするための個人の技術の向上と栽培環境を整えていく努力が必要になります。

不耕起移植栽培を始める方は、まず初めは基本通りに取り組んでみることをお勧めします。基本通りに行ってうまくいかない場合は、必ず何か原因があるはずです。その原因を一つずつクリアしていくことで、農業技術の向上につながります。

私たちの組み立てた技術は、イネの生理・生態から導き出されたことを基本に、理論的に組み立ててあります。このように育てたらイネがどうなるかを見極めた上での技術なのです。冷害や猛暑などの時でも、イネの生理状態を見て対応するのです。

ですからイネが中心で、資材や道具は脇役です。資材による対症療法を説いている農法とは異なるのです。苗づくりや土づくりをしっかりとやらないで、特定の資材をカンフル剤のように使うのは一時しのぎでしかなく、いずれ大きな付けが回ってきます。

失敗は多くの場合、何かが基本通りではないためなのですが、チャンポン農法をすると、何が原因なのかがわからなくなってしまうのです。失敗した時は基本に返ることです。ほかの農法を実践する場合にも、不耕起移植栽培とは田んぼを別にして、その農法の理論や基本をきちんと実践するのがよいでしょう。

不耕起移植栽培を始める前に

不耕起移植栽培を始める場合、何を目的としているのかによって、取り組む姿勢にも違いがあります。私たちは産業として成り立つ農業技術として研究してきましたが、生業として自分や家族が食べていくコメだけとれればよいという場合とでは、取り組む姿勢もやや異なるでしょう。また教育や地域交流・活性化、環境復元のための農業ということになると、全く観点が異なってきます。

次に、品質・評価の高いおいしいおコメを追求するのか、増収増益を追求するのか、省力を目的とするのか、無農薬・無化学肥料（資材）での栽培が目的なのか、環境復元が第一なのかなどの優先順位や、収穫物からの収入の依存度合いなどによって、イネつくりへの手のかけ方や設備投資、肥料や農薬、資材の選び方も違ってきます。

私たちの栽培マニュアルではおいしいおコメを生きものいっぱいの田んぼで生産し、毎年安定して収穫し、消費者に安定的にお届けして、喜んで食べていただくことに焦点を置いています。逆に言えば、おコメを食べていただくことによって、消費者に生きものいっぱいの田んぼを維持し残してもらうのです。

もう一つ大切なことがあります。特に業として取り組まれる場合や借りた田んぼで始める場合は、家族や地域の人たちとのよい人間関係を保ちつつ、実践することです。

長年、慣行農業をしてきたお年寄りや地域の人たちとの意見の食い違いが出ることは必至です。苦情が出たときに、争わずに、いかに穏やかに不耕起移植栽培や冬期湛水を認識してもらえるように努めていくか、自分と家族はもちろん、家族と周りの人たちとのつきあいにも配慮したいものです。

そのためにも、地域内や地域を超えての仲間づくりはとても大切です。農業技術は一朝一夕に身につくものではなく、経験から多くを学ぶ必要があります。気候条件は毎年異なり、場所によっても異なります。土質も田んぼごとに異なります。イネつくりは一年に一回の経験となる場合が多く、一〇年でも一〇回しか経験を積めません。同じ地域の仲間と成功・失敗の情報を交換し、稲株を見せ合い、田んぼを一緒に見て回ることで、より早い技術向上が可能になります。農家は農家同士で支部組織をつくって技術を磨いています。

必要な機械と設備

ある程度の面積規模で行う場合には、機械や設備が必要になります。どこまで揃えるかは個人の経営判断となります。個人またはグループで手植えのイネつくりを楽しむ場合には、事前に必要な道具を調べ、昔の道具などを探して入手したり借りたりする必要があります。

直列播きの播種機

成苗播種用の渡部式播種機をお勧めしています。一種モミを育苗箱に縦に直列播きをする機械です。一般の一四〇～二〇〇gの播種量に比べ、七〇gという少ないモミを、機械で田植えする際に欠株が出ないように播種するために工夫された高性能な機械です。受注生産されていますので、一〇月二〇日までに発注すると、翌年の種播きに間に合うように製造してくれます。

不耕起用田植機

現在、井関農機が製造しているPAR63という田植機があります。幅五〇㎜×深さ五〇㎜の削溝部があり、田んぼの土の硬さを選ばないナタ爪で、植え付け部分だけを最小限に溝切りするため、入水直後の田んぼでも植え付けができます。

田んぼの土の条件に合わせて変速ができ、削溝部分、植え付け部分も深さを調節することができます。削溝部を収納位置にすれば慣行栽培の田植えもできます。交換部品によって無代かき田植えにも対応します。

受注生産ですので、早めの注文が必要です。地域で業としての取り組みを検討される場合は、デモ機での試験を販売会社に相談してみてください。

浸種の容器

モミの量と水の量が同じだけ入る容器が必要です。三～四日に一回、水の入れ替えができる桶や古い風呂桶などを日陰において使用します。光を遮断するふたが必要です。

催芽機

温度調整が一℃刻みで、二〇～三五℃の範囲で設定可能な市販の催芽機が適しています。循環ポンプがついている機種を選びます。催芽をしない人には必要ありません。

育苗施設

育苗ハウス。栽培面積と播種量、播種の回数で必要な面積が決まる

トンネルを利用したプール育苗施設。水深を水平に保つために浅く耕してフィルムを敷く

寒冷地など早播き、早植え地帯ではビニールハウスが必要です。被覆資材としてホワイトシルバー#八五を使います。

関西圏以西など暖かいところでは、田んぼで最も薄手の不織布で被覆するか、ハウスがなければビニールトンネルを使います。これなら、育苗が済めば片づけることができます。徒長を抑えるローラーが必要です。

水苗代は、小さな畦畔とポリエチレンシートで囲い、水を張ります。並べる場所は半不耕起にして平らにします。プール育苗にする場合は古いビニールシートの上に新しいポリエチレンシートを二重に敷いて育苗します。

栽培品種の選択

栽培マニュアルではコシヒカリの栽培を標準としています。ササニシキ、あきたこまち、ひとめぼれ、ヒノヒカリが日本不耕起栽培普及会の奨励品種です。それ以外は地域の奨励品種の一類を選択すると

よいでしょう。おいしいが栽培しづらい品種でも強いイネができ、収量の安定性が保たれます。

イネの品種には穂数型と穂重型があります。穂数型は茎数が多い品種で、穂重型は一穂の着粒数が多い品種です。

コシヒカリは偏穂数型で偏穂重型です。作る人の考え方でどちらにもなるという便利な品種です。穂数も多く一穂の着粒数も多く、作り方によっては一穂に二〇〇粒近くもモミが着く面白い性質があります。しかし、着粒数と収量は比例しません。登熟歩合が下がると収量も下がります。ここがイネつくりの面白さで腕の見せどころです。

必要な資材

私たちがマニュアルで必要な時に使用するよう指導している主な資材を紹介します。これでなければいけないとか、絶対に使用しなければならないとかいうわけではありませんが、安全なイネつくりをし、業として経営目標を達成するため、また緊急の場合にも最低限の収量を確保するために選択してきたものです。

ミミズの糞

苗床用の肥料に三割程度使用します。これは病気が出にくいようです。国産のもので、添加物のないエサを与えたミミズの糞を使います。添加物が入っていると、ミミズは体内で濃縮して糞として出しますので、かえって危険です。最もよいのは自分でミミズ床を作って野菜くずなどを与えて増やすことで、『楽しいミミズの飼い方』（合同出版）などを参考にしてください。ミミズの糞以外に、完熟したぼかし肥やそれから作った液肥が使えます。

天然の海のミネラル（棚倉断層の土）

私たちは福島県棚倉町で産出する一六〇〇万年前の海底の泥が隆起してできた断層の天然ミネラル土を土壌改良材として、田んぼに補給しています。使用時期は稲刈り直後です。この土を一〇ａ当たり五〇kgから、多い人では二〇〇kgも使っています。

この土は石化していないので、溶解度が七五%ぐらいです。非常に多くのミネラルと数十種類の特殊なミネラルとを含有する天然素材で、おコメの味をよくします。ミネラルバランスが崩れると、作物は病害に弱くなります。

このような土は、探せば日本各地にあるはずなので、近い地域で見つけて入手するとよいようです。

有機質肥料

米ぬかやくず大豆、ぼかし肥（有機質の発酵肥料）を使います。私たちはイネに肥料をやるのではなく、田んぼの生きものたちのエサになるようなものをやります。

米ぬかの量は一〇a当たり一〇〇kgでも二〇〇kgでもかまいません。「米の精」という無洗米の米ぬかを使うと強還元状態が起こりにくくなります。海のミネラルとの相乗効果で、良いイネを育てる土づくりをするのです。

くず大豆は一〇a当たり五〇kg使用します。基本の量なので、土の状態で加減してください。このほか、地域で入手した材料から自分で作ったぼかし肥を使っても結構です。

POF液

POF液は非有機のミネラル液です。天然材料で作ることができないため、化学性のものを一切使いたくない場合には、お勧めしません。

POF液の使用時期は生育中です。POF液は強酸性と強アルカリ性の二種類あり、一セットで約四五a分です。十分に希釈してから混ぜないと結晶化して使えなくなります。POF液を田んぼの水に灌注し、水のミネラルを補給します。通常一〇〇〇倍で使用します。また、葉面散布をするとイネの生育もよくなります。

POF液を植物が吸収すると、光合成が盛んになりデンプンを増やす特異な作用があります。デンプン量の調整を効果的に行えれば、逆にデンプン量で施肥量を決めることができます。そのために増収技術の一環として三〇年も前からPOF液を使って、研究を続けてきました。

冷害の時には五〇〇倍で葉面散布します。日照の足りない田んぼなどで使うこともあります。もちろん苗がよくなくては、使う意味があまりありません。

エンザー（酵素）

一番の使用目的は、ばか苗の予防です。エンザー液を使って種モミを催芽させると、ばか苗病がほとんど出ません。

ウィズウオーターで希釈して培養し、酵素液を作ります。

イネの酵素

イネの表面に生息する微生物が出す酵素です。化学肥料を使わないために起こる減収や、病気や草に強い体質づくりを補う技術として、イネ酵素を試験中で、現在のところある程度の結果は得られていますが、まだ試験段階です。

エコロープ

こちらも試験中ですが、ニームなどのハーブ類を染み込ませた麻紐を田んぼの周りに張って、害虫が畦畔から侵入してくるのを防ぎます。エコロープには鳥獣害回避用のものもありますし、害虫用の紙マルチもあります。

生活の知恵で、紙マルチを小さく切って防虫剤の代わりに箪笥や衣装ケースに入れる人もいます。

バイオファーメンティクス（農業用生源）

大豆を乳酸菌、酵母類によって発酵させ精製したものです。

栽培試験が始まったばかりですが、催芽が二四～四八時間早まる結果が出ました。根量を多くするため、非常に良い苗づくりができます。この苗は、低温育苗によってさらに丈夫で病気に強くなります。葉面散布で登熟を進め、大粒の大変味のよいコメへの期待ができます。

新しい資材の導入試験

私たちのイネつくりの技術では、資材に頼らなくても病害虫に強く、冷害に負けず、良食味のコメが作れます。ですから資材の試験をする際には、さらに追加する意義のあるものだということが前提です。その他の野菜なども同様です。私たちのイネつくりではまだ解明されていない機能性の向上が期待されるなどの場合に、マニュアルに追加できるかどうかを検討します。私と農家の人たちで、農家の圃場での試験を行って、その可能性を検討します。

毎年、数種の新しい発想から誕生した資材が持ち込まれます。しかし、全国各地で同レベルでの良い結果が得られるものは滅多にありません。単純にイネをコントロールする資材はたくさんありますが、私たちのイネつくりの技術の中で、どの生育ステージでイネの生理状態を向上できるかということを追求をするため、イネが中心で、資材は補助です。

二〇〇三年（平成一五年）はバイオファーメンティクス（農業用生源）の試験を実施しました。今回は数年ぶりに手ごたえのある資材に巡り合った感じです。

機能性、使用方法、使用の適期、使用濃度、使用量、農業上のメカニズムの解明などを検討する試験をイネのほかに、ハス、サツマイモ、トマト、キュウリ、ナス、レタス、ハクサイ、トウガラシ、大豆、リンゴなどで行いました。

事前に使用濃度や使用時期の検討を行って、使用方法を絞り込んだ上で、いくつかの濃度に希釈した試験資材を、栽培のさまざまなステージで使用して検討するのが私たちの試験です。

今回のバイオファーメンティクスの場合、未解明の部分は残りますが、イネでは催芽の促進、発根量の増加、生長促進など生育相では、私たちがかつて経験したことがないほど、良い結果が出ました。

レタスやトウガラシでも発根促進が見られました。根量の増加は、地上部が大きく健常に育つことを意味します。

果菜類、根菜類、イネで行った試験では、収穫物が際立った高品質、良食味となる上、低温寡照の条件下で、開花、結実、登熟などにおいて優れた結果を得ました。コメの味にはその結果が、非常に顕著

レタスの生育試験。根量が多くポット側面へも伸びている。苗の生長に優位差が出た（右）

試験区の根は長く量も多い。発根と根の伸長を促進する作用があることがわかった

レンコンの試験。試験区では根量が多かった。甘みが増したように感じた

左が試験区、右は対象区。試験区では根量が増えすぎて暴れ、土の上にまで出てきた

バイオファーメンティクスの葉面散布。周年湛水の広大なハス田は冬期湛水水田の原点

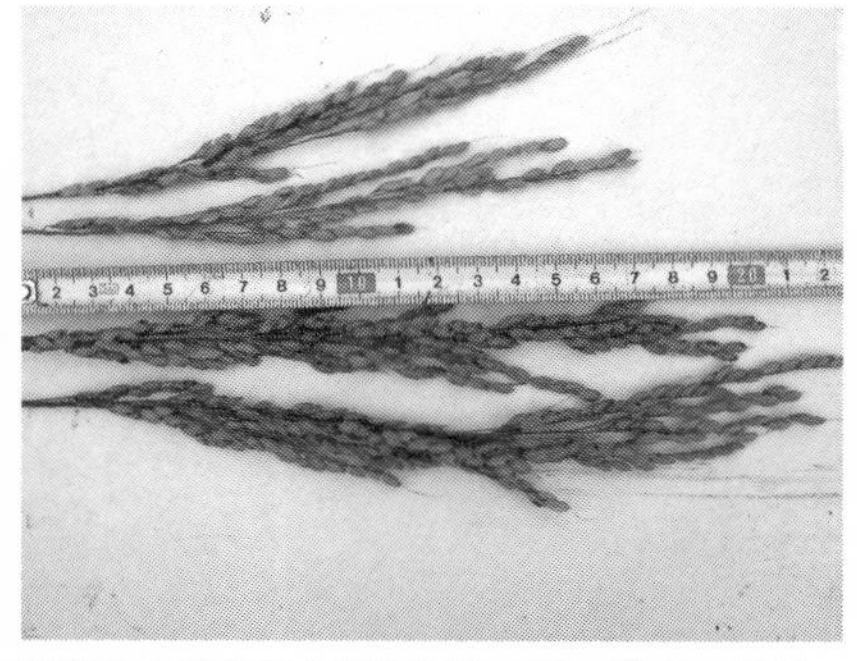

試験区の穂（下）と慣行稲作の穂。穂長、着粒数、粒の大きさ、登熟の良さなどに差が出た

に表れました。

また、その作物の持つ特性が大きく現れることがわかりました。根菜類では、可食部分への直接の使用には向かず、使用方法、時期を厳選することによって、複合的・特異的な作用が表れました。ハスの試験では食味向上やタンニンの抑制などが見られました。生でサラダにして食べられるほどのレンコンができたのです。不思議なことに、糖度はバイオファーメンティクスを使用しなかったハスのほうがわずかに高いのですが、食べると使用したほうがはるかに甘いのです。加熱によってさらに甘みが増します。サツマイモでも同様の傾向が認められるようです。

栽培作物を対象とした資材試験では、使いすぎや高濃度での使用は、時には逆の効果を生みます。そのような現象がでる資材では、大変特異な素晴らしい機能性が期待できます。特に今回は活性酸素の抑制と私たちがよく知っている植物の生理機能への働きが、さまざまな現象のキーワードだと予測しています。

この機能性の説明がまだできないことは残念ですが、そのメカニズムもやがてわかってくるものと確信しています。

このような試験を数年にわたり、全国の栽培圃場で実施し、平均して事前に予測された以上の結果を得られなければ、私たちが使う価値のある資材ということになりません。

このように、私たちは常に新しいものに挑戦をして、時代のニーズに合ったコメや野菜の試験に励んでいるのです。毎年のイネつくりのなかでは、みなさんの口に入る時が、私たちのコメの最終試験です。楽しみにしていてください。

第７章

不耕起・冬期湛水の主な作業

慣行田のイネの根（左）と不耕起・冬期湛水水田のイネの根（右）の比較

一年間の作業の流れ

「イネは親父の足音を聞いて育つ」といわれています。作る人の心はイネに通じます。作る人の気持ちがイネの姿になって表れます。「稲を見て人を知る」という言葉はこの辺から生まれたものと思われます。

今の機械化に合わせた苗づくりは、乳飲み子の苗を伸ばせ伸ばせと育てた稚苗づくりです。この徒長苗はなかなか分げつしないので、一株の植え付け本数を多くして株数を増やし、密植します。徒長した稚苗で、苗の素質が悪く能力がないのですから、元肥を増やし窒素の力で分げつを促します。これを多肥栽培といいます。窒素過多で病害虫に弱くなるため、農薬で防除を行うという結果になっているのです。こうして密植・多肥・多農薬の構造ができあがるのです。合理的に思えますがよいと思う人間のエゴの現れです。

これを逆に考えて、では農薬を減らしましょうということになると、まず窒素を少なくしましょう、窒素を減らしても、分げつの取れる苗を作りましょうということになります。

それが、私たちが三〇年もかけて育んだ育苗技術です。大勢の会員農家の人たちが実証研究をして生まれた、冷害を回避し、多収穫ができる伸ばさない育苗法なのです。

普通は農薬を減らせば減収になり、品質が低下して収入が減ります。だから掛け声は勇ましいのですが、農薬が減らせません。農薬の要らないイネとは、簡単に言えば工業的に管理しないことです。諸悪の根源は効率的とか生産性とかいうような工業用語を、自然を相手に生きものを育てる農業に取り入れたことです。私たちは厳しくもイネに愛情を注いで、生きものとして育てましょう。

このイネつくりをして収穫の時を迎えたら、まず一株の穂をひとまとめにして、しみじみ手で握ってみてください。今年の穂の厚み、モミの量、粒の大きさを自分の手のひらの感覚で実感できます。

不耕起栽培と慣行栽培の作業暦比較

生物資源型農業（不耕起・冬期湛水）	時　期	慣行農業（参考）
冬期湛水 ミネラル・米ぬか散布	稲刈り後	秋起こし
自家採種（塩水選1.15）	冬	寒起こし
浸種（10℃以下） 催芽（20～25℃・酵素処理） 播種（直列播き・70ｇ） 発芽（20～25℃）	早春 3月～	春起こし 購入種子（塩水選1.13殺菌剤粉衣）
低温育苗（初期21℃、中期昼は20℃、夜は10℃、2葉展開後は水苗代またはプール）	4月中旬	浸種（10～20℃）・種子消毒 催芽（32℃） 播種（120～180ｇ）殺菌剤入 発芽（32℃） 加温育苗（25℃以上） 荒代かき　元肥散布（化学肥料使用） 2.5葉の稚苗
くず大豆散布　5.5葉の成苗 田植え（坪50～60株・2.5本植え） 徐々に深水管理 必要であれば拾い草・手除草	5月	本代かき・間断灌水　苗に殺虫剤散布 田植え （坪60～70株・5～10本植え） 活着肥・分げつ肥（化学肥料使用） 除草剤散布・害虫防除
	6月	殺菌剤散布
花水（深水続行） 必要な場合は短期の中干し	7月	中干し 穂肥（化学肥料使用）
深水続行 冬期湛水水田は早めの落水 必要な場合は穂肥　普通の不耕起栽培は稲刈り10日前落水	8月	穂肥（化学肥料使用） 殺菌殺虫混合剤散布 花水灌水 殺菌殺虫混合剤散布 倒伏軽減剤使用
稲刈り	8月下旬～ 10月	稲刈り

稲刈り後の主な作業

稲刈り後のわら

作業　コンバインで稲刈りをした場合は、わらは細かく裁断され、田んぼの表面に撒かれた状態になります。手刈りで行った場合は、細かく切って、田んぼの全面にばらまきます。わらがない場合には、乾いたヨシ（アシ）などを裁断して、田んぼに撒きます。

解説　わらは付着しているたくさんの微小なダニ類などの分解者、菌、藻類などによって、不耕起栽培の田んぼの生きものを豊かにする起点となります。湛水後は土を耕さず、水中で分解することが、自然循環を回復させる条件となります。水中で分解すれば、地球温暖化にCO_2の容積比二〇倍、重量比五八倍寄与するメタンガスの発生が抑制されるといわれています。

昔は、わらは生活の道具の貴重な材料として全量が利用されていました。今は、それらの道具が石油製品に取って代わられたため、わらの存在を厄介に思う人もいます。産業廃棄物処理法の改正で、野焼きが禁止され、おおっぴらに燃やすこともできなくなりました。

一方、コンバインの普及によって、わらは飼料用などのために集めない限り田んぼに切り捨てられますから、逆に、藻類が発生する仕組みがわかってきたといえます。

秋起こしをしない

作業　不耕起栽培では秋起こしや寒起こしをしません。

解説　不耕起栽培では古株の根穴は土壌にそっくり残っていて三年もこのようなイネつくりを続けると根穴は構造化して逆にスポンジのようになります。不思議なことに、土が硬いところでは軟らかくなり、軟らかすぎて水を張ると沼化していたところは、水はけがよくなりほどよく硬く歩きやすくなるのです。水はけのよすぎるザル田でも水もちがよく

不耕起田の根穴構造

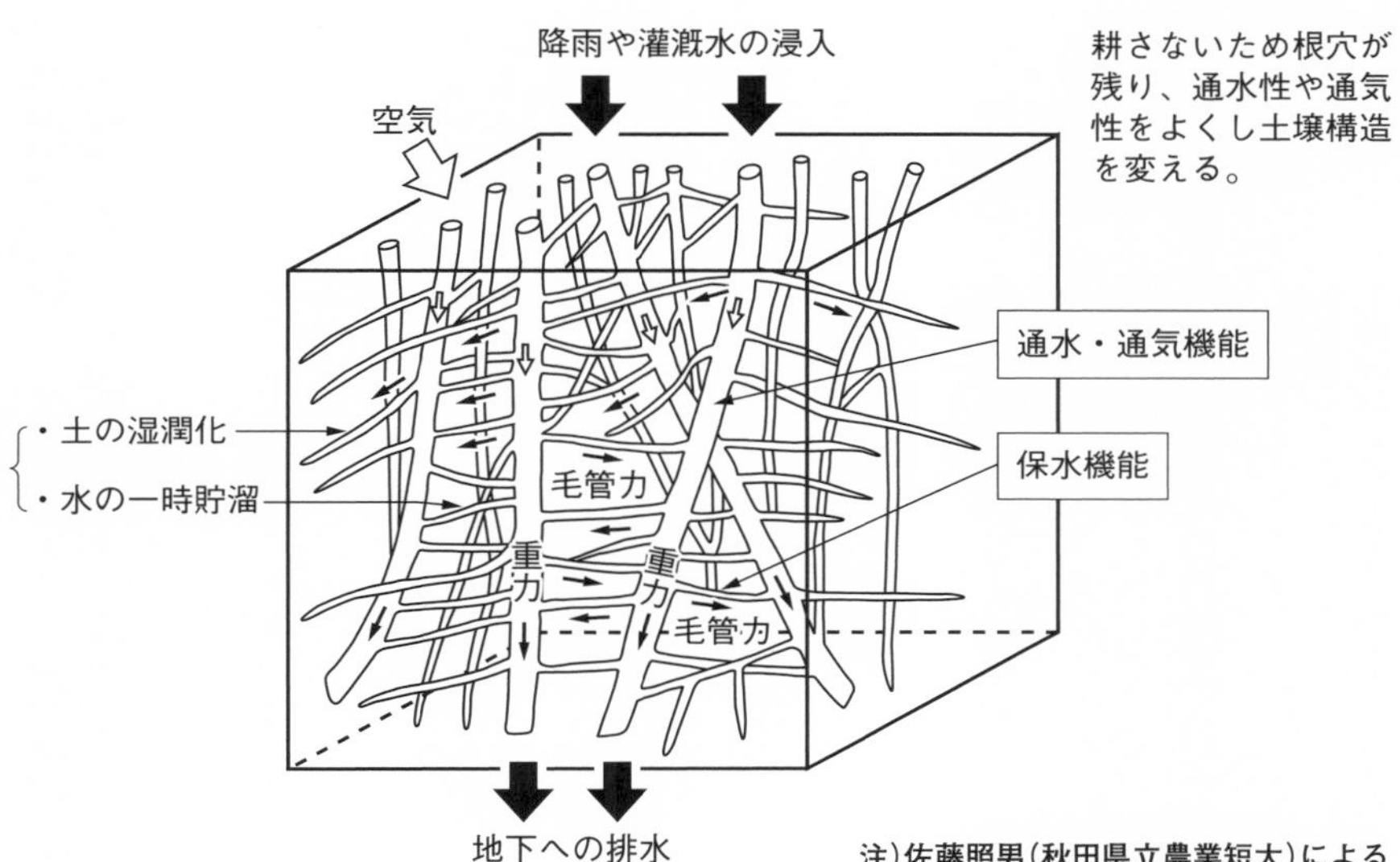

注）佐藤照男（秋田県立農業短大）による

なります。構造化に加え腐植質としても土中に蓄積し、サヤミドロなどの藻類の発生を促し、さらに三年ほど経過するとコメの味に変化が出ます。

普通の稲作ではトラクターで耕耘するので、イネの根を壊して、土に混ぜ込み腐らせますから、根穴が残ることはありません。田んぼでイネが根を張る作土層の下には硬盤（鋤床層）というトラクターなどの重たい機械が田んぼに入ることによって固く締まった硬い層があります。

私たちのイネつくりではトラクターを使わず、硬盤も次第になくなってしまいます。イネの根っこが硬盤を一〇cm以上も突き破り、根を深く伸ばして耕してしまうのです。

水の確保

作業　土地改良区などの水利権の管理者への相談の上、冬期湛水のため、水を入れる承諾を取ります。湧水の利用や井戸水の利用ができれば準備します。排水路や小河川からのポンプアップ、新しい井戸掘りは事前に十分な準備がいります。

健康な成苗。根の張りがよく根量が多く太い。田植えまで徒長を抑えて育てる

一年の成果はイネの姿や穂にしっかりと現れる。自分の手のひらの感覚で成果を確認

不耕起・冬期湛水水田のイネの根。細かな分枝根が発達し、丈夫な茎や葉を作る基礎

解説　冬期湛水をするためには、事前に用水が冬場に使えるかどうかの確認が必要となります。冬期湛水をやりたくても実行できない田んぼの方が多いことも事実です。水利権の管理者との調整が必要になります。この壁を越えるには多くの人たちの理解と時間がかかるものと思われますが、冬期湛水を進める動きは全国的に広がりつつあります。

地域ぐるみで行う場合には、助成が出るケースも出てきたようですので、自治体や指導機関からの情報も大切にしてください。

昔は各地で農業用の井戸を掘る技術があり、田んぼの周辺では地下三～四mくらいのところに、飲料用には不向きですが農業用に利用できる水が出る場所は多くあります。各地域で尋ねれば、高齢者とか昔の井戸掘り名人などから話が聞けるかもしれません。専門業者に頼むと一m一〇万円で一〇〇m以上の見積もりが出てきますが、海外で活躍するNGOや地域のNGOなどが数十mまでの井戸を掘る技術を継承していることもありますので、活動を調べて、井戸掘りの作業現場を見学させてもらってもよいかもしれません。

排水路や用水からポンプで水を揚げて、自前のパイプラインで水を引く場合は、電力会社に申請して、電気を使うための工事をしてもらう必要があります。必要な場合は電柱を立てて電線を引きます。地元の電気工事会社などへ、まず相談してみます。ポンプの設置場所やパイプラインを引く用水の周りの地権者から同意を取ることが必要な場合がありますので、近隣の田んぼの所有者とは十分に話し合いの上、冬期湛水のことを理解してもらう必要があります。田んぼを乾かしたい農家もありますので、畦畔から水がしみ出して隣の田んぼに迷惑がかからないか、十分な配慮が必要です。

冬期湛水

作業　稲刈り直後から、田んぼに水を張ります。水漏れを防止するため、畦畔塗りや畦畔マルチをします。事前に、水の確保が必要です。隣接する田んぼや畑に迷惑をかけないよう畦畔の点検をする必要があります。

解説　目的は、抑草と田んぼの生きものたちの生きられる環境を早く整えることです。

稲刈り後に生える草の多くは、畑の草と性質が似ていて、酸素がないと発芽ができず水の中では生育ができません。

関東以西では、秋口の水温八〜二五℃のころに早くから湛水することで、トビムシやイトミミズなどがわらなどの有機物の分解を活発に行い、土壌が生物的、物理的に改良されていきます。

しかし真冬でも、冬期湛水した田んぼの雪や氷の下では、たくさんの微小な生きものたちが活発に活動しています。寒い地域でも冬期湛水した田んぼでは有機物の分解を含めた自然循環が徐々に進んでおり、早春の水温上昇とともに、再びイトミミズの活動は高まるようです。

冬期湛水を始める時期が遅れて春に近くなると、抑草がうまくいかないことがあります。

冬期湛水によってトロトロ層が厚くなると、春からのイネつくりの作業が、これまでの不耕起栽培とは大幅に変わってくることがあります。藻類や浮き草の発生の仕方などは、冬期湛水をしない場合との違いが出てきます。今後、多くの会員農家が実践するなかで、新しい報告ができるでしょう。

土壌改良材と有機質肥料の施用

作業　まず浅く水を張る前に、海のミネラル土や米ぬかを散布します。

解説　私たちの栽培では畜産糞尿を原料とした堆肥や肥料メーカーの作った配合肥料は原則として使いません。本当に徹底したこだわりを持って栽培をするのであれば、自分で材料を集めるか、自分で作ったものを使用します。

有機質の分解は、私たちの頭で考えるほど早くないということを改めて認識してください。私たちの田んぼには約六〇〇kgのわら、それと同じくらいの稲株とイネの根が地中にあります。わらは窒素が出てくるまでに二年かかります。モミガラは七～八年、おがくずは三〇年かかります。

有機質の分解にはたくさんの窒素が必要です。微生物が有機質をエサにして増え、体を作るために窒

ポンプの設置。秋～春に用水が止まるところでは、冬期湛水のために水の確保が必要

稲刈り後の湛水。畦畔の補修をして畦マルチをしてから水を入れる

春の畦畔の手直し。その土地の冬の気候条件によって、春先の補修が必要

素を消費します。これは田んぼでも畑でも有機栽培をした時に起こる減収の原因となります。

窒素の効き方の差が収量の多少を決める要因であり、有機質肥料の原材料によって、この効き方に差が出るのですが、入れ過ぎればかえって窒素過剰を起こし、病気の原因になることがあります。

冬の主な作業

畦畔の補修

作業　畦畔の補修、畦マルチの張り替えをします。畦マルチは、黒色、厚さ〇・〇三㎜の薄いポリエチレンフィルム（幅一八〇㎝）を六〇㎝に三等分して使用します。一五㎝くらい土に埋め込み、上部から割り箸などを半回転させながら止めます。

これで九〇％の水漏れは止まり、モグラやネズミにも破られにくいようです。

解説　畦畔の補修、畦マルチの張り替えは、雪が多いところでは秋に行い、雪や雨の水を早く湛水するようにします。暖地ではまず湛水しておいて、厳寒中の雑草の動かない時期に、水を落として短期で作業を済ませます。

冬に霜や霜柱で畦畔の土が軟らかくなるようなところでは、秋口に仮補修してポリエチレンマルチをしておきます。春にもう一度補修の必要があります。

モグラやネズミ、アメリカザリガニの穴などで水漏れが起こったり、土が緩いとひと夏の間で土が崩れますので、冬期湛水を行う前に仮補修を行います。

凹凸の修正

作業　冬の間に、湛水した水を一度減らして、田植機のローターで整えます。手作業でもできます。
解説　冬期湛水で、田んぼの表面のトロトロ層が乾きにくくなることがあります。
稲刈りの時にコンバインの跡がえぐれ、田んぼに凹凸ができます。これを平らにします。
この時、水を落としすぎると、春草が抑制できなくなるので注意してください。作業は厳寒のころに行います。

田んぼの凹凸の修正。冬期湛水をした場合などコンバインの重みでできた凹凸を修正する

秋～春の主な作業

塩水選（安全な種子の確保）

作業　塩水の中で種モミを選別します。棒目比重計で、一・一〇がモチ米、一・一三が一般のウルチ米、一・一五が私たちの種子です。簡単に行う方法は、新しい鶏の卵を三個くらい用意して、塩水に浮かべる方法です。卵が縦になり一〇円玉くらい浮かび上がった時が比重一・一〇、卵が横（完全には横になりません）になり一〇円玉の時が一・一三、五〇〇円玉くらいの時が一・一五くらいです。

塩はネットに入れて吊るし、時間をかけて水に溶かすか、ぬるま湯で溶かしてから水を加えます。刈り取り直後に塩水選を行うと、春までたくさんのモミを保管しなくて済みます。

未熟米はモミガラと玄米の間に隙間があるので浮き上がります。浮き上がったモミを取り除き、下に沈んだものが種モミになるのです。これを水洗いして干します。浮き上がったモミも水洗いしてきちんと乾燥すれば食べるのには支障がありません。これだけきつい選別をすると半分以上が浮き上がります。

解説　イネの種子は買ってはいけません。販売している種子は必ず農薬で種子消毒を施してあります。その種子ができるまでの栽培中の履歴が大切です。種子を購入する人は、お金をどぶに捨てているのです。

イネにも遺伝子組み換えの品種が登場していま

す。日本の稲作の中にも入り込む機会を狙っているので、できるだけ関心を持って、食卓が侵されないように注意してください。

野菜や草花と同様に、イネも良い種子を選ばなければ立派なイネが育たず、おいしいコメができません。

私たちの先祖は頭がよくて簡単な見分け方を考え出しました。泥選といって、水に粘土を溶かした中に種モミを入れ、沈んだものと浮かんだものを選別する方法です。泥水は普通の水よりも比重が大きいので、少しでも悪い種子は浮かんで、沈むことはありません。今は泥水の代わりに塩水を使います。

塩水選。良いイネを作るためには良い種モミを選ばなければならない

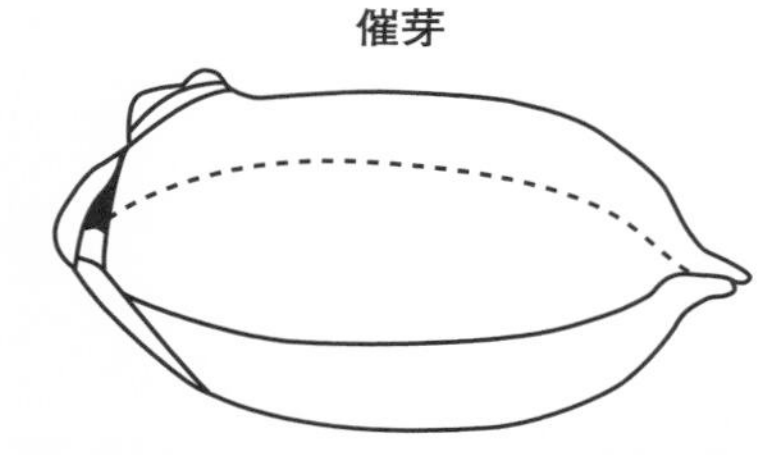

催芽

催芽。種モミの芽が少し膨らんで鳩胸の状態。乾かして保管すれば１カ月くらいは発芽する

春の主な作業

浸種

作業　ジャポニカ種の温度の起点である一〇℃以下の水温で、外気温が低い時期に二〇日以上、ネットの中に入れた種モミを風呂桶などの容器で水につけます。二～三日に一度、水を取り替えます。昔はモミ俵やカマスに入れ、水のきれいな小川や溜め池に種モミを一カ月も浸したのです。地下水は温度を確認します。日の当たる場所では太陽の光のエネルギーが熱となり、水が対流して、桶の上水の暖かいところでは先に芽が動いてしまいます。寒いところで、できるだけ長く行うのがよいのです。

解説　浸種はアブシジン酸をなくすための水処理です。発芽がばらばらに起こるのはこのアブシジン酸の含有量が一粒一粒違うからです。アブシジン酸は、水に溶ける性質と温度に弱い性質があり、その作用を解除する作業です。イネは穂にアブシジン酸を溜めて、秋に芽が出ないように守備態勢に入るのです。秋のモミは水分が二五％以上もあり、温度もあるのでたちまち胚芽が発芽態勢に入ってしまいます。穂発芽のしにくいコシヒカリなどは、アブシジン酸をいちばん多く含有する品種です。

アブシジン酸は落葉・休眠ホルモンともいわれ、一九六三年（昭和三八年）にオーストラリアのアディコットと日本の大熊和彦先生が共同で発見したホルモンです。

イネの芽は水分と温度で動き出しますが、根は酸素がないと動きません。イネは、芽と根が別の動き方をする珍しい植物なのです。したがって、酸素の補給のために水替えをします。酸素が十分にないと発根にばらつきがでます。

催芽

作業 催芽機の中で二〇～二五℃の範囲で催芽させます。鳩胸のように芽が膨らんだ状態です。芽を尖らせてはいけません。

昔はお風呂の残り湯を利用して催芽をしたのです。少量の種子の催芽はこれで十分です。風呂桶の中にコンテナのような箱を置き、直接、種モミをお湯につけないようにすることです。また、温度が高いと苗の徒長を招き、丈夫な成苗はできません。

解説 芽（胚芽）が目を覚まし動き出した発芽直前の状態を催芽といい、まだ芽が伸び出さない状態です。モミが割れて芽が少し覗いた時が催芽の適期です。温度が一〇℃以上で発芽・伸長します。

催芽機で催芽する時にエンザー液を使用すると、ばか苗病が予防できます。ばか苗病菌はモミガラと玄米の隙間にいます。塩水選をきっちりと行って、比重の大きい種子を選別すれば、ばか苗病の八〇％は防ぐことができます。

植物の生長ホルモンの代表であるジベレリンはばか苗病菌の出す毒素から一九二六年（昭和元年）に黒沢英一先生が発見し、一九三八年（昭和一三年）に結晶単離され「バカナエGibberella fujikuroi」の学名に因んでジベレリンと命名されたのです。種なしブドウやいろいろな植物のホルモン処理に使われています。

床土

作業　有機質の肥料の入った床土を自分で調整する場合は、熱消毒済みの山土を購入して完熟の有機質肥料を作って混ぜます。ミミズの糞を混ぜて使うのも有効です。床土の消毒には、焼き土が最善の方法です。床土はｐＨ四・五～五・五に調整します。簡単で安全な方法は酢酸処理です。安い酢酸は氷酢酸で、播種の時にこの一〇〇〇倍液を灌水するのがよいでしょう。

一般に農家は床土用の土を購入して育苗箱に入れます。多くのものは化学肥料が入っていて、ｐＨも調整済みです。有機質肥料が入っている床土もあり、未熟な有機質でなければ、使っても大丈夫です。気をつけたいのは、市販の床土の肥料設計です。何グラムの播種ができるか確認してください。

解説　イネのルーツが酸性土壌で誕生したために、産声をあげる場所は強酸性に近い土が好ましいのです。

問題になるのが育苗用肥料です。化学肥料は、簡便で実はいちばん問題が起きないのですが、有機栽培用の育苗用肥料は十分に完熟していないと病気が出ます。育苗箱は深さが三㎝しかなく、ハウスでは湿度と温度が上がりやすいので、カビ類や好気性の畑の病気が発生して苗の生育を阻害します。これを使えば確実だというものはありません。

播種

作業　渡部式播種機では七〇ｇの種モミを直列に播きます。直列の数は田植機の掻き取り回数に合わせ、一般的には二〇列です。

手植えをする場合はバラ播きになりますが、播種量はこの場合は少なくして、一箱五〇ｇ前後がよいと思います。播種量が少なければ少ないほど立派な苗ができます。

一箱七〇ｇ播きで一〇ａ当たりの必要箱数は、一坪六〇株植えで約二二箱です。補植用にさらに二箱あれば十分です。三本植えの場合は、四箱追加します。

播種後に水をかけなければなりません。

解説　渡部式播種機では楕円形の種モミを直列に精度よく播きます。成苗づくりの第一歩は播種量を減らすことで、苗の老化と徒長を防ぎ病害に強い苗を作るためです。

種モミの一箱当たりの播種を少なくすれば箱数が多くなり、育苗する面積も手間も多くなってしまいます。

昔の苗代では一反歩（一〇a）当たり四・五坪の面積に、約一～三升（一・五～四・五kg）の種モミを播きました。今の育苗箱は一坪の一八分の一の三〇cm×六〇cmです。

播種日

作業　成苗を作るのに必要な日数を計算して播種します。

解説　稚苗は育苗の日数が二〇日くらいですが、成苗は五〇～五五日の管理日数が必要です。東北の農家ではもっと時間をかける人もいます。

私たちの苗づくりは、苗を鍛え学習させ、丈夫に育て、冷害を回避し、多収穫ができるようにするための伸ばさない育苗法です。稚苗と同じ草丈になるように、五枚の葉を育てる技術です。伸ばしすぎると田植機で植えることができません。また、低濃度の窒素では分げつが取れません。耕さない過酷な条件下で稲作をするには、この苗づくりこそが第一の条件になります。

関東では寒い二月後半に播種します。棒寒暖計を二本用意し、種モミの位置に差し込み、種モミの位置の土の温度を測定し、ハウスの換気で温度を調節します。慣れるまで何回も温度を測定してください。

発芽

作業　発芽時の温度は、慣行の温度設定より一〇℃低い二〇～二五℃です。発芽を揃えるには、あらかじめ催芽をしておくことが必要です。

解説　育苗器の温度は上部と下部では温度が違い、発芽に影響します。育苗の途中で上下の育苗箱を入れ替えれば発芽が揃います。二〇～三〇％芽の

播種量によって苗の育ち方が違う。手植えの場合は、バラ播きで50ｇ程度でもよい

苗床づくり。水平を取るのにモミガラを敷くとよい。ハウス内を平らにしてシートを敷く

育苗箱に肥料を混ぜた土を入れる。底に新聞紙か専用の紙を敷くとよい。自然耕塾実習

先端が土からのぞいたら育苗器から出し、ハウスに並べて平置きします。ハウスに重ねてフィルムをかける発芽方法でも同様にします。

初めから平置きをして発芽させる場合は温度が足りないので、昼と夜の保温のためにホワイトシルバー#85を使い、二〇～二五℃の間で温度管理をします。

どの方法での発芽でも、二五℃を超えてはいけません。芽の長さが一cmになるまでは、温度管理は同じです。

初期の育苗管理

作業　芽の長さが一cmになったら日中は太陽光にあてます。第一葉の展開まで昼間の床土の温度を二一℃で管理します。夜温は常に一〇℃以上を保ちます（以後、２３０ページ以降の図参照）。

第一葉鞘高（節から葉までの鞘の長さ。普通の葉の葉柄に当たるもの）を伸ばさないで三cm前後で止まるように育てます。第一葉身長（葉の長さ）が二～三cm以上あり、第一葉を葉耳（葉の付け根）のところで下に折り曲げてみて、第一葉と第一葉鞘高の長さが同じなら、この育苗は大成功です。

週間天気予報に注意しながら、日照が予測されたら「ホワイト」を表に、天候が悪ければ「シルバー」を表にして被覆します。ホワイトとシルバーでは、表と裏で約二℃の温度差があり、ホワイトの方が高温時の管理に向いています。

解説　成苗づくりのキーワードは徒長、老化、病害の予防と管理日数です。徒長を止めるには、自然の温度を利用すればいいのです。植物は低温下では伸長を止めます。特に東北では、幸いにもイネの播種の時期が早くなり、霜が降りたり小雪が舞ったりする寒い時期です。ハウス栽培での育苗管理は、寒さを利用し、いかに冷まして適温を維持するかにあります。夜温の維持のためには、太陽光の残る夕方少し早めの時間にホワイトかシルバーを苗の上にベタがけします。

発芽。温度と水気に気をつける。芽が１㎝になったら太陽光にあてるが、ハウス内の温度に十分注意する

温度管理。ハウスの天井から温度計を下げ、育苗箱の土に刺さるようにする

第一葉展開後の育苗管理

作業　第一葉が展開したら、昼の温度は二五℃に上げて管理します。夜温は一〇℃以上を守ります。

解説　昔から「苗半作」といわれていますが、私たちの低温育苗は「苗八分作」です。芽が出て葉が出れば苗だと思わないでください。良い苗でなければ、田植え後に遭遇する過酷な条件を乗り越えられず、イネは立派な体を作れません。

第一葉の葉身長が大きく展開した苗は、第二葉は八㎝前後の長さに収まります。そして第三葉は大きくすくすくと伸び上がります。これが本来あるべき苗の姿なのです。第三葉の大きな苗は、第六葉の大

きなイネとなることを保証します。

第一葉身長が一～一・五㎝前後だと、第二葉が異常徒長して一五～二〇㎝近くの草丈になってしまいます。この苗は親である胚乳（玄米）を消耗して栄養失調に陥ります。したがって、第三葉の展開が遅れたり、葉身長が短かったりして苗の素質が低下してしまいます。たいていは高温が原因です。

成苗づくりの醍醐味は、田植え後のイネ姿にあるのです。そのイネ姿はこの育苗中に決まるのです。

苗の水管理

作業　第一回目の灌水は一・五葉まで行わないのが原則です。

解説　常に水を欲しがる体質を作らないためです。溢泌（いっぴつ）現象といって、夕方になると葉先に水滴ができます。この水滴があるうちは土の表面が乾いていても床土に水分がある証拠ですから、灌水を我慢します。

水滴が出てこないようでしたら水不足ですから一・五葉前であっても灌水します。毎日、苗の姿を愛情を持って見ていれば、水不足で苗を枯らすことはないはずです。土の湿り具合、根の張りなどもよく観察してください。

水苗代・プール育苗

作業　葉が二枚を超えたら、苗を田んぼに搬出します。小さい畦畔で部分的に囲い、田んぼに搬出、土の表面だけを浅く（五㎝）耕起して半不耕起にし、平らにします。苗箱を並べる前に、フィルムを敷いて並べ終えてから湛水します。この手法はいちばんよい苗ができます。

プール育苗をする場合は、土やモミガラで床を均平にし、床のフィルムを二重にします。計四㎝の水深を維持するため、土を盛るとか、幅三寸五分（約一〇㎝）、厚みが五分（約一・五㎝）くらいの板を地面に打ち込んだ角材（五分角の杭）で挟んで立てるなどして、プールを作ります。ハウスやトンネルのビニールフィルムは全部撤去します。

徒長を抑えるためには、毎日ローラーをかけたり、ほうきで葉を撫でたりします。

する苗の姿

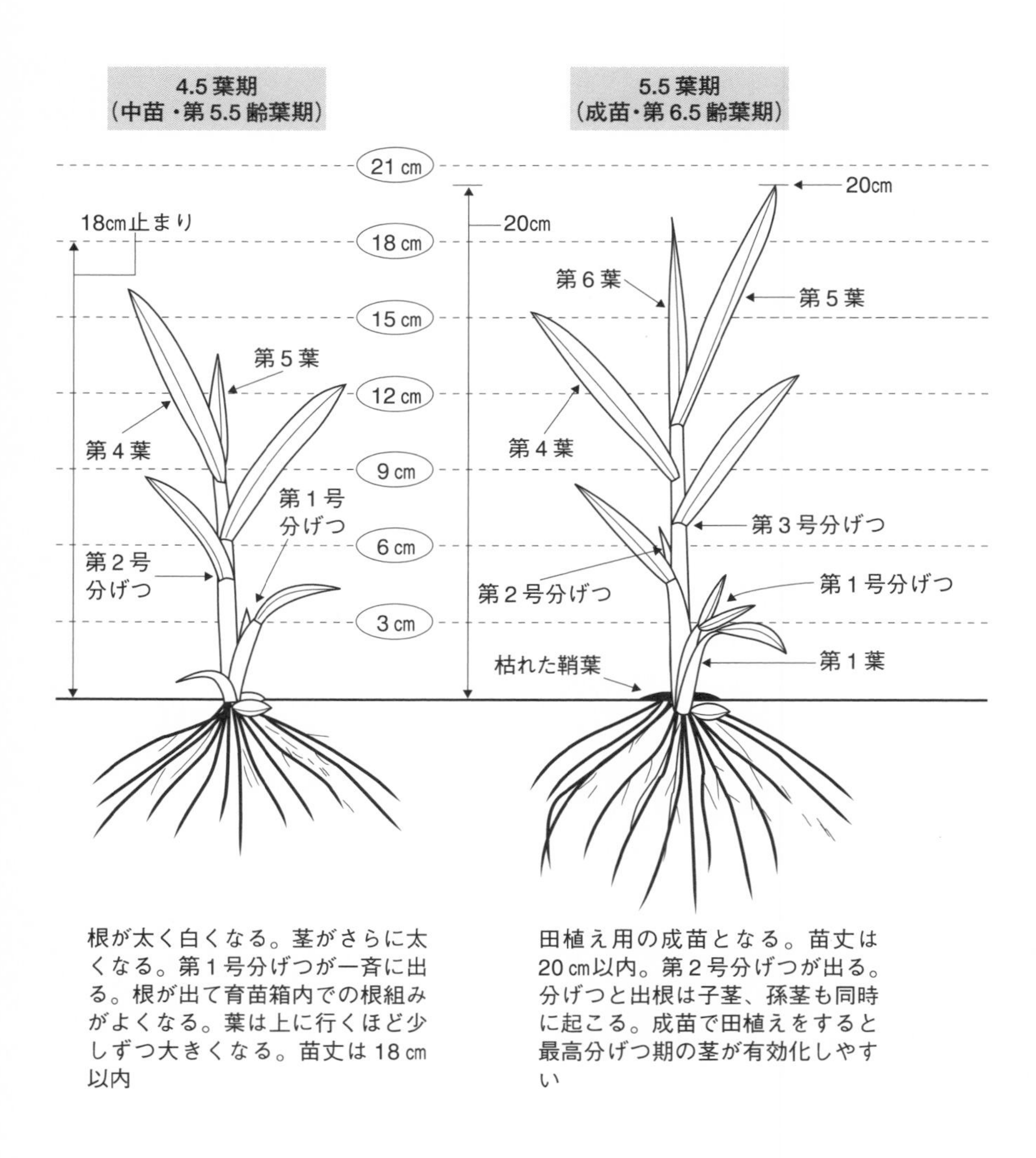

根が太く白くなる。茎がさらに太くなる。第1号分げつが一斉に出る。根が出て育苗箱内での根組みがよくなる。葉は上に行くほど少しずつ大きくなる。苗丈は18 cm以内

田植え用の成苗となる。苗丈は20 cm以内。第2号分げつが出る。分げつと出根は子茎、孫茎も同時に起こる。成苗で田植えをすると最高分げつ期の茎が有効化しやすい

成苗育苗で理想と

１葉期 （第２齢葉期）	1.5 葉期 （乳苗・第 2.5 齢葉期）	2.5 葉期 （稚苗・第 3.5 齢葉期）	3.5 葉期 （中苗・第 4.5 齢葉期）

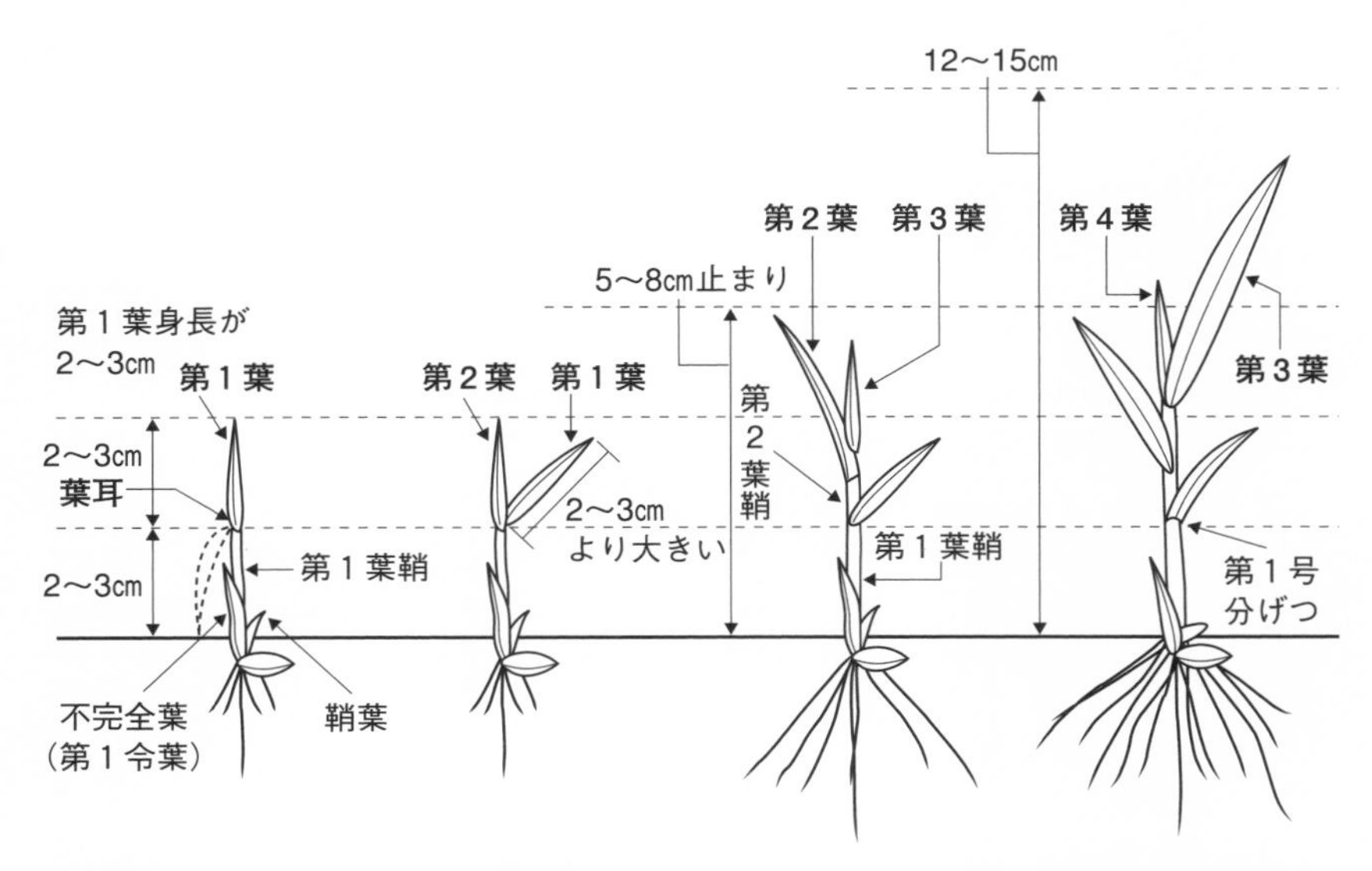

第１葉を葉耳で折り曲げた時、第１葉身長と第１葉鞘の高さが同じ。第１葉身長・第１葉鞘の長さはともに２〜３cm以内

播種後約10日目。第２葉が展開した時に、第１葉身長が２〜３cm以上になっていれば成功。この時の姿でその年の稲作の成功がほぼ決定する

第３葉が展開した時、第２葉鞘の高さが伸びず根元から第２葉の先端までの長さが８cm以内。（本来、自然発芽なら約４cmにしかならない）田んぼに搬出し水苗代育苗またはプール育苗に移行する

第３葉が第２葉より大きく伸びる。茎の幅が広くなる。この第３葉が大きく展開しないと田植え後の第６葉が大きく伸び上がらない

稚苗の姿と悪い例

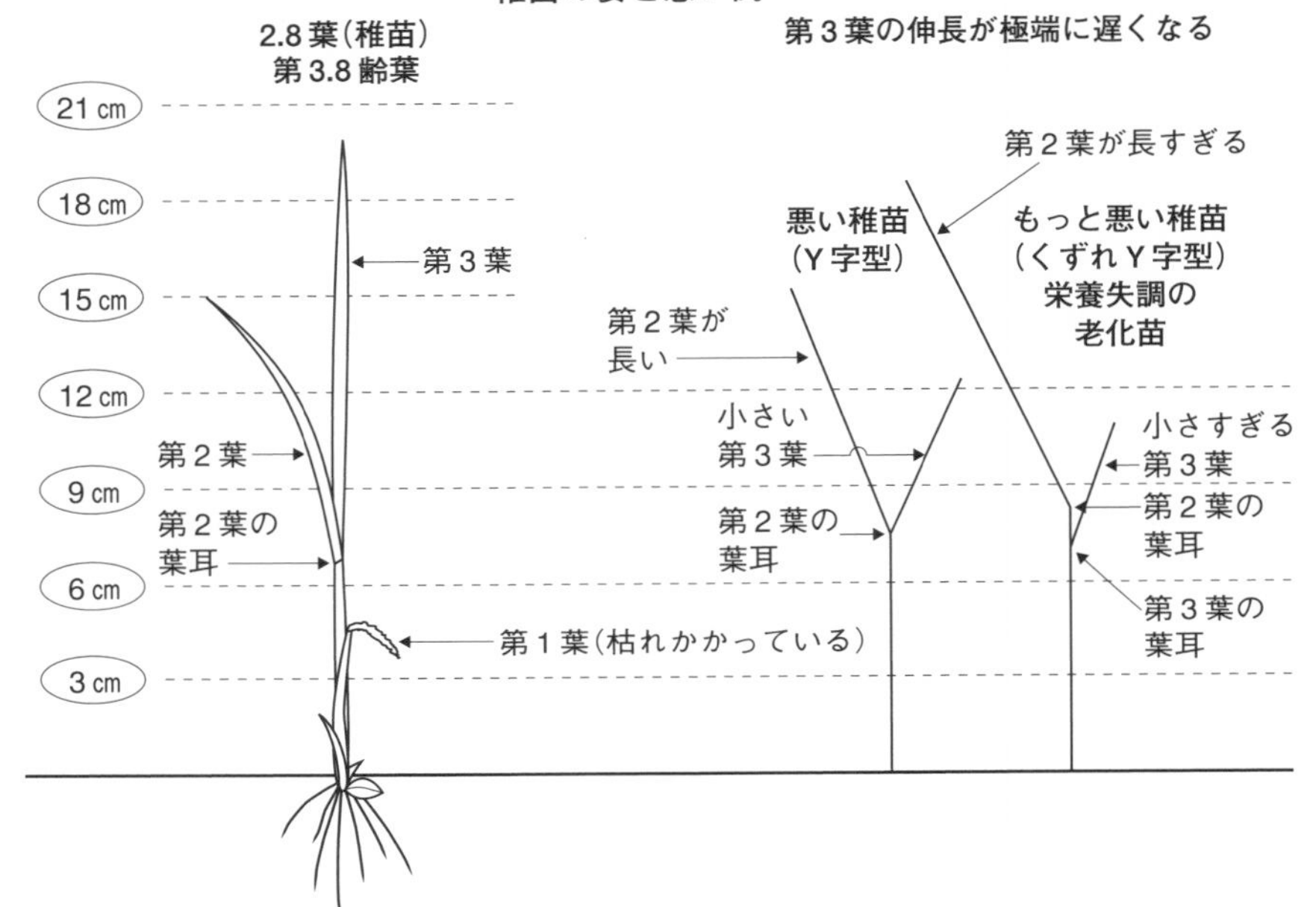

体重100kgの人が足で踏んでも大丈夫。ほうきで撫でてもよい。肥切れに注意

苗の徒長を抑えるための手づくりのローラー。エチレン効果で徒長を抑え茎を太くする

冬期湛水の場合は水を少なくしてビニールシートを敷く。波板は風で起こる波の防護

プール育苗。田んぼに水が引けない場合や、育苗箱の数が多い場合はプール育苗をする

普通の不耕起の場合は、小畔を田んぼの中に作って苗代を田んぼと分けて水を張る

田んぼへの搬出。横にスライドさせて積み重ねれば、苗が傷むことはない

雪や霜による葉焼けが気になる場合には、育苗箱を不織布で覆う

苗は重ねても丸めて輸送しても大丈夫。ただし長時間丸めておくと機械植えの精度が落ちる

解説　イネの種子の胚には三枚の葉の葉原基（葉になる組織）があり、低温で適切な管理をした苗は、胚乳の消費が適切で、栄養失調になりません。

第三葉が伸長し始めるとイネは栄養的に独立するので、葉が二枚を超えればいつでも田んぼに搬出できます。

箱上一cmの水深があれば小雪でも平気です。浅水で保護をして徒長と畑の病原菌を抑えます。イネはどんなに寒くても水中では伸び上がるので、苗箱を並べた時に深さが均一になるようにします。

イネは低温やローラーの刺激でエチレンという抑制ホルモンを出し、伸長を止めて茎を丈夫にして、刺激に耐える体を作るのです。苗が老化しないように注意します。

プール育苗のコツは田んぼの泥を少し入れ、田んぼの微生物を増やすことです。

昔の折衷式水苗代でも低温育苗は可能です。

元肥

作業　田んぼに自家生産の米ぬか、くず大豆、モミガラ、そして土壌改良材の海のミネラル（棚倉断層の土）などを入れます。ぼかし肥でもよいです。

解説　昔から「イネは土でとれ、ムギは肥料でとれ」といわれてきました。イネつくりのコツは土づくりだったのです。農業では土の栄養分を完全に収奪してしまいますので、補わなければなりません。

地力があって肥えた土とは、微生物の遺体の多い土のことです。微生物の体はタンパク質（窒素化合物）でできています。イネはこれらの地力窒素を重点的に吸収して、人間の与えた窒素肥料はあまり吸収しません。しかも窒素の吸収量は気象条件で違います。できるだけ、化学肥料は使わないのがよいのです。

4月末〜初夏の主な作業

移植（田植え）

作業　不耕起栽培の専用田植機で田植えをします。専用田植機がない場合は、ドライブハローで土の表面五㎝を掻き回し、普通の田植機で半不耕起栽培をします。

手植えは、浮き苗になることを防ぐために、植えた苗を親指と人差し指でちょっと押さえて土を寄せます。手植えでは穴をあけるのに棒を使うこともあります。子どもたちに手植えをしてもらう時には、竹箸二膳を輪ゴムで二カ所留めて、お尻の側で穴をあけてもらいます。三〜四㎝のところに輪ゴムを留めておくと深さの目安になります。子どもは浅く植える傾向があるので、注意します。

一株当たりの植え付け本数は平均二・五本を目標にします。機械植えの場合、機械の調節の仕方で植え付け本数はいくらでも簡単に変えることができます。削溝や植え付けの深さは地質によって異なります。冬期湛水した田んぼでは深めにして、トロトロ層の境目に植えないよう注意します。冬期湛水した田んぼに普通の田植機で植えると直根が伸びず、秋に穂重で倒伏します。

水深は一〜二㎝程度にします。冬期湛水した場合には、水の深さは一㎝以下でも大丈夫です。

解説　イネの移植を田植えといいます。私たちの耳には、田植えという言葉は耳触りがよく、なんとなくメルヘンチックに聞こえます。「田んぼ」というように、「田植え」というと、日本人には農耕民族の血が流れているようです。

今の農家は、普段訓練をしていないので、腰を曲げて一日仕事をしたら翌日は動けません。張り切って手植えをしても、体をこわしてはなんにもなりません。私は農家に、農業をして命を縮めてはなんにもならない、農作業に追われて体を壊してはなんにもならないと言い続けています。

農村では尺度はメートル法でなく、尺貫法が生きていて、その方が便利です。

畝幅（横から見た株と株の間）は、機械で一尺（三〇㎝）です。井関農機の乗用不耕起移植機（田植機）は六条植えと八条植えがあります。六尺（一八〇㎝）幅を一回に植えていく機械と八尺（二四〇㎝）幅を植えていく機械の二種類があります。株間の調節はできますが、私たちは植え付け株数は一坪六〇株にしています。一八〇㎝×一八〇㎝（一坪）

のところへ六〇株植えるためには、一尺（三〇cm）の植え付け幅（植え付け間隔）で六条（六本の筋）に植えると株間が一八cmになります。五〇株なら株間が二一cmです。東北の一部などでは、植え付け幅一尺一寸（三三cm）という機械を使うところもあり、この場合は株間がもっと狭くなります。

田植えをするのに、今でも坪当たり何株という計算をします。一坪は三・三㎡ですが、一反歩（一〇a）は一〇〇〇㎡とは普段あまりいいません。一反歩は三〇〇坪です。一反歩の一〇分の一が一畝です。一畝は三〇坪です。

昔からイネつくりは「厚田も千石、薄田も千石」といわれ、いっぱい植えても少なく植えてもとれる量は同じだといわれました。イネには補償作用という性質があり、隙間があるとその分だけ茎数が増えたり、一穂の着粒数が増えたり、登熟歩合（完熟粒数の比率）が上がり、隙間を補ってしまうのです。したがって、坪当たり五〇～八〇株でも四〇株でも収量の差はあまりありません。ただし、これには条件が二つあります。一つは苗の素質がよいことで、

不耕起移植専用田植機による田植え。写真は８条植えの田植機。栃木県大田原市

井関農機のデモ機による田植え。田植機を購入し面積を広げたい場合は販売店に相談

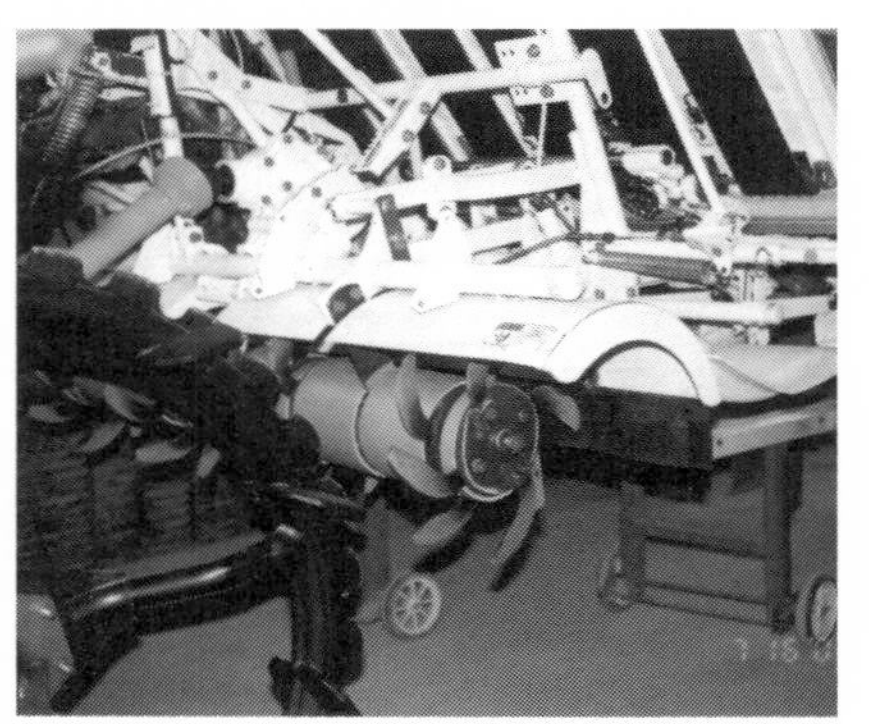

削溝のディスク。削溝部、植付け部とも深さの調節が可能。試し植えで深さを決める

もう一つは天候がよいことです。ですから、植え付け幅を一尺一寸に取るというのは、もともと分げつが取れにくかった地域などでの習慣です。

苗の強弱

作業　一株に植える苗は大きさの揃ったものにします。塩水選と浸種がカギです。

解説　苗に強弱があると最後まで強弱のままばらつきます。強い方が栄養も太陽の光も多く取って、さらに強く生長します。植物の弱肉強食は、動物より激しいかもしれません。同じくらい強い苗を二本植えにすれば、苗は喧嘩をしませんので、すくすくと育ちます。

播種量を多くした場合は、田植機は本数を多く植えます。植え付け本数が多いと、イネは外へ外へと分げつし、同じ株の中で茎や葉が空間を求めて競争するため健全に育ちにくくなり、茎が込み合って風通しが悪くなり病虫害に弱くなります。分げつ茎が健やかに伸び伸びと育つためには四本が限度だといわれ、植え付け本数が少ない方が病害虫に強くなります。疎植するといつまでも株元に太陽の光が差し込み、下葉が光合成をすることができるからです。

活着

作業　田んぼに植えられた苗が新しい根を出したことを確認します。苗が枯れたり、折れたりしていないか、葉色はどうかを見ます。

解説　苗が根を伸ばし水を吸い上げるようになることを活着といいます。イネは非常に几帳面で「同伸葉同伸分げつ理論」という法則に従って生長し発根します。

ある葉が展開すると、その葉の出ている茎の地下茎部分の節の三節下から根が出て、その節から分げつ茎が発生します。さらに三節先の新しい葉が分化します。私たちの苗は水イネで挺水植物の根を持っていますので、機械植えで根切れが起きても、あまり心配ありません。

私たちの田んぼでは、土が硬く、そこを突き破らなければ、イネは根を伸ばすことができません。硬い土の抵抗でイネは根先で刺激を受け、エチレンというホルモンを出します。茎は太くなり、株は開帳型に開き、草丈は短く丈夫な体質に変化します。他の株が倒伏してもこの株は倒伏しません。このようなイネがいちばん実りがよいのです。

エチレンは一九〇一年（明治三四年）にオーストリアのネルジュボフによって発見されました。エチレンのホルモン作用でイネが強健になり、病害虫に対する抵抗力を身につけます。

補植

作業　欠株のところに苗を手植えします。

解説　補償作用から言えば一株くらいの欠株は問題がないのですが、一粒でも多くとりたいという農家の執念があり、止めろとは言えません。補植をするなら一本植えになっているところは二本植えにして株を揃えることが大切です。

水管理

作業　田植え直後の水深は五㎝以内です。苗が小さい時は展開葉の葉耳（葉の付け根）のところが深さの基準で、新しい葉が出て新しい葉鞘（葉のさや）が伸びたら、その葉耳が深さの基準になります。そうやって水深を上げていきます。その後の水管理は深水管理の続行です。

解説　水管理はイネつくりのいちばん重要な仕事で、全国平均が九時間です。四〇時間足らずの稲作の作業の中でいちばん時間がかかります。

深水管理では落水をしないので、水の使用量は一般の稲作の半分で済みます。深水管理で水を流しっぱなしにするのは、絶対に避けなければなりません。新しい水は冷たく、入水口のイネの生育が著しく遅れて青立ちすることもあります。入れる時にいっぱい入れ、なくなったら足すことを繰り返せばよいのです。

深さは畦畔の条件により一〇～二〇㎝が限界ですが、深い方が雑草も生えません。深水管理をすると茎が太くなり葉が大きくなり、着粒数が増えるので、深水にできるような畦畔をしっかり作っておきましょう。

初めて不耕起栽培を行う田んぼでは、根穴構造が

開帳型の苗。新葉が上へ突き抜ける。直立型の慣行イネとは全く違うイネ姿になる

7.5葉期のイネ姿のちがい

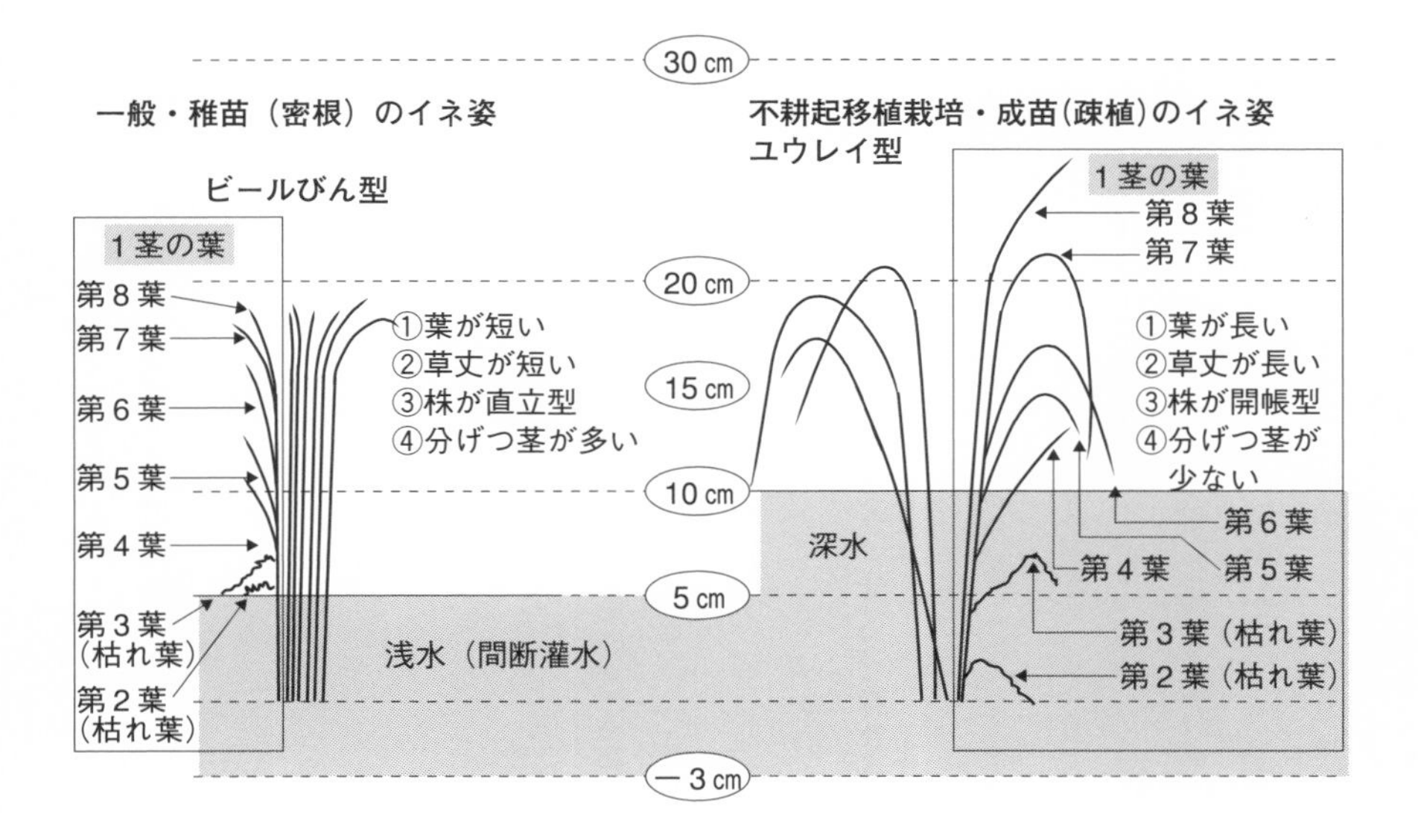

不耕起田では初期分げつが遅れるが、冬期湛水すると初期から分げつが取れる。左は慣行

ありませんから、軽く中干しをしないと深水管理が無理な田んぼもあるので注意してください。

夏の主な作業

幼穂の確認

作業　水尻（水の出口）の一mくらい中の株の半分を取り、カミソリで切り開き幼穂（穂になる芽）を確認します。幼穂は第四〜五分げつ茎でいちばん大きくなっています。

解説　イネは最高分げつ期を過ぎると葉が直立し、葉の色がだんだん褪めてきます。すると生長点が葉を作ることを止めて、穂づくりに切り替わります。穂づくりが始まった時を幼穂形成期と呼びます。

第五節間が伸び上がり、第四節間が伸びる途中で、幼穂が肉眼で見えるようになります。この時の大きさは約一㎜くらいです。親茎は子茎を作り疲れて、幼穂形成が遅れるので、親茎の幼穂を調べても意味がありません。株の半分くらいを調べて幼穂形成の

苗を分解すると１株何本植えで、１本からどれだけ分げつしたかを知ることができる

状態を把握します。

穂肥

作業　幼穂が五㎜に達したら第一回の穂肥を与えます。この時の量は第四節間の伸長を促さない量、すなわち、つなぎ肥（体力を維持する量＝窒素成分で一〇ａ当たり一kg以下）くらいが目安です。穂肥を施すかどうか、どの程度与えるかは、非常に難しい判断が必要です。冬期湛水をすると穂肥を必要としない場合があります。

解説　参考のために幼穂と下位節との関係を説明すると、その時の気象や温度などの条件で若干の狂いはあるのですが、一般的には幼穂が五㎜に達すると第五節間の伸長が止まり、八㎝に達すると第四節間の伸長が止まります。したがって、第五節間の伸長期に多くの窒素を与えると、まだ第四節間の伸長が止まっていませんので、この伸長を促し、倒伏の恐れが出てくるのです。

穂肥が倒伏と関係なくなるのは、穂長が八㎝を超えてからになるからです。幼穂を形成する以前に窒

穂肥の散布。無洗米の米ぬか「米の精」は強還元を起こさず生きものにやさしい

７月には勇壮なイネ姿になる。葉の幅が広く開帳していると光合成も盛ん

素が中断すると、幼穂の生長が栄養失調気味になって立派な穂を作ることができなくなります。

穂肥に有機質のぼかし肥を使う場合は、ある程度即効性ですから、化学肥料並みの取り扱いをしてください。

穂肥は穂ができたら与えればいいんだという安易な考えでは、穂肥にはなりません。穂肥は穂の生長の退化を防ぐ大事な手法の一つです。穂肥が少ないと穂の生長が止まり、収量構成要素（総モミ数）の減少につながります。イネは幼穂形成期を迎えると

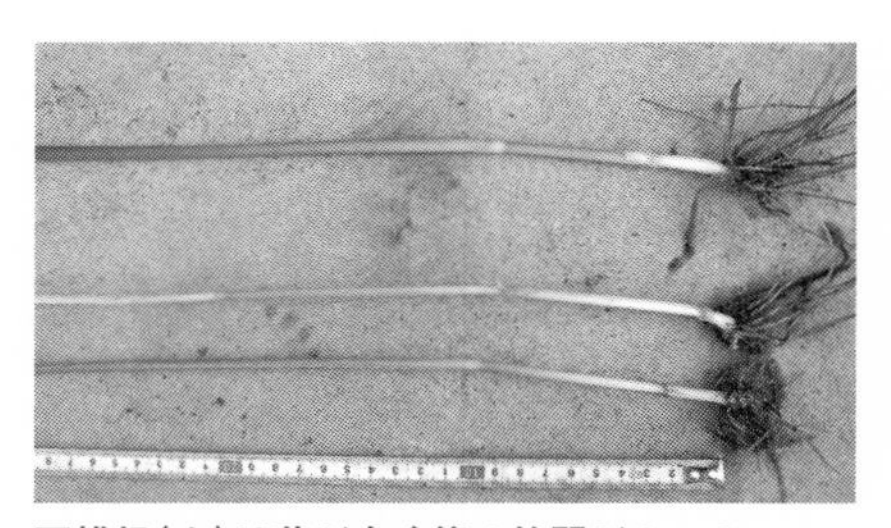

不耕起（上）は茎が太く第４節間が２～３cm、第５節間まで10cm以内が基本。中、下は慣行

茎の細い慣行イネの第４～５節間が伸び上がると穂重に耐えられず倒伏する

一挙に稈（茎）を伸ばし、二四日目に穂を出します。草丈が約一mとすると、一日に四cmも伸びることになります。これを二四日も続けるのですから穂肥を与えないとたちまち栄養失調になってしまいます。

逆に、冬期湛水の田んぼや低温の年はイネの状態をよく見て、穂肥を投入するかどうかの判断をします。

冷害対策

作業　幼穂形成期の一五日間を深水にし、幼穂を水の中で過ごさせると、イネは障害型冷害に強くなるための学習と体質転換をします。

解説　イネは、開花前の花粉母細胞の分裂時（減数分裂）に、生理的に花粉を作るといわれています。減数分裂をする時に低温（平均一八℃以下）にあうと雄しべは花粉を作ることができず、開花時に受精ができません。これを障害型冷害といいます。

開花

作業　水管理も深水の続行をします。特に出穂時には花水といって水が必要です。出穂時も深水を続行して、水をたっぷりと入れます。

解説　イネの開花は午前中で、開花時間は短く一時ごろには雄しべを外に出してモミは閉じてしまいます。午前中、天候が悪くて寒い時は開花せず、午後に太陽が出ると午後の開花になります。冷害の時は太陽が出るまで幾日も開花は遅れます。冷害の時はモミを割って雄しべができているかどうかを確認すれば実がなるかどうかは簡単に見分けがつきます。冷害を受けたイネの雄しべは葯がなく、ただ毛

普通は午前中に一斉に開花するが、冷害の年などは、ばらばらに開花することもある

が生えているように見えます。

中干し

作業　通常は行いません。冬期湛水の田んぼではトロトロ層の状態をよく観察し、必要であれば短期間実施します。

解説　冬期湛水を数年続けてトロトロ層が発達しすぎた場合など、その田んぼの状態をよく見て、必要な場合にのみ実施してください。

登熟

作業　登熟日数を見極めます。登熟日数の差が収量の差になって現れます。元気のよいイネは、穂の枝梗（穂の枝）がいつまでも褪色（たいしょく）することなく死なないため、生きている間は稲刈りの必要がありません。コメの食味は大粒なほどよくなります。

解説　受粉した雌しべが長く伸び上がりモミガラが天井に届くのは六日くらい、コメの原形になるのは一〇日くらいですので、一五日後にはコメの形が整います。その年の温度や日照量によりますが、原形ができてから二〇日の満杯詰めになるため時間が必要です。一般的に出穂というのは穂が四〇%出た時をいいます。一株の出穂は一斉には揃わず普通の年で五～七日くらいかかり、一穂の開花は穂先から穂軸まで七日くらいかかります。すると一株の中でいちばん先に出穂していちばん先に開花した花（走り穂）と、遅れていちばん最後に咲く花（遅れ穂）は一四日のずれがあります。登熟日数はいちばん先に開花した花は一五（コメの原形ができるまでの日数）＋二〇（満杯詰めになるための日数）＋一四（ずれの日数）＝四九となります。

　したがって、三五日で稲刈りをすると大量の未熟米（青米）が発生します。イネが黄色になっても稲刈りをしないと刈り遅れになり、胴割れ（ひび割れ）米や着色（コメが褐色に変色する）米となる恐れがあります。

　北国では登熟日数は五〇日にも六〇日にもなります。夜の温度が低いほど長くなります。南のイネは一日稼いだデンプンを、熱帯夜にイネ自体が蒸散によって体を冷やすために、ほとんど消耗してしまい

登熟期の理想とするイネ姿と悪いイネ姿

悪いイネ姿

①短稈（穂首までの茎が短い）
②分げつが多い
③茎が細い
④第13～14葉が止葉となる
⑤葉が短く幅が狭く葉色が黄みがかっている
⑥下葉が枯れている
⑦穂の位置が揃っていない（稈長がばらばら）
⑧穂が小さい（枝梗が少ない）
⑨枝梗が色あせている
⑩登熟が悪い
⑪着粒数が少ない
⑫粒が小さい

背が低い
株が小さい

理想とするイネ姿

①長稈（穂首までの茎が長い）
②有効分げつが多い
③茎が太い
④第15～16葉が止葉となる
⑤葉が長く幅が広く青い
⑥下葉が生きている
⑦穂の位置が揃っている（稈長が揃っている）
⑧穂が大きい（枝梗が長く数が多い）
⑨枝梗がいつまでも青い
⑩登熟がよい
⑪着粒数が多い
⑫粒が大きい

背が高い
株が大きい

目標とする収穫期の1茎のイネ姿

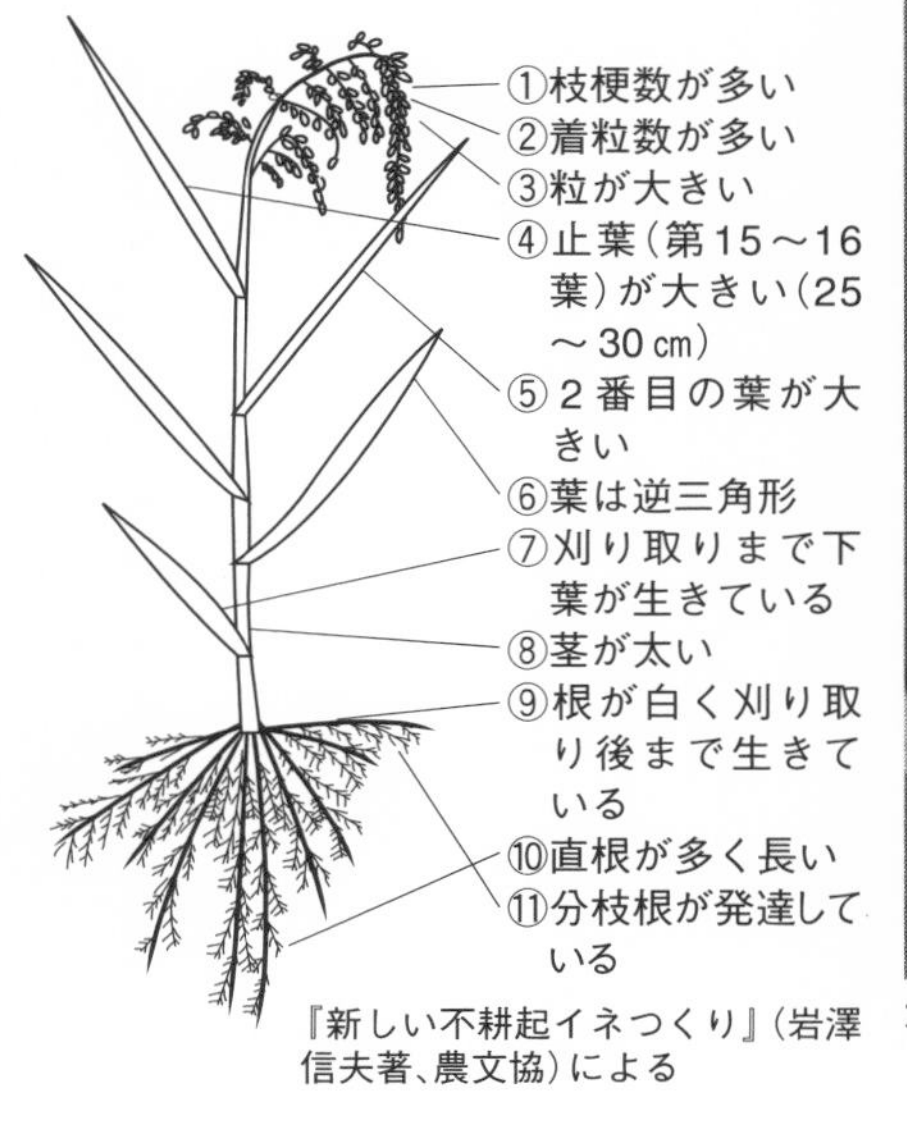

『新しい不耕起イネつくり』（岩澤信夫著、農文協）による

不耕起の穂（右）と慣行の穂（左）。枝梗が緑のうちは登熟が進む。慣行は早く枯れてくる

刈り取り前のイネ。刈り取り直前まで葉は青く上から５枚目の葉も枯れていない

ます。

私たちの野生化したイネは、根がしっかりしていて秋落ちもしませんから、いつまでも葉が生きています。私たちのように最後まで根を傷めないイネつくりでは、登熟日数が伸びても枝梗が枯れません。生きている間は、光合成をしてできたデンプンをモミに送り続けることができるのです。ですからイネは、登熟日数を稼ぐことができます。結果として多収穫型のイネになるのです。

穂が出ると下葉が黄色になって枯れ始めるのは、葉の老化を防止するホルモンのサイトカイニンが足らなくなったためです。サイトカイニンは根の先で作られるので、出穂の前後に下葉が黄色になるのは、根先が傷んだり枯れ始めたりした証拠です。また、イネが栄養失調になると、下葉を枯らします。生理的には下葉の栄養を上の葉に送り込むためです。

登熟期に低温のため登熟不良を起こすことがありますが、これを遅延型冷害といいます。

晩夏～晩秋の主な作業

落水

作業　田んぼの水を落とします。

解説　不耕起栽培を数年続けた田んぼは落水後一〇日くらいで土が固まります。冬期湛水した田んぼは、トロトロ層の厚みを確認して、早めに水を落とし始める必要があります。お天気の長期予報を見て落水の時期を見極めないと、天候が悪い日が続いた場合にはコンバインが入らず、計画通りに稲刈りができなくなります。

鎌で稲刈りを楽しむのであれば、できるだけ刈り取り寸前まで落水を控えたほうがよいようです。

イネは刈り取りの時まで水を欲しがります。刈り取りぎりぎりまで水のあった田んぼほどコメの食味がよいのです。

刈り取り

作業　コンバインでイネを刈り取ります。脱穀まで一度に行えます。手刈りの場合は、事前にはさ干しの準備をし、昔の道具などを揃えておきます。

解説　今は刈り取りの際にコンバインの中でまだ生きているモミを生ごきするため、水分の調整ができていません。そのためにコンバインの中では、数時間で穀温が上昇して蒸れてしまいます。天気が悪い日や雨上がりの翌日はコンバインでの稲刈りができないこともあります。

手刈りの場合は、天日乾燥すると一〇ａで三〇kgくらい増収します。イネは光合成して体に溜めてあったデンプンを、刈り取られた直後から必死で子どもに送り込むからです。北国や標高の高いところではたびたび早霜に襲われて、葉が氷結して真っ白になり枯れることがあります。このような時には穂を調べてモミが落ちなければ、一〇日くらい稲刈りを我慢するのがよいようです。

手刈りの場合、今では足踏みの脱穀機もありません。関東は竹で組んだオダかけ（稲かけの支え）で天日干しをします。これも手慣れないと株の重さでオダが崩れ、雨や台風が来ると倒壊してしまいます。

オダを組むには特別な縄が必要です。今の若い人にはこの縄はなえません。この縄でオダを縛るにもコツがいります。残念ながらこのコツも相当習練しないと重い稲束で潰れてしまいます。

はさ干しをすると、刈り取った時の稲束の縛り具合やモミの陽表（太陽に当たる面）と陽裏（太陽に当たらない面）などでモミの水分が異なり平均に乾きません。脱穀後に吸湿性の高い、厚いわら細工の筵（むしろ）を広げて何回もモミを裏返し乾燥を均一にします。これは合成樹脂のシートの上ではうまくいきません。農家の庭が広いのはモミ干しの場所だっためなのです。大敵はにわか雨ですから雷雲が湧いてきたら片づけます。

乾燥

作業　火力乾燥機を使って強制的に一晩で乾燥を完了してしまいます。コンバインによる刈り取りは、生モミの脱穀ですから一刻を争って乾燥機で処理をしないとコメが変質してしまいます。稲刈り直後のモミは一粒一粒水分が異なります。未熟なモミほど水分が多いのです。

水分が多い状態のものに、いきなり高温の風を送り早く乾燥させると胴割れ米の発生の原因となり、品質や食味も下げてしまいます。

自然乾燥では筵干しをしますが、今では筵は手に入らなくなりました。

解説　一般の検査規格では水分が一六％以内であれば検査に通ります。コメは水分が多いほど食味がよくなります。また、水分が多いほど収量（目方）が多くなりますが、常温で貯蔵すると、虫やカビの発生を伴い、年間の貯蔵には向いていません。

籾摺り

作業　コメの最良の貯蔵庫であるモミガラを籾摺（もみすり）機ではずし、ライスグレーダー（米選機）で選別して原料玄米にします。

解説　一定の水分に乾燥したモミは籾摺機で玄米にします。その後、LLサイズの網目で選別します。未熟米や小粒のコメが多いとみんなくず米になってしまいます。

　最近は玄米食の方が増えています。お金を払って食べる側からすると、着色粒（ぬか層の色が変色した玄米）やモミガラなどが混じっていては納得できません。私たちが玄米出荷をする場合には、さらに色彩選別機にかけて厳選しています。玄米が肌ずれを起こして、古米のように粉っぽくならないように籾摺りをして、未熟米（青米）や着色粒を取り除きます。

　委託をして高性能の選別機にかけると玄米がいちばん精米コストの高いコメになります。籾摺機を通しただけのコメは消費者に出せる商品としての玄米ではなく、原料玄米です。

貯蔵

作業　貯蔵袋には三〇kg用のレーベントパックを使用します。レーベントは、モミガラの珪酸を練り込み酸化チタンと白金を入れて光触媒の役目をするように作られている特殊なフィルムですので、モミガラの中で貯蔵されているのと同じ状態で保存できるのです。燃やしてもダイオキシンが出ない素材です。レーベントパックがなければ、このような常温に近い保管はできませんでした。レーベントパックはモミガラの役目をしているのです。水洗いをすれば何年もの使用が可能です。

解説　過乾燥のコメは劣化して食味が落ちます。豪雪地帯の東北などは、空気が乾燥しているために、ひと冬で一％以上も脱水します。雪で湿気を多く持っている北陸などは逆の現象が現れます。

　虫とカビは大変問題になります。コメにつく虫の代表的なものは南方から渡来した外来昆虫のコクゾウムシとノシメマダラメイガの幼虫です。

　農家（出荷者）側に原因があるのは乾燥機、籾摺機、ライスグレーダー、精米機、これらを結ぶ昇降機、コンベヤベルトなどあらゆるところに卵を産みつけ、どんなに掃除をしても完全な駆除ができないためです。

　一方、消費者側に原因がある場合があります。ノシメマダラメイガなどは消費者の家庭にすみつき、乾麵、マカロニ、ビスケットなどをエサにして繁殖します。米袋を開封しておくと一晩で卵を産みつけます。市販の米びつは使わないボタンの出口のところには古米が残り、彼等の絶好の繁殖場となります。コメを保管するには、冷暗所に置くことがいちばんよいのですが、マンションやアパートなどの住居環境では冷暗所がありません。

カビ類の発生で農家（出荷者）側に起因するものは、水分を高めにして保管したものや、温度を低くして貯蔵し、精米する前に十分温度を戻さないために袋の内側に結露を起こした場合です。この結露がもとでカビが発生します。

消費者側に起因するものは、あまりにも長く開封しないで放置した場合や、冷蔵庫に入れておいたコメを外へ出してそのままにした場合で、やはり結露してカビが生えます。

搗精および梱包

作業　精米機で精米し、レーベントの袋で個別包装します。

解説　専門の米搗き職人は、常に白度と搗精の度合いを確認しています。色が真っ白でないのでまだ搗き足りないと思って搗き過ぎると、コシヒカリではせっかくの良食味がなくなります。その点、ササニシキなどは品種的に白度が強く、搗き足りなくとも真っ白できれいな白米が搗けます。

白米とは玄米から表皮とぬか層を削り取った胚乳の部分を指します。ぬか層には多くの脂肪酸が含まれていて、脂溶性農薬やダイオキシンの残留が多くなり、慣行農法の玄米は白米より危険だといわれています。玄米や分搗き米は無農薬栽培のものを選ん

レーベントの貯蔵袋。袋の口を完全密封しておけば虫が入らずコメの劣化も防ぐ

袋は丈夫なため、積み重ねて保管することもできる

だほうがよいといわれるのはそのためです。

コメの袋にもレーベントを使用しています。ここに脱酸素剤を入れ、水も空気もガスも完全に遮断します。「自然耕のコメ」は炊飯器で炊くときのコメの計量に合わせ、一袋が四・五kg（三升）です。空になった袋は野菜の保存袋として利用できます。

「自然耕のコメ」ではイネつくりから消費者の台所に届くまでが、農家の丹精込めた仕事となります。

試食

作業　自分で作ったコメ、仲間のコメは必ず試食をしてみましょう。

解説　私たちのコメは、冷めてもおいしく食べられるのが普通です。白米だけとは限りません。健康に気をつけている方が増えている現在、玄米、五分搗き米、無洗玄米などを、作った本人が食べたことがないのでは話になりません。特に玄米食の方は、近年増えています。白米、五分搗きは通常に炊けます。

玄米は一晩（六時間以上）水につけ、玄米が炊ける炊飯器や圧力釜で二倍の水で炊きます。炊く時に

精米されてできた白米。胴割れや斑点などがなく、透き通ったようなコメが理想

温かい炊きたての新米は、コメの香りがよく、食がすすむ。不耕起のコメは大粒で味がよい

不耕起のコメは冷えてもおいしいことが大きな特徴。子どもたちは3～5つも平らげる

自然塩を一つまみ入れると、玄米の酵素が活性化するといわれています。土鍋で炊く場合には強火で沸騰まで炊き、ごく弱火で三〇分程度です。

無洗玄米は、玄米の表皮のみを取ったものです。三時間～一晩水につけ、水を一・五～二倍にすれば普通の炊飯器で白米と同じように炊けます。こちらも自然塩を一つまみ入れるとよいようです。袋や米びつの中で肌ずれするとぬかがはがれ粉っぽくなります。白米に二～三割混ぜて炊くこともできます。

最近は発芽玄米を食べる人が増えていますので、自宅で作って試食してみましょう。催芽の状態が発芽玄米です。

一晩水につけた玄米を一ℓのヨーグルトジャーに七割ほど入れ、水をいっぱいにして蓋をしないで二四時間置きます。温度が三六℃ほどで保たれます。これは水切りして食べる量だけ分けて冷凍保存することができます。もう一つは段ボール箱を利用し、水と一緒に密封容器に入れて電気毛布で包み、二四時間三五℃程度に保つ方法です。

防除

ばか苗病　塩水選をしっかり行い、エンザーで予防します。発病した苗は苗床から抜き取ります。

モン枯病　イネが開帳型になればモン枯病になりにくく、直立型では株元に隙間がないため茎に菌核が付着してしまいます。密植により風の通りが悪くなります。

モン枯病は発病の初期に、葉鞘の部分に丸い模様の大きな斑点ができます。この模様が広がり、葉鞘が枯れ、次に葉が枯れてくるのです。慣行栽培では、風下の田んぼの隅からモン枯病が発生し始めます。菌核は付着した茎で温度が上がるのをじっと待ちます。温度が二八℃を超えると発病し、菌核の模様を作ります。二八℃以上の温度はちょうど出穂の前後の高温期にあたります。

イモチ病（稲熱病）　窒素過多や栄養失調になり窒素飢餓が起こらないように栽培管理することです。冷害時などに罹病しても、丈夫なイネならほとんど収穫に影響は出ませんが、急性の葉イモチ病の予防にはエンザーを散布します。

補植用の苗を補植の時期が過ぎても放置すると栄養失調でイモチ病の発生源となって広がっていきます。自分の田んぼだけでなく近所の田んぼにも広がりますので、補植が終わったら直ちに処分をしましょう。

穂枯病　暑い年は、穂首イモチによく似た穂枯病が出やすくなります。穂が出て刈り取り一五日前くらいになると穂首が茶色に変色してきます。すると穂の枝梗が枯れてきます。出穂五日前にエンザーで

ヒエ取り。雑草を減らす第一は、種を落とさないことと、田んぼに侵入させないこと

予防します。

雑草対策

雑草は畦畔から侵入してくることが多いので、畦マルチをしておくと雑草の侵入も防ぐことができて抑草対策となります。雑草の生命力は旺盛です。早めに米ぬかを散布して水を張ると、あまり生えてきません。

スズメノテッポウ　ムギ科の草は、冬の寒さに当たると発芽できる状態に入りますので、寒さの来る前に水を張ります。

ヒエ　種を落とす前に抜きます。深水管理をします。

イボクサ　稲刈り時期に生長してイネに絡みついてしまう草は、できるだけ稲刈り前や稲刈り時に田んぼから外へ出します。コンバインで切断してしまうと、茎から発根して田んぼ中に広がります。

コナギ　種は酸素がなくても発芽するようですが、トロトロ層の下に沈んで光が当たらないと発芽できなくなることが期待できます。またトロトロ層

の上で発芽しても根が刺さらずに転んでしまうこともあります。

その他の挺水植物　冬期湛水で一時的に増える場合がありますので、早めに根から取り除きます。

冬期湛水できない場合の対策

①稲刈り直前または稲刈り直後に、くず麦（大麦）を一〇a当たり一五〜二〇kg程度、イネの株元に手撒きし、コンバインの切りわらで覆土します。麦が三〇cm程度の丈になった時（穂が出ないうち）に、ハンマーモアーで裁断し、地表を粉状の麦の生の破片で覆ってしまいます。これにより雑草の発芽および生育を抑えるのです。水溜りができると枯れるので排水に気をつけます。田植えの一カ月以上前に刈り取って水を張り腐植させないと、強還元状態で田植えができません。気をつけるのは、色彩選別機がないとコメに麦が混ざる恐れがあることです。大麦以外には緑肥でも可能です。安価でよいものがあれば、結果を教えてほしいものです。

②畑用の板状のドライブハローを地表すれすれの高さに下ろして、地表の草を古株とともに掻き削るか、田植え前にハンマーモアーで雑草を砕き、水を張ります。スズメノテッポウなどは開花直前に裁断します。この場合も、米ぬかなどの有機物は、できるだけ早く施用するとよいようです。

③春に管理機で畦周りを一周して、幅六〇cmぐらい、深さ五cm程度土を浅く掻き回しておくと、春草を抑えられる場合もあります。

気をつけたいのは、レンゲやクローバーなどのマメ科植物を利用した除草です。マメ科植物は窒素固定をするため、施肥効果を期待してレンゲを導入する人もいますが、窒素過多によりコメの食味が落ちたり、倒伏の原因となったりします。水を入れると強還元状態になるのに加えて、硫化水素・メタンガスの発生と臭気が激しくなります。レンゲ栽培をすると、そのままでは不耕起の田植機では完全に根が切れません。

手除草を覚悟するなら、田んぼの中に一輪車が通れる間隔をあけるのも手段です。

今までの不耕起移植栽培の欠点は、秋〜春の休作中の雑草の処理が難しかったところにあります。無除草剤での栽培体系をできるだけ実現していきたいものです。無除草剤栽培で通すか、除草剤を使用するかは、最終的には個人の経営上の判断です。

田んぼとその周辺の環境整備

水漏れ　田んぼの水漏れは縦浸透より横浸透の方が多いため、畦畔をきちんと作り、畦マルチを張って横浸透を防ぎます。

縦浸透が激しい場所は、田んぼの作土層の下に礫など水漏れの原因があるため、ブルドーザーで踏み固めて、「ブル締め」をします。ブルドーザで土を締めると一〇年くらいはもちます。棚田で傾斜の強いところは、上根（傾斜の上）をトラクターで一回トロトロになるまで代かきすると止まります。冬期湛水すると縦の割れ目ができず、水漏れしにくくなります。

水路　多自然型の水路がいろいろと考案されています。宇都宮大学農学部農業環境工学水利用学研究室の水谷正一先生が研究しています。水の緩みをつ

ドジョウやフナが田んぼに上るためにつけた小規模魚道。栃木県河内町。写真提供・水谷正一

カエルの転落防止用のU字溝水路のフタ（間伐材利用）。栃木県河内町。写真提供・水谷正一

リサイクルで作った水車。動力も要らず、自然に水が田んぼに入る。滋賀県蒲生町

くったり、内壁を石にしたり、魚道（落差のある田んぼや用水路に取り付ける魚用の水路）を付けて田んぼと川を結んだり、水路にフタをしてカエルの落下を防いだりするなどちょっとした心遣いによって、新設の場合だけでなく既存の水路でも多自然型の環境整備ができるのです。

ぜひ、農家や市民の手で身近な水路に生きものたちにやさしい工夫を加えてほしいものです。

ビオトープ　田んぼの中に二重の用水路や深く掘った部分を作り、落水時の田んぼの生物の避難場所にします。もともと排水のために田んぼの内側に溝を掘っているところも、生きものたちの繁殖や越冬の場所になります。岐阜県多治見市の「(有)廿原（つづはら）えのお」では、地域で減りつつある生きものたちのためにこのような内側に溝のある田んぼや溜め池を活用しています。田んぼや溜め池などの昔からの水のネットワークそのものを日本古来のビオトープとして考えたいものです。

ビオトープとは「生きものたちの棲むところ」であって、過剰な設備で生物を囲って保護する場所ではありません。保護ではなく生きていくための環境を整えることが大事です。

自然の力の利用　水の浄化のためには、炭を利用したり、田んぼの中に緩速ろ過装置を作ったりする取り組みもあります。

水力を利用すれば、水車を作ることによって田んぼに水を汲むことができます。滋賀県蒲生町の安井慶典さんは、空き缶などを利用して作った手製の水車で、用水から水を汲み上げます。また、山梨県牧丘町の飯塚保衛さんは、地元の伝統的な水車小屋を復元しました。流れの中の石組みから行いました。木製の水車に連動して杵が上下し、石臼でコメや麦、ソバ、雑穀などを搗くことができます。石臼の中で自然に搗いた穀物が回って何回も満遍なく搗けるのです。自然の力にまかせ、ゆっくりとした時間の流れのある場の創造です。

小水力発電の仕組みなども開発されていますが、冬に用水路に水がなくなるため、なかなか実用化されません。田んぼの風や水の力を環境に活かす工夫をしてもらいたいものです。

結　章

生物資源型農業をめざして

左から不耕起・冬期湛水、不耕起、慣行の比較。トロトロ層の境目に線が出ている

イネは田んぼの王様

私たちの祖先はイネを栽培するために、田んぼを作りました。ですから、田んぼの王様はイネなのです。

イネはイネ科植物の仲間です。イネ科植物で人間の食料となっているのは、コメ、麦、トウモロコシなど穀類の大半を占めています。人類はイネ科植物によって繁栄していると言っても差し支えありません。

特に私たち日本人の体の構造は、コメなどの穀物を食べるのに適した発達をしてきました。歯や唾液、栄養吸収の仕組みが、コメに含まれるデンプンなどを上手に利用できるようになっているのです。ごはんをよくかんで食べれば胃腸の働きがよくなり、脳を刺激し、また母乳の出もよくなるようです。

道端の雑草の中で葉を直立させている草はほとんどイネ科の草で、山の砂などを採取した跡地にいちばん先に出てくるものはたいていイネ科植物です。いちばん大型の種は竹類です。イネ科雑草が硬い土に根穴をあけ、自分の体を分解し表土を作ると広葉の雑草が入り込みます。そこへ鳥類などが飛来し木の種子を持ち込みますが、森林になるのに優に二〇〇年かかるといわれています。

田んぼにイネがない場所があります。減反で代かきをしてイネを植えない田んぼです。太陽がよく照り藻類が発生し水草も生えます。さぞかし生きものが多く戻ったのではないかと、注意して見ると、予想に反して非常に生きものが少ないのです。代かきをして、耕し土を動かしたことも原因の一つかもしれませんが、どうもイネがないのが最大の原因のようです。イネが一日ごとに大きくなり葉を伸ばして日陰をつくります。イネは常に五枚の葉で生育の機能を維持しています。六枚目が伸びると下葉を枯らします。イネは約一五枚の葉を出しますからこの一〇枚の下葉は諸々の生きもののエサになり食物連鎖の糸が切れません。枯れたイネの下葉を見ると、羽がある小さなただの虫や羽のない微小なダニ類など、小さな分解者がたくさん付いています。

私たちは生きものというと、どうしても動物をイメージしてしまいますが、動物が生きるには「生産者」である植物が必要です。田んぼの「生産者」は光合成をするプランクトンや藻類やイネを中心とする植物で、それらが枯れた後の体や動物の遺体を土に戻すのは「分解者」の微生物や微小動物です。

イネが育っている環境では、この生きものたちの生命循環がとてもスムーズに行われていて、それが本来の田んぼの姿なのです。ですから、イネのない田んぼは、生きものの種類や数の厚みがなく偏っています。

アシなどが茂った場所を見ると、まるで極相林のような感じがします。ほかの植物がさして生えず、あまり多くの種類の生きものがいなくて、竹林に似た様子もあります。「休耕田」といっても、人の手を入れていない「放棄田」になってしまっていては、なぜか生きものが豊かにならないようです。

ですから、イネつくりをしない田んぼにいくら水だけ張っておいても、耕さない田んぼのように、生きものの相が豊かにはならないようなのです。

近代稲作はこのことに気がつかないまま、農薬や除草剤を撒いて、イネ以外には虫一匹いない、草一本ない田んぼ環境をつくってしまったのです。

田んぼは青々していてきれいだけれど、上空を飛ぶ鳥もイネの葉に止まる昆虫もいないのです。たくさんの命を支えていないのです。コメをとるという目的のためだけに、ちやほやされているだけなのです。人為的な死んだ世界の中に生えるイネは、偽りの田んぼの王様です。

私たちのイネつくりは、苗にとってはとても過酷

（財）損保ジャパン環境財団前理事長、故後藤康男さんは不耕起の田んぼの良き理解者だった

冬期湛水水田は、だんだんと全国に広がりつつあり、行政も支援を考え始めた

小さな採算の取れない田んぼも環境をトラストすれば後世に残せる。写真提供・千葉県鴨川市

な仕打ちですが、野生の力を呼び覚まし学習させ、強く生きられるように苗の時から鍛えます。こうなると苗も必死で生きようとします。こうして育った苗は冷害にめっぽう強く、病気にも強く、多少虫に食べられても新しい葉をすぐに出して頑張れるイネになるのです。多量の根を張って立派な穂をつけます。まさに田んぼの王様です。

日本では、国家形成の基礎ができるなかで、コメは通貨の代わりになり、役人の報酬になり、国の大きさを表す単位にもなりました。ですから、昔は国の規模を一万石とか一〇万石などとコメのとれ高で決めました。この単位は、日本では一三〇〇年以上前に作られたようです。

一石は一五〇kgで、かつて成人一人が一年間に食べるおコメの量に相当していました。私たちがごはんを炊く時に、コメ何グラムとは量りません。一合、二合……と数えます。炊飯器も何合炊きという表示です。一合は一五〇g、一升が一・五kg、一斗が一五kgです。一俵は時代によって四斗だったり五斗だったりしたといいます。時代の中で変化しながらも受け継がれてきたのです。

コメは通貨と同じ価値を持っていました。昔は、おコメを借りるのにもお金を借りるのと同じように、利息が付きました。八合枡で借りて一〇合枡で返すのが習わしだったところもあります。

コメは主食としても、通貨としても、長い歴史のなかで、大勢の人たちの命や生活を支えてきたのです。私たちはコメをすべての面で大切にしなければなりません。コメを作ってくれるイネは日本の農産物の王様です。

日本人の生命線として

日本のように三七万八〇〇〇㎢に満たない小さな島国に、一億二〇〇〇万人もの人が住んでいます。飢餓の世紀に突入した二一世紀、日本の田んぼは私たちの生命線なのです。日本で自給率が一〇〇％を達成できる穀物はコメだけで、そのコメが日本人の主食なのです。実際には輸入もあるので九八％になっています。どうしたらよいと思いますか。

今はまだ飽食の時代の続きでコメが余っていますが、世界人口が増え続けており、異常気象が追い討ちをかけ、飢餓の時代は目の前に迫っています。日本の穀物の自給率が二八％という異常な現実を忘れてはなりません。残りの七〇％以上はどこかの国の畑で作ってもらっているのです。

外国から輸入している食料は、耕地面積に換算すると約一二〇〇万haとなります。日本の田畑は五〇〇万ha弱、国内の二・五倍の面積を外国で日本のために生産に当ててもらっているのです。その国で何かが起これば日本も一夜にして食糧難です。内乱が起きたり、気象災害が起きたりしても政治的に仲が悪くなったりしても、輸入はストップします。

その場合には、間違いなく不足分はコメにシフトします。昔のようにおやつまでおにぎりを食べていた時代は、一人の消費量は一五〇kg、一億二〇〇〇万人が食べるには一八〇〇万ｔが必要です。日本の二〇〇二年（平成一四年）度のコメの生産量は八八七万ｔで、もし、食料輸入がとまったら一〇〇〇万ｔ近くのコメが不足します。減反している田んぼにも、すべてコメを作ったとしても三〇〇万t不足します。今、日本でイネを栽培している田んぼは一七〇万ha弱（二〇〇三年）しかありません。

キューバのように都会でも、空き地という空き地は全部田んぼや畑にし、コメやイモ類を作らなければ餓死者が出ます。今、いくらコメが余ろうとも、田んぼを潰して他の用途にしたり耕作を放棄したりしてはいけません。

しかし、最近はこの大事な田んぼの維持が非常に困難な状況になっていて、耕作放棄される田んぼが増えています。田んぼの維持管理者である農業後継者がいないのです。昔はみんな白いごはんが食べたくて、三度の食事とおやつのおにぎりが食べられれば大満足でしたが、今日のコメの消費量は戦後の消費量の半量にまで激減しています。

さらに米価は年ごとに値下がりし生産原価を割り込んで、コメを作れば作るほど、作る手間とコストがかかりすぎて赤字が増える構造になっています。どこの農家も家の後継者はいるのですが、農家の九四％が兼業化して専業農家がたったの六％になってしまいました。

農業は生産された農産物を誰かに買ってもらい、食べてもらわなくては成立しない産業です。平野の田んぼにしろ棚田にしろ何百年以上もの歳月をかけて先人が作り、受け継いできたものです。基盤整備で機械化対応の田んぼにしたのは私たちなのですが、私たちもまた一時代の管理者にすぎないのです。

昔の田んぼや畑は先祖からの預かりもので、そこから生産される作物は家族の命を繋ぐお宝だったのです。財産でもない、お金でもないお宝で、命の源でした。今でもその考え方が根底にあり、田んぼの大規模化や集積化が進まない原因なのです。お宝ですから貸してくれ、売ってくれとは言えないのです。

しかし、田んぼや畑は農家の私有財産です。相続の時には、やはり民法が優先して、遺族で分け合わなければなりません。相続税も課せられます。市街地周辺の田畑は、生産緑地として宅地並みに課税される時代となって、維持できないところが増えています。最近は地価が下がってきましたが、それでも農地として採算が合わないのです。相続が発生すると高い相続税のために市街地周辺の田んぼや畑が消えていきます。

逆に、高齢化や過疎化のために、放棄される田んぼもたくさんあります。地方や山間部では深刻です。本当は命を繋ぐお宝ですから値段はないのですが売りに出されます。こうして農家が農業をやめ、農地を離れ、農地でなくなる土地も増えています。私たちの世代が管理を引き受けている間に、どんどん田んぼが減っています。

これから先のことでわかっているのは、近い将来、世界中でエネルギーの枯渇と水不足と食料不足が起こることです。化石燃料は使い切るまで約五〇年といわれ、どこかの国の井戸がかれると産油国は輸出を渋り、エネルギー消費型文明は崩れてしまいます。日本は少資源国で化石エネルギーは皆無です。その時代に日本の農業がどうなるかが、さらに問題なのです。

農業もこの五〇年ほどの間にエネルギー消費型に変身しているのです。トラクターやコンバインなどを作るには、外国で鉄鉱石を採掘し港まで運び、さらに日本まで輸送、製鉄所の溶鉱炉で溶かし製鉄します。これを農機メーカーで加工します。完成までに大量のエネルギーを消費します。その農機を動かすのも化石エネルギーです。

コメの乾燥も、今は天日で干さず火力乾燥機で水分を飛ばします。また、化学肥料も外国でリン鉱石やカリ鉱石を採掘して製品となって日本の農家に届くまでの間に、また農薬や多くのプラスチック製の農業資材も石油から製品になって田んぼで使う時まで、みんな化石エネルギーのお世話になってしまうのです。

農業用水を揚げるポンプも化石エネルギーなしでは動きません。石油がないとコメができないことになります。耕作を放棄したくなくても、イネつくりができないのです。

リン鉱石の埋蔵量は石油より厳しく、あと二〇年といわれています。

実は私たちは、このように大変きわどい状況のなかで、楽な生活と飽食をむさぼっているのです。知らないうちに、このような状況のなかで生活していることを改めて知る必要があるのです。

生物資源型農業への道筋

日本の農業は、いずれ来る日のために、エネルギー消費型農業から脱却する必要があります。今までにも観念論はありましたが、具体的な手法、技術が確立されていませんでした。

ですから、私たちは二五〇〇年以上の時間をかけて田んぼに順化した生きものたちの生きる力と働きで、イネつくりをしようと考えているのです。田んぼに持ち込む肥料は、米ぬかやくず大豆、自然の力で隆起した断層からとれる海底のミネラル土など、日本国内で十分手に入れられるものを考えているのです。

これらは化学肥料と違って、田んぼの土の中に棲む微生物や小動物たちのエサとなります。その生きものたちが私たちのイネつくりを飛躍的に進めてくれることがわかったのです。私たちはこれを「生物資源型農業」と名づけて、日本全国へ広める努力をしています。この私たちの方法は、二〇年もかけてやっと見つかったのです。この間、さまざまな人たちの研究などの成果をたくさんいただいたことは本当にありがたいことです。

物語の舞台の続きは稲刈り直後に水を張り、春まですっと水を張った冬期湛水の田んぼです。

冬期湛水と不耕起栽培を組み合わせることにより、将来の日本の農業を支える方法が、ようやく完成形に近づいて実証され始めたのです。物語の主役はイトミミズやアカムシなど、田んぼに昔から暮らしていて、しかも田んぼを耕していた生きものたちです。この生きものたちの働きが、生物資源型農業と名づける端緒になったのです。

生物資源型農業は、将来のエネルギー枯渇の時代の対応策として、後世に伝えるべき一つの重要な手段なのです。

日本は狭い国土ですが、幸いにも水の資源は豊富ですし、世界でも最も治山治水が進んでいる国です。この水を上手に利用して、水を取り巻く環境の中に生きる生きものたちと私たち人間の共生が、環境と食を守るために、国家戦略として必要な時代を迎えているようです。

地球の人口爆発は年を追うごとに勢いを増しています。目前に迫る飢餓の世紀は顕在化して、今でも八億の人々がおなかをすかしているのです。

戦争によって環境や田畑は破壊されるのです。飢餓が起こります。飽食の日本にもやがて何かの形で、その兆候が現れ始めるはずです。日本の財産、田んぼを守ることを農家だけに任せるのではなく、国民の総意で守らなければなりません。物不足でお金の価値がなくなったら、農地を持たない人たちはどうやって、あるいは何と交換で、農家から食べものを譲ってもらうのでしょうか。

これからは、国民皆農の時代が訪れつつあるのです。生きるためには食べものが必要で、将来は自分と家族の分ぐらいは自分で賄えるようにしたいという人が増えています。畑での野菜づくりは機械がなくてもできますが、今日ではイネつくりは機械がないとできないのです。しかし新しい仕組みを考えて、古い道具も復活させていけば、誰でもイネがつくれます。田んぼさえなくならなければ、おコメがとれるのです。

一〇〇年、二〇〇年のスパンで考えれば、日本で大切に守り続けるべき財産は田んぼなのです。

引用文献・資料一覧

冬期湛水水田　http://www.jgoose.jp/wfrf/
蕪栗沼ホームページ　http://www2.odn.ne.jp/kgwa/kabukuri/
㈲たじり穂波公社　http://www4.famille.ne.jp/~honami/
グローバルスクールプロジェクト　みみずプロジェクト　http://www.gsp-net.org/index_j.html
渡り鳥の秘密を探ろう　http://www.gsp-net.org/kids/flyway/index.html
野鳥に関するホームページ　http://www.pavc.ne.jp/~hishikui/link/
ブラックリスト　http://w-chemdb.nies.go.jp/kis-plus/PRIORITY_black_1.asp
化学物質データベース　http://w-chemdb.nies.go.jp/
JPP－NET　http://www.jppn.ne.jp/
農薬インデックス　http://www.agro.jp/san.html
農薬の出荷状況　http://www.greenjapan.co.jp/n_syukajokyo.htm#joso
JAS法に基づく食品の表示　http://www.maff.go.jp/soshiki/syokuhin/heya/jasindex.htm
農地からの窒素等の流出を低減する　http://www.nohken.or.jp/kankyou.pdf
有機農産物の日本農林規格で使用可能な農薬一覧　http://www6.ocn.ne.jp/~shokubou/jas.htm
関東の農業農村整備　http://www.kanto.maff.go.jp/nou_seibi/5/7/menu.htm
農業基本法　http://www.nises.affrc.go.jp/law/FundAgr1-29#4
完了した国営土地改良事業の紹介　http://www.kanto.maff.go.jp/nou_seibi/5/7/menu.htm
関東の農業農村整備　国営事業のとりくみ　http://www.kanto.maff.go.jp/nou_seibi/5/5/menu.htm
水田農業政策・米政策再構築の基本方向　http://www.syokuryo.maff.go.jp/notice/data/komet141233.htm
水田雑草の発生生態とその防除　http://narc.naro.affrc.go.jp/oldss/kouchi/weed/suizaso.html#d2
アメリカの遺伝子組み換え大豆畑　http://www.nouminren.ne.jp/dat/200007/2000073102.htm
今さら聞けない勉強室　http://www.ad.wakwak.com/~cake/idea/cnp.htm
農薬ネット　http://www.nouyaku.net/index.html
反農薬東京グループホームページ　http://home.catv.ne.jp/kk/chemiweb/ladybugs/index.htm
滋賀県　http://www.pref.shiga.jp/
農林水産省　http://www.maff.go.jp/
環境省　http://www.env.go.jp/
国土交通省　http://www.mlit.go.jp/
文部科学省　http://www.mext.go.jp/

『農業用水』 農林水産省農村振興局計画部土地改良企画課計画調整室監修 (財)日本農業土木総合研究所

◆参考文献一覧

『週末の手植え稲つくり』 横田不二子 農文協
『エコロジーとテクノロジー』 栗原康 岩波新書
『稲の冷害』 田中稔 農文協
『ミミズと土と有機農業』 中村好男 創森社
『楽しいミミズの飼い方』 NPO法人グローバル・スクール・プロジェクト編 合同出版
『メダカが田んぼに帰った日』 金丸弘美 学研
『無意識の不健康』 島田彰夫 農文協
『食と体のエコロジー』 島田彰夫 農文協
『自然農法 緑と哲学の理論と実践』 福岡正信 時事通信社
『植物栄養大要』 熊沢喜久雄 養賢堂
『植物生理学大要』 田口亮平 養賢堂
『複合汚染』 有吉佐和子 新潮社
『奪われし未来』 シーア・コルボーン、ダイアン・ダマノフスキー、ジョン・ピーターソン・マイヤーズ 翔泳社
『現代農業 1985～2003年』 農文協（ルーラル電子図書館）
『農業技術大系 野菜編第12巻 土中緑化育苗法』 岩澤信夫 農文協
『農業技術大系 土壌施肥編 第1巻 土壌の働きと根圏環境』 飯嶋盛雄 農文協
『ライスブック』 別冊宝島⑫復刻版
『ヨシの文化史』 西川嘉廣 サンライズ出版（淡海文庫24）
『熱風 2003年9～12月号』 徳間書店スタジオジブリ事業本部

◆参考ホームページ一覧

農文協ルーラル電子図書館 http://lib.ruralnet.or.jp/index.html
食と農の応援団 http://www.ruralnet.or.jp/ouen/index.html
信州大学応用生態学講座 http://water.shinshu-u.ac.jp/index.htm
長野県農業総合試験場機械施設部 http://www.alps.pref.nagano.jp/narc/am/index.htm
長野県農業総合試験場農機具仮想博物館 http://www.alps.pref.nagano.jp/narc/am/old/index.htm
長野県農事試験場 http://www.agri-exp.pref.nagano.jp/
宮城県古川農業試験場 http://www.faes.pref.miyagi.jp
滋賀県琵琶湖研究所 http://www.lbri.go.jp/default-j.htm
農村環境整備センター http://www.acres.or.jp/Acres/Index.html
田んぼの学校 http://www.acres.or.jp/tanbo/
仙台市科学館 http://www.kagakukan.sendai-c.ed.jp/
稲と雑草とハクチョウと人間と http://www.aq.wakwak.com/~suhi25/index.htm
田んぼの学校ホームページ http://www.hottv.ne.jp/~g-san/
冬期湛水水田プロジェクト http://www.jawgp.org/wfj001.htm

◆引用文献・資料一覧

『新しい不耕起イネつくり』 農文協 岩澤信夫
『不耕起移植栽培技術体系（水稲編）』 日本不耕起栽培普及会編
『生でおいしい水道水』 中本信忠 築地書館
『化学と生物 Vol.21No.4～6』 栗原康 日本農芸化学会
『イネの生長』 星川清親 農文協
『トキ 黄昏に消えた飛翔の詩』 山階芳麿・中西吾堂 教育出版社
「日本に押し寄せる仮想水」 2003年8月3日 日本農業新聞
『長野県農業試験場六十年史』 長野県農業試験場
『農業機械化発展史―行政施策の展開にみる―』 前田耕一 農業機械化発展史刊行会
『農業（臨時増刊号）1320号』 戦後の水田農業における機械化の展開 ㈳大日本農会
『農業改良普及事業二十周年記念誌 農家とともに二十年』 長野県・長野県普及職員協議会
『長野県農事試験場飯山試験地50年のあゆみ』 長野県農事試験場
『農民叢書 第105号 稲―室内育苗のやり方』 農林省編集 農業技術協会
『農業技術 11巻4号 保温折衷苗代』 農業技術協会 近藤頼巳
『農業技術 12巻4号 長野県における水イネの保温育苗法と特色』 岡村勝政 農業技術協会
『イネの栄養生理』 岡島秀雄 農文協
『農業技術大系 追録第15号 不耕起田の土壌孔隙構造とその意義』 佐藤照男 農文協
『世界におけるジャポニカ米生産の現場に学ぶ―日本品種水稲の海外適用とジャポニカの最高収量から―』 津野幸人 http://worldfood2.muses.tottori-u.ac.jp/web/4.htm
『農業技術大系 作物編 POF不耕起移植栽培』 岩澤信夫 農文協
『農業技術体系 追録第15号〈あきたこまち〉不耕起移植栽培、60gまき4.5葉、60株2本植え 地力の増進、秋まさり生育で減肥、減農薬をめざす』 佐藤清 農文協
『農業技術大系 追録第6号 水田からのメタン発生とその要因』 八木一行 農文協
『手をつなぐ無農薬・有機稲作農家 第3回環境保全型稲作全国交流集会資料集（その2）』 NPO法人民間稲作研究所
『食農教育 2003年4月 バケツ稲 生き物たちに何が起こる、ほか』 武原夏子 農文協
『技術教室 2003年5月号 ミニ田んぼから環境教材を考える』 向山玉雄 農文協
『現代農業 2003年7月 手づくり魚道でドジョウやフナを田んぼに呼び戻そう』 農文協
『現代農業 2001年7月 田んぼの水のリズムと生きものたち』 岩渕成紀 農文協
『RTECS（Registry of Toxic Effects of Chemical Substances：National Institute for Occupational Safty and Helth Niosh＝アメリカの労働衛生研究所のデータベース）』
『農薬販売・出荷実績データ』 ホームページ「グリーンジャパン」http://www.greenjapan.co.jp/
『農業土木ハンドブック』 農業土木学会
『食料・農業農村基本法下での農業農村整備の展開方向』 全国土地改良事業団体連合会

〒989-5502
宮城県栗原郡若柳町字川南南町16
TEL　0228-32-2004
FAX　0228-32-3294
http://www.jgoose.jp/wfrf/

●NPO法人蕪栗ぬまっこくらぶ
〒989-4301
宮城県遠田郡田尻町蕪栗字舞岳51番地
TEL　0229-38-1185
FAX　0229-38-1124
http://www2.odn.ne.jp/kgwa/kabukuri/

●㈲たじり穂波公社
〒989-4308
宮城県遠田郡田尻町沼部字富岡183-3
TEL　0229-38-1021
FAX　0229-38-1022
http://www4.famille.ne.jp/~honami/

●㈳朽木村観光協会
〒520-1401
滋賀県高島郡朽木村大字市場777
TEL/FAX　0740-38-2398
http://www.kutsuki.or.jp/

●東近江環境保全ネットワーク
〒527-8511　滋賀県八日市市緑町7-23
東近江地域振興局環境農政部環境課内
TEL　0748-22-7759.7758
FAX　0748-22-0411

●ヨシ博物館（要予約）
〒523-0805
滋賀県近江八幡市円山町188
TEL　0748-32-2177
FAX　0748-32-0570

◆主な協力先（本書関連）一覧

中本信忠（信州大学繊維学部応用生物科学科応用生態学講座教授）
水谷正一（宇都宮大学農学部農業環境工学水利用学研究室教授）
坂口和彦（千葉県山武支庁長）
堀江敏正（宮城県田尻町長）
峯浦耘蔵（宮城県田尻町前町長・国際田園研究所所長）
呉地正行（日本雁を保護する会会長）
岩渕成紀（宮城県田尻高等学校教諭・日本雁を保護する会）
鳥井報恩（千葉県立旭農業高等学校元教諭・全国農業教育研究会）
菅原宏一（千葉県立成田西陵高等学校教諭・全国農業教育研究会）
曽田　清（㈲曽田農機設計事務所代表取締役）
農林水産省農村振興局計画部土地改良課計画調整室
長野県農業総合試験場機械施設部
長野県農事試験場作物部
新潟県佐渡トキ保護センター
滋賀県琵琶湖研究所
宮城県古川農業試験場作物保護部
三菱農機㈱
井関農機㈱

◆関係団体・企業・機関一覧

●日本不耕起栽培普及会（連絡先）
〒345-0013
埼玉県北葛飾郡杉戸町椿522
TEL 090-8119-5006（会長 上原）
TEL 090-7243-6839（事務 小川）
FAX 03-6893-6527
http://www.no-tillfarming.jp

（以下、2003年11月現在）

●㈱渡部商会（渡部式播種機）
〒997-0841
山形県鶴岡市大字白山字村北51-1
TEL　0235-22-2532
FAX　0235-24-1069

●井関農機㈱営業推進部（田植機）
〒116-8541
東京都荒川区西日暮里5-3-14
TEL　03-5604-7611
FAX　03-5604-7702

●日産化工㈱（海のミネラルの土）
〒979-5671
福島県東白川郡棚倉町山寺字鶴崎15
TEL　0247-33-7773
FAX　0247-33-2710

●㈱ディー・シー・エス（生源米・バイオファーメンティクス）
〒163-1320　東京都新宿区西新宿6-5-1
新宿アイランドタワー
TEL　03-5325-1771
FAX　03-3569-1615

●㈱エンドウ産商（エコロープ）
〒108-0022
東京都港区海岸1-6-1
イトーピア浜離宮422
TEL　03-6402-7367
FAX　03-5473-0788
＊代理店＝新日石トレーディング

●㈲相模浄化サービス（ミミズの糞）
〒259-1103
神奈川県伊勢原市三ノ宮116
TEL　0463-90-1332
FAX　0463-95-9667

●麻原酒造㈱（日本酒「メダカと酒の物語」）
〒350-0400
埼玉県入間郡毛呂山町毛呂本郷99
TEL　0492-94-0005
FAX　0492-94-0189

●㈱寺田本家（日本酒「五人娘」）
〒289-0221
千葉県香取郡神崎町神崎本宿1964
TEL　0478-72-2221
FAX　0478-72-3828

●信州大学繊維学部応用生物科学科 応用生態学講座
〒386-8567　長野県上田市常田3-15-1
http://water.shinshu-u.ac.jp/index.htm

●宇都宮大学農学部 農業環境工学水利用学研究室
〒321-8505　栃木県宇都宮市峰町350
http://env.mine.utsunomiya-u.ac.jp/lab/mizu/index.html

●古川農業試験場作物保護部
〒989-6227
宮城県古川市大崎字富国88
http://www.faes.pref.miyagi.jp

●滋賀県琵琶湖研究所
〒520-0806　滋賀県大津市打出浜1-10
http://www.lbri.jp/default-j.htm

●長野県農業総合試験場機械施設部
〒381-1211
長野県長野市松代町大室2206
http://www.alps.pref.nagano.jp/narc/am/index.htm

●長野県農事試験場作物部
〒382-0051
長野県須坂市八重森下沖610
http://www.agri-exp.pref.nagano.jp/

●日本雁を保護する会

◆日本不耕起栽培普及会ＭＥＭＯ◆

日本不耕起栽培普及会は1993年８月に設立。30年余り続く任意団体です。不耕起移植栽培技術の研究、指導、普及を行っています。初代会長は岩澤信夫、現在（2023年４月）は３代目の上原一夫。会員は主に稲作農家で、その他に他の作物の栽培農家、流通業者、行政関係者、学識経験者、資材・機械メーカー、将来、農的暮らしを希望する消費者などです。会員農家が実証田を作り、技術を組み立てて来ました。

高性能低温育苗、不耕起移植栽培、半不耕起栽培等の技術研究・普及を経て、現在は、冬期湛水と不耕起移植栽培の組み合わせによる「生物資源型農業」による環境復元型農業技術の研究と普及を目指しています。生物多様性水田の創出と無農薬・無化学肥料栽培技術の完成に向けて、農家（生産会員）とともに実証田で試験を繰り返しています。農家（生産会員）の支部では、技術向上・普及、商品化、出荷・流通、資材のとりまとめなどを地域で行っています。

日本の農政や稲作を取り巻く環境は時々刻々めまぐるしく変化しており、技術情報、稲作を取り巻く社会情勢への思いを、毎月会報にて会員にお知らせしています。技術習得のための研修会、自然耕塾などの開催を行っています。農業を通して社会や教育、環境への貢献を目指します。

日本不耕起栽培普及会（連絡先）

〒345-0013 埼玉県北葛飾郡杉戸町椿522

TEL 090-8119-5006（会長 上原）／FAX 03-6893-6527

TEL 090-7243-6839（事務 小川）

http://www.no-tillfarming.jp

E-mail：fukouki3x @ no-tillfarming.jp（入会問い合わせ、手続き）

＊事務局は最少人員で対応しています。講習会、農作業、運転中などの場合は、要望にお応えできないことがあります。なお、普及会の自然耕塾は基本的に、千葉県神崎町で行っている内容を取り込みつつ各地域の気候、風土や異なる田んぼの条件を加味することで、耕さない田んぼのイネつくりの理論を展開しています。自然耕塾の募集要項、申し込みは、ウェブサイトにて案内しています。

田植えの行事。田んぼのオーナーや消費者の家族づれが訪れる

著者プロフィール

岩澤信夫（いわさわ のぶお）

1932年、千葉県成田市生まれ。旧制成田中学校卒業後、農業に従事。1980年よりＰＯＦ研究会を組織し、千葉、茨城、山形、秋田で低コスト増収稲作の研究、普及を始める。1983年ころより不耕起移植栽培の実験に着手。1989年より三菱農機㈱と専用移植機の開発に取り組む。1993年に日本不耕起栽培普及会を設立、初代会長を務める。不耕起移植栽培、冬期湛水などを提唱。2002年から毎年「自然耕塾」を開催、不耕起栽培の研究、普及が評価され、2008年に吉川英治文化賞を受賞。

2012年没。著書に『生きもの豊かな自然耕』（創森社）など。

不耕起(ふこうき)でよみがえる

2023年４月14日　第１刷発行

著　　者——岩澤信夫(いわさわのぶお)
発 行 者——相場博也
発 行 所——株式会社 創森社
〒162-0805 東京都新宿区矢来町96-4
TEL 03-5228-2270　FAX 03-5228-2410
http://www.soshinsha-pub.com
振替 00160-7-770406
組　　版——有限会社 天龍社
印刷製本——中央精版印刷株式会社

落丁・乱丁本はおとりかえします。定価は表紙カバーに表示してあります。

本書の一部あるいは全部を無断で複写、複製することは、法律で定められた場合を除き、著作権および出版社の権利の侵害となります。

©Nobuo Iwasawa, Natsuko Takehara 2003

Printed in Japan ISBN978-4-88340-361-5 C0061

〝食・農・環境・社会一般〟の本

創森社　〒162-0805 東京都新宿区矢来町96-4
TEL 03-5228-2270　FAX 03-5228-2410
http://www.soshinsha-pub.com
＊表示の本体価格に消費税が加わります

ミミズと土と有機農業　中村好男 著　Ａ５判１２８頁１６００円
薪割り礼讃　深澤 光 著　Ａ５判２１６頁２３８１円
すぐにできるオイル缶炭やき術　溝口秀士 著　Ａ５判１１２頁１２３８円
病と闘う食事　境野米子 著　Ａ５判２２４頁１７１４円
焚き火大全　吉長成恭・関根秀樹・中川重年 編　Ａ５判３５６頁２８００円
玄米食 完全マニュアル　境野米子 著　Ａ５判９６頁１３３３円
手づくり石窯BOOK　中川重年 編　Ａ５判１５２頁１５００円
豆屋さんの豆料理　長谷部美野子 著　Ａ５判１１２頁１３００円
雑穀つぶつぶスイート　木幡 恵 著　Ａ５判１１２頁１４００円
不耕起でよみがえる　岩澤信夫 著　Ａ５判２７６頁２５００円
すぐにできるドラム缶炭やき術　杉浦銀治・広若剛士 監修　Ａ５判１３２頁１３００円
竹炭・竹酢液 つくり方生かし方　杉浦銀治ほか監修　Ａ５判２４４頁１８００円
竹垣デザイン実例集　古河 功 著　Ａ４変型判１６０頁３８００円
毎日おいしい 無発酵の雑穀パン　木幡 恵 著　Ａ５判１１２頁１４００円

自然農への道　川口由一 編著　Ａ５判２２８頁１９０５円
素肌にやさしい手づくり化粧品　境野米子 著　Ａ５判１２８頁１４００円
おいしい にんにく料理　佐野 房 著　Ａ５判９６頁１３００円
竹・笹のある庭～観賞と植栽～　柴田昌三 著　Ａ４変型判１６０頁３８００円
自然栽培ひとすじに　木村秋則 著　Ａ５判１６４頁１６００円
育てて楽しむ ブルーベリー12か月　玉田孝人・福田 俊 著　Ａ５判９６頁１３００円
炭・木竹酢液の用語事典　谷田貝光克 監修　木質炭化学会 編　Ａ５判３８４頁４０００円
園芸福祉入門　日本園芸福祉普及協会 編　Ａ５判２２８頁１５２４円
割り箸が地域と地球を救う　佐藤敬一・鹿住貴之 著　Ａ５判９６頁１０００円
育てて楽しむ タケ・ササ 手入れのコツ　内村悦三 著　Ａ５判１１２頁１３００円
育てて楽しむ 雑穀 栽培・加工・利用　郷田和夫 著　Ａ５判１２０頁１４００円
育てて楽しむ ユズ・柑橘 栽培・利用加工　音井 格 著　Ａ５判９６頁１４００円
石窯づくり 早わかり　須藤 章 著　Ａ５判１０８頁１４００円
ブドウの根域制限栽培　今井俊治 著　Ｂ５判８０頁２４００円

農に人あり志あり　岸 康彦 編　Ａ５判３４４頁２２００円
はじめよう！自然農業　趙漢珪 監修　姫野祐子 編　Ａ５判２６８頁１８００円
農の技術を拓く　西尾敏彦 著　四六判２８８頁１６００円
東京シルエット　成田一徹 著　四六判２６４頁１６００円
玉子と土といのちと　菅野芳秀 著　四六判２２０頁１５００円
生きもの豊かな自然耕　岩澤信夫 著　四六判２１２頁１５００円
自然農の野菜づくり　川口由一 監修　高橋浩昭 著　Ａ５判２３６頁１９０５円
菜の花エコ事典～ナタネの育て方・生かし方～　藤井絢子 編著　Ａ５判１９６頁１６００円
パーマカルチャー～自給自立の農的暮らしに～　パーマカルチャー・センター・ジャパン 編　Ｂ５変型判２８０頁２６００円
巣箱づくりから自然保護へ　飯田知彦 著　Ａ５判２７６頁１８００円
病と闘うジュース　境野米子 著　Ａ５判８８頁１２００円
農家レストランの繁盛指南　高桑 隆 著　Ａ５判２００頁１８００円
ミミズのはたらき　中村好男 編著　Ａ５判１４４頁１６００円
野菜の種はこうして採ろう　船越建明 著　Ａ５判１９６頁１５００円

〝食・農・環境・社会一般〟の本

創森社 〒162-0805 東京都新宿区矢来町96-4
TEL 03-5228-2270　FAX 03-5228-2410
http://www.soshinsha-pub.com
＊表示の本体価格に消費税が加わります

- 野口 勲 著　**いのちの種を未来に**　A5判188頁1500円
- 佐土原 聡 他編　**里山創生～神奈川・横浜の挑戦～**　A5判260頁1905円
- 深澤 光 編著　**移動できて使いやすい 薪窯づくり指南**　A5判148頁1500円
- 野口 勲・関野幸生 著　**固定種野菜の種と育て方**　A5判220頁1800円
- 篠原 孝 著　**原発廃止で世代責任を果たす**　四六判320頁1600円
- 山下惣一・中島 正 著　**市民皆農～食と農のこれまで・これから～**　四六判280頁1600円
- 鎌田 慧 著　**さようなら原発の決意**　四六判304頁1400円
- 川口由一 監修 三井和夫 他著　**自然農の果物づくり**　A5判204頁1905円
- 内田由紀子・竹村幸祐 著　**農をつなぐ仕事**　A5判184頁1800円
- 星 寛治・山下惣一 著　**農は輝ける**　四六判208頁1400円
- 鳥巣研二 著　**農産加工食品の繁盛指南**　A5判240頁2000円
- 川口由一 監修 大植久美・吉村優男 著　**自然農の米づくり**　A5判220頁1905円
- 西川芳昭 編　**種から種へつなぐ**　A5判256頁1800円
- 二木季男 著　**農産物直売所は生き残れるか**　四六判272頁1600円
- 川口由一 著　**自然農にいのち宿りて**　A5判508頁3500円
- 谷田貝光克 監修 炭焼三太郎 編著　**快適エコ住まいの炭のある家**　A5判100頁1500円
- チャールズ・A・ルイス 著 吉長成恭 監訳　**植物と人間の絆**　A5判220頁1800円
- 宇根 豊 著　**農本主義へのいざない**　四六判328頁1800円
- 三橋 淳・小西正泰 編　**文化昆虫学事始め**　四六判276頁1800円
- 山下惣一 著　**小農救国論**　四六判224頁1500円
- 内村悦三 著　**タケ・ササ総図典**　A5判272頁2800円
- 大坪孝之 著　**育てて楽しむ ウメ 栽培・利用加工**　A5判112頁1300円
- 福田 俊 著　**育てて楽しむ 種採り事始め**　A5判112頁1300円
- 小林和司 著　**育てて楽しむ ブドウ 栽培・利用加工**　A5判104頁1300円
- 臼井健二・臼井朋子 著　**パーマカルチャー事始め**　A5判152頁1600円
- 境野米子 著　**よく効く手づくり野草茶**　A5判136頁1300円
- 玉田孝人・福田 俊 著　**図解 よくわかる ブルーベリー栽培**　A5判168頁1800円
- 鈴木光一 著　**野菜品種はこうして選ぼう**　A5判180頁1800円
- 工藤昭彦 著　**現代農業考～「農」受容と社会の輪郭～**　A5判176頁2000円
- 蔦谷栄一 著　**農的社会をひらく**　A5判256頁1800円
- 山口由美 著　**超かんたん 梅酒・梅干し・梅料理**　A5判96頁1200円
- 真野隆司 編　**育てて楽しむ サンショウ 栽培・利用加工**　A5判96頁1400円
- 柴田英明 編　**育てて楽しむ オリーブ 栽培・利用加工**　A5判112頁1400円
- NPO法人あうるず 編　**ソーシャルファーム**　A5判228頁2200円
- 柏田雄三 著　**虫塚紀行**　四六判248頁1800円
- 濱田健司 著　**農の福祉力で地域が輝く**　A5判144頁1800円
- 服部圭子 著　**育てて楽しむ エゴマ 栽培・利用加工**　A5判104頁1400円
- 小林和司 著　**図解 よくわかる ブドウ栽培**　A5判184頁2000円
- 細見彰洋 著　**育てて楽しむ イチジク 栽培・利用加工**　A5判100頁1400円
- 木村かほる 著　**おいしいオリーブ料理**　A5判100頁1400円
- 山下惣一 著　**身土不二の探究**　四六判240頁2000円
- 片柳義春 著　**消費者も育つ農場**　A5判160頁1800円

〝食・農・環境・社会一般〟の本

創森社　〒162-0805 東京都新宿区矢来町96-4
TEL 03-5228-2270　FAX 03-5228-2410
http://www.soshinsha-pub.com
＊表示の本体価格に消費税が加わります

農福一体のソーシャルファーム
新井利昌 著　A5判160頁1800円

西川綾子の花ぐらし
西川綾子 著　四六判236頁1400円

解読 花壇綱目
青木宏一郎 著　A5判132頁2200円

ブルーベリー栽培事典
玉田孝人 著　A5判384頁2800円

育てて楽しむ スモモ 栽培・利用加工
新谷勝広 著　A5判100頁1400円

育てて楽しむ キウイフルーツ
村上 覚 ほか 著　A5判132頁1500円

ブドウ品種総図鑑
植原宣紘 編著　A5判216頁2800円

育てて楽しむ レモン 栽培・利用加工
大坪孝之 監修　A5判106頁1400円

未来を耕す農的社会
蔦谷栄一 著　A5判280頁1800円

農の生け花とともに
小宮満子 著　A5判84頁1400円

育てて楽しむ サクランボ 栽培・利用加工
富田 晃 著　A5判100頁1400円

炭やき教本～簡単窯から本格窯まで～
恩方一村逸品研究所 編　A5判176頁2000円

九十歳 野菜技術士の軌跡と残照
板木利隆 著　四六判292頁1800円

エコロジー炭暮らし術
炭文化研究所 編　A5判144頁1600円

図解 巣箱のつくり方かけ方
飯田知彦 著　A5判112頁1400円

とっておき手づくり果実酒
大和富美子 著　A5判132頁1300円

分かち合う農業CSA
波夛野 豪・唐崎卓也 編著　A5判280頁2200円

虫への祈り―虫塚・社寺巡礼
柏田雄三 著　四六判308頁2000円

新しい小農～その歩み・営み・強み～
小農学会 編著　A5判188頁2000円

とっておき手づくりジャム
池宮理久 著　A5判116頁1300円

無塩の養生食
境野米子 著　A5判120頁1300円

図解 よくわかるナシ栽培
川瀬信三 著　A5判184頁2000円

鉢で育てるブルーベリー
玉田孝人 著　A5判114頁1300円

日本ワインの夜明け～葡萄酒造りを拓く～
仲田道弘 著　A5判232頁2200円

自然農を生きる
沖津一陽 著　A5判248頁2000円

シャインマスカットの栽培技術
山田昌彦 編　A5判226頁2500円

農の同時代史
岸 康彦 著　四六判256頁2000円

ブドウ樹の生理と剪定方法
シカバック 著　B5判112頁2600円

食料・農業の深層と針路
鈴木宣弘 著　A5判184頁1800円

医・食・農は微生物が支える
幕内秀夫・姫野祐子 著　A5判164頁1600円

農の明日へ
山下惣一 著　四六判266頁1600円

ブドウの鉢植え栽培
大森直樹 編　A5判100頁1400円

食と農のつれづれ草
岸 康彦 著　四六判284頁1800円

半農半X～これまで・これから～
塩見直紀 ほか 編　A5判288頁2200円

醸造用ブドウ栽培の手引き
日本ブドウワイン学会 監修　A5判206頁2400円

摘んで野草料理
金田初代 著　A5判132頁1300円

図解 よくわかるモモ栽培
富田 晃 著　A5判160頁2000円

自然栽培の手引き
のと里山農業塾 監修　A5判262頁2200円

亜硫酸を使わないすばらしいワイン造り
アルノ・イメレ 著　B5判234頁3800円